Exkursionen und Exkursionsdidaktik in der Hochschullehre

Astrid Seckelmann · Angela Hof
(Hrsg.)

Exkursionen und Exkursionsdidaktik in der Hochschullehre

Erprobte und reproduzierbare Lehr- und Lernkonzepte

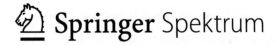

Hrsg.
Astrid Seckelmann
Geographisches Institut
Ruhr-Universität Bochum
Bochum, Nordrhein-Westfalen
Deutschland

Angela Hof
Fachbereich Geographie und Geologie
Universität Salzburg
Salzburg, Österreich

ISBN 978-3-662-61030-5   ISBN 978-3-662-61031-2   (eBook)
https://doi.org/10.1007/978-3-662-61031-2

Die Deutsche Nationalbibliothek verzeichnet diese Publikation in der Deutschen Nationalbibliografie;
detaillierte bibliografische Daten sind im Internet über http://dnb.d-nb.de abrufbar.

Planung/Lektorat: Stephanie Preuss
Springer Spektrum ist ein Imprint der eingetragenen Gesellschaft Springer-Verlag GmbH, DE und ist
ein Teil von Springer Nature.
Die Anschrift der Gesellschaft ist: Heidelberger Platz 3, 14197 Berlin, Germany

Inhaltsverzeichnis

Über die Herausgeber

Assoz.-Prof. Dr. Angela Hof
Universität Salzburg
Fachbereich Geographie und Geologie
AG Stadt- und Landschaftsökologie
Hellbrunnerstraße 34
5020 Salzburg
Österreich
Tel: 0043 (0)662 8044 5233
Fax: 0043 (0)662 8044 74 5233
angela.hof@sbg.ac.at

Angela Hof ist Assoziierte Professorin am Fachbereich Geographie und Geologie der Universität Salzburg. Ihre Forschungsinteressen liegen in der Stadt- und Landschaftsökologie, ihre Forschungsarbeiten sind innovative Ansätze zum Verständnis dynamischer Mensch-Umwelt-Systeme. Sie leitet studierendenzentrierte geographische Exkursionen auf der Baleareninsel Mallorca und in der Metropolregion Rhein-Ruhr.

Akademischer Werdegang

Seit 05/2018	**Assoziierte Professorin** am Fachbereich Geographie und Geologie der Universität Salzburg, AG Stadt- und Landschaftsökologie
10/2014–04/2018	**Assistenzprofessur** am Fachbereich Geographie und Geologie der Universität Salzburg, AG Stadt- und Landschaftsökologie (Univ.-Prof. Dr. Jürgen Breuste)
04.12.2013	**Habilitation und *venia legendi* für das Fach Geographie** Fakultät für Geowissenschaften, Ruhr-Universität Bochum
14.11.2005	**Promotion zum Dr. rer. nat.** Fakultät für Geowissenschaften, Ruhr-Universität Bochum
1993-2000	Studium Physische Geographie an den Universitäten Gießen (DE) und Utrecht (NL) und „Master of Science in Geographical Information for Development" an der Universität Durham (UK)

Dr. Astrid Seckelmann
Ruhr-Universität Bochum
Geographisches Institut
Universitätsstraße 150
44801 Bochum
Tel: 0049 (0)234 322 4789
Astrid.seckelmann@rub.de

Astrid Seckelmann widmet ihre Arbeitszeit als Oberstudienrätin im Hochschuldienst an der Ruhr-Universität Bochum in erster Linie der Lehre. Dazu gehört die regelmäßige Durchführung von Exkursionen ins In- und Ausland (z. B. Südafrika, Türkei, Spanien, Berlin, Südwestdeutschland). Ein besonderes Anliegen ist es ihr, dass Hochschullehre ein höherer Stellenwert verliehen wird. Deshalb widmet sie sich neben didaktischen auch strukturellen und institutionellen Fragen der universitären Ausbildung. E-Learning und Exkursionen stellen dabei zwei ihrer Interessensschwerpunkte dar.

Akademischer Werdegang

Seit 2003 **(Ober)Studienrätin im Hochschuldienst** am Geographischen Institut der Ruhr-Universität Bochum

2000–2003 **Wissenschaftliche Mitarbeiterin** an den Geographischen Instituten der Julius-Maximilians-Universität Würzburg und der Universität Passau

1996–1999 **Promotion im Rahmen des DFG-Graduiertenkollegs** „Geowissenschaftliche Gemeinschaftsforschung in Afrika" **an der Bayerischen Julius-Maximilians-Universität Würzburg**

1988–1995 **Studium** der Geographie mit dem Abschluss **Diplom** an der Ruhr-Universität Bochum

Teil I

Einleitung

Astrid Seckelmann

Rausgehen. Dinge dreidimensional sehen. Anfassen. Drumherum gehen. Die Perspektive verändern. Riechen. Vielleicht sogar schmecken. Irgendwo durchquetschen. Einen Kratzer davontragen. Lärm aushalten. Menschen beobachten. Ins Gespräch kommen. Mit den Gedanken abschweifen. Von der Exkursionsleitung ins Thema zurückgeholt werden. Eigene Ideen entwickeln. Fotos machen. Zuhause davon erzählen. Nass werden, frieren, schwitzen. Einen Sonnenbrand davontragen. Gut, dass es endlich vorbei ist. Schön, dass ich dabei war.

So unterschiedlich wie die Wahrnehmungen von Exkursionen sein mögen, so eindrücklich sind sie auch. Gerade deshalb gehören sie zum festen Kanon der Ausbildung in vielen Fächern und Studiengängen: Sie ermöglichen die direkte Begegnung und damit eine intensive Auseinandersetzung mit dem jeweiligen Thema – seien es Gemälde in einer Ausstellung, archäologische Relikte an ihrem Fundort, stadtplanerische Konzepte im Quartier, Pflanzen an ihrem natürlichen Standort, Bodenproben unter verschiedenen Umwelteinflüssen, Fossilien im Kontext der sie umgebenden Gesteinsschichten oder Architektur im Gebrauch.

Gegenstand dieses Buches
Im Fokus des vorliegenden Bandes stehen Realbegegnungen im Gelände, also die tatsächliche Begehung eines Ortes mit dem Ziel, sich dort mit einer bestimmten Thematik auseinanderzusetzen. Dieses „Rausgehen" ist unbedingt zu unterscheiden von „virtuellen Exkursionen", in denen mit Hilfe von Filmen und zunehmend auch virtueller Realität Begehungen simuliert werden. Trotz aller Technik, die es dazu mittlerweile gibt, handelt es sich hierbei eben nicht um ein „Lernen mit allen Sinnen", sondern doch nur um eines, bei dem überwiegend mit Augen und Ohren erfahren wird. Es ist nur die zweitbeste Lösung, die zwar als Produkt Ergebnis von „echten" Exkursionen sein kann (s. dazu die Beiträge von Budke et al. sowie Chatel in diesem Band), aber letztlich nicht mit den komplexen Eindrücken einer Realbegegnung einhergeht.

Exkursionen sind bereits seit Jahrzehnten in die Lehre unterschiedlichster Disziplinen integriert. Warum also ein Buch über Exkursionen als Lehr- und Lernmethode herausgeben? Drei Gedanken liegen dem Erscheinen dieses Werkes zugrunde: Erstens fehlt es bisher an einer Arbeitshilfe für Lehrende, die eine Exkursion vorbereiten und durchführen. Das hat zur Folge, dass viele Exkursionen suboptimal gestaltet werden und der Lernerfolg – möglicherweise trotz sehr großem Engagement seitens der Lehrenden – damit geringer bleibt, als er sein könnte. Zweitens stimmen die Anforderungen an Lehrende und Lernende bei Exkursionen oftmals nicht mit den curricularen, organisatorischen und finanziellen Rahmenbedingungen der Hochschulen überein. Auf dieses Problem soll hier aufmerksam gemacht werden, damit ggf. in Zukunft die Diskrepanz zwischen didaktischen Möglichkeiten und institutionellen Gegebenheiten verringert werden kann. Drittens sind Exkursionen kein rein schulisch-universitäres Phänomen. In vielen Arbeitsfeldern ist es üblich, Menschen, die sich durch einen Raum bewegen, über diesen Raum zu informieren. Der Tourismus mit Stadtführungen und Reiseleitung ist sicher das beste Beispiel dafür, aber auch im Quartiersmanagement, in der Umweltbildung, in Einrichtungen von öffentlichem Interesse (das umfasst botanische Gärten genauso wie bekannte Unternehmen) usw. stehen Mitarbeitende immer wieder vor der Herausforderung, Betroffenen oder Besucherinnen und Besuchern ihr Umfeld durch Führungen nahezubringen. Während Reiseunternehmen eigene Schulungen durchführen, gibt es für alle diejenigen, bei denen Führungen nicht der Hauptberuf, sondern nur eine von vielen Aufgaben in ihrem Arbeitsleben sind, keine Hilfen. Auch diesem Manko soll dieses Buch begegnen.

Wie können die unterschiedlichen Möglichkeiten, einen Raum zu begehen, einen Kunstgegenstand zu betrachten, Felsformationen zu interpretieren oder eine Umwelt zu bewerten in eine strukturierte, zielorientierte Lehrveranstaltung umgesetzt werden? Welche Möglichkeiten gibt es, jenseits von klassischen Führungen Wissen zu vermitteln? Welche weiteren Kompetenzen können im Gelände geschult werden? Und wie lassen sich diese Methoden auch außerhalb der Hochschulen in verschiedenen Berufsfeldern einsetzen, in denen Erwachsene mit einem Thema zielorientiert konfrontiert werden sollen?

Forschung zur Exkursionsdidaktik in der Hochschullehre

Die Lehr-Lern-Forschung zur Hochschullehre ist bei weitem nicht so weit fortgeschritten wie die zur schulischen Ausbildung. Eine einfache Übertragung der Erkenntnisse aus der schulischen Forschung ist aber vermutlich nicht sinnvoll, denn die akademische Ausbildung unterscheidet sich in mehrfacher Hinsicht von der in der Schule: Zunächst einmal handelt es sich um erwachsene Lernerinnen und Lerner, die schon viel Lernerfahrung und meist auch eine hohe intrinsische Motivation sowie oft den Wunsch nach selbstbestimmten Lernprozessen mit sich bringen. Zudem handelt es sich gegenüber den Schulen um eine Auswahl an Lernenden: In die akademische Bildung treten nur diejenigen ein, die bereits Lernerfolge vorzuweisen haben (unabhängig davon, ob das auf Intelligenz, Fleiß oder gute Lernstrategien zurückzuführen ist). Und schließlich ist auch das Lernziel ein anderes als das der allgemeinbildenden Schulen (Schneider und Preckel 2017, S. 2–3): Grund- und Sekundarschulen vermitteln ein breites Grundlagenwissen, das in verschiedenen Lebensbereichen hilfreich sein kann. Akademische Bildung hingegen dient dazu, tiefgehendes und spezialisiertes Wissen sowie das für spezifische Problemlösungen notwendige Handwerkszeug (methodische und soziale Kompetenzen) zu vermitteln.

Im neuen Jahrtausend hat die Hochschullehre eine Aufwertung erfahren, was sich u. a. in der Etablierung von wissenschaftsdidaktischen Zentren, der Einführung von hochschuldidaktischen Zertifikaten und schließlich in der Zunahme von empirischen Untersuchungen zur Hochschullehre ausdrückt. Einen Teil dieser Untersuchungen haben Schneider und Preckel (2017) in einer Meta-Analyse daraufhin untersucht, welche Variablen ausschlaggebend für gute Leistungen in der akademischen Bildung sind. Interessanterweise tauchen in den von ihnen gefundenen und ausgewerteten 105 Variablen zum Verhalten von Lernenden und Lehrenden Exkursionen oder Feldarbeit nicht auf (anders als z. B. der Einsatz moderner Technologie zur Erstellung von E-Learning-Einheiten oder virtueller Realitäten).

Evidenzbasierte Untersuchungen zur Exkursionsdidaktik bei Erwachsenen liegen bisher im Vergleich zur Schuldidaktik nur in kleiner Zahl vor, obgleich die Frage, wie gute Exkursionen gestaltet werden können, in unterschiedlichen Disziplinen schon länger bedacht wird. So hat sich das US-amerikanische „Journal of Geography" schon ab 1958 den „Field Trips in Higher Education" gewidmet, wobei jedoch mehr die curriculare Einbindung (Moulton 1958) im Vordergrund stand, während sich der „Professional Geographer" kurz danach der Organisation von Exkursionen in Europa (Hauper 1961) widmete. Im deutschsprachigen Raum brachte mit Gert Ritter ebenfalls ein Geograph das Thema 1976 relativ früh zur Sprache, u. a. forderte er hier mehr themen- als überblicksorientierte Exkursionen sowie eine lerntheoretische durchdachte Wahl von Exkursionsmethoden (Ritter 1976, S. 7) – beides Forderungen, die auch heute noch als zeitgemäß gelten können. Aber auch andere Disziplinen beschäftigen sich mit dem Thema. So finden sich eine Reihe von Veröffentlichungen zu Exkursionen in den Geowissenschaften (z. B. Streule und Craig 2016; Mogk et al. 2012) und Tourismusstudiengängen (z. B. Goh 2011; Wong und Wong 2012), in der Biologie (z. B. Harper et al. 2017; Goulder et al. 2013; Smith 2004), in den Gesundheits- und Sportwissenschaften (z. B. Larsen et al. 2017) und sogar Juristen empfehlen die Aufnahme von Exkursionen in ihr Curriculum (Samarawickrema 2019; Higgins et al. 2012 a, b).

Oft stehen praktische und didaktische Empfehlungen ohne empirische Befunde im Mittelpunkt der Texte, aber insbesondere zur Wahrnehmung und Bewertung der Exkursionen durch Studierende gibt es Beiträge aus verschiedenen Disziplinen. Vertiefende Lehr-Lern-Forschung, wie sie z. B. durch die Arbeit mit Vergleichsgruppen ermöglicht wird, findet sich weniger häufig. Seit einigen Jahren sehr verbreitetet sind hingegen Untersuchungen zum Einsatz von virtueller Realität – offenbar ist der Anreiz, die digitale Alternative zur Realbegegnung zu untersuchen für viele Forscherinnen und Forscher des 21. Jahrhunderts höher als der Anreiz die Felderfahrung zu analysieren.

Gleichzeitig wurde parallel zu diesen Entwicklungen für den interdisziplinären Einsatz – gerade auch außerhalb von Hochschulen – die Spaziergangswissenschaft entwickelt, die u. a. dazu dient Menschen in der Bewegung für bestimmte Fragestellungen zu sensibilisieren oder zu strittigen Themen ins Gespräch zu bringen (Burckhardt et al. 2015).

Der Fokus des vorliegenden Buches liegt nicht auf der Vorstellung von Forschungsergebnissen, sondern auf der praktischen Umsetzung von Exkursionen, wobei jedoch Erkenntnisse aus vorhandenen Untersuchungen integriert und für die theoretische Untermauerung von Exkursionskonzepten genutzt werden.

Aufbau des Buches

Um vor Ort-Erfahrung, Geländeuntersuchungen oder Feldarbeit möglichst gewinnbringend zu gestalten, wurden und werden in vielen Disziplinen Exkursionskonzepte entworfen – teils werden bekannte Ideen immer wieder neu angewendet und weiterentwickelt, teils innovative Ansätze erprobt. Hier will das vorliegende Buch anknüpfen. Warum das Rad immer wieder neu erfinden? In den folgenden Kapiteln werden zeitgemäße Modelle zur Durchführung von Exkursionen mit erwachsenen Lernenden ganz praktisch zum Nachmachen vorgestellt und – soweit möglich – mit Erkenntnissen aus der Lehr-Lern-Forschung verbunden.

In Teil 1 wird auf Grundlagen eingegangen: Den Wert, den Exkursionen Lernenden und Lehrenden bieten, die Herausforderungen, die sich insbesondere den Lehrpersonen stellen, die Rahmenbedingungen, durch die diese Arbeit begleitet wird. Teil 2 behandelt dann im Hochschulkontext erprobte Exkursionsmethoden. Teil 3 stellt vor, mit welchen Methoden Exkursionen außerhalb der Hochschulen in verschiedenen Arbeitsbereichen wie z. B. im Bereich der Quartiersentwicklung oder Umweltbildung sinnvoll eingesetzt werden können.

Literatur

Burckhardt, Lucius, Markus Ritter, und Martin Schmitz (Hrsg.). 2015. *Warum ist Landschaft schön? Die Spaziergangswissenschaft*, 4. Aufl. Berlin: Schmitz.

Goh, Edmund. 2011. The value and benefits of fieldtrips in tourism and hospitality education. *Higher Learning Research Community* 1 (1):60–70.

Goulder, Raymond, Graham W. Scott, und Lisa J. Scott. 2013. Students' perception of biology fieldwork: The example of students undertaking a preliminary year at a UK university. *International Journal of Science Education* 35 (8):1385–1406.

Harper, Lynsey R., J. Roger Downey, Martin Muir, und Stewart A. White. 2017. What can expeditions do for students … and for science? An investigation into the impact of University of Glasgow exploration society expeditions. *Journal of Biological Education* 51 (1):3–16.

Haupert, J. 1961. Travel study and geography field trips in Europe. *The professional Geographer* 1961 (4):13.

Higgins, Noelle, Elaine Dewhurst, und Los Watkins. 2012a. Field trips as teaching tools in the law curriculum. *Research in Education* 88:102–106.

Higgins, Noelle, Elaine Dewhurst, und Los Watkins. 2012b. Field trips as short-term experiential learning activities in legal education. *The Law Teacher* 46 (2):165–178.

Larsen, C., C. Walsh, N. Almond, und C. Myers. 2017. The 'real value' of field trips in the early weeks of higher education: The student perspective. *Educational Studies* 43 (1):110–121.

Mogk, David W., Kim A. Kastens, Charles Goodwin, und Cathryn A. Manduca. 2012. Learning in the field: A synthesis of research on thinking and learning in the geosciences. *Special Paper – Geological Society of America* 486:131–163.

Moulton, Benjamin. 1958. A program of field geography in higher education. *Journal of Geography* 4:177–182.

Samarawickrema, Gayani, und Kahtleen Rapon. 2019. A field trip in the first week at university: Perspectives from our LLB students. *The Law Teacher* 54:103–115.

Schneider, Michael, und Franzis Preckel. 2017. Variables associated with achievement in higher education: A systeamtik review of meta-analysis. *Psychological Bulletin*. http://dx.doi.org/10.1037/bul0000098.

Smith, Debbie. 39. Issues and trends in higher education biology fieldwork. *Journal of Biological Education* 2004 (1):6–10.

Streule, M.J., und L.E. Craig. 2016. Social learning theories – An important design consideration for geoscience fieldwork. *Journal of Geoscience Education* 64 (2):101–107.

Wong, Alan, und Simon Wong. 2009. Useful practices for organizing a field trip that enhances learning. *Journal of Teaching and Travel in Tourism* 8 (2–3):241–160.

Der Nutzen von Exkursionen für die Studierenden: Lernerfolg, fachliche Identität und soziale Integration

Astrid Seckelmann

▶ Für Studierende ist der Wert eines Studiums und damit auch der Wert einer Lehrveranstaltung maßgeblich vom Lernerfolg abhängig. Deshalb wird im Folgenden der Frage nachgegangen, inwiefern Exkursionen das Potenzial haben, lernerfolgssteigernd zu wirken. Dazu werden Erkenntnisse einer Metaanalyse zu lernerfolgsfördernden Variablen daraufhin untersucht, inwiefern sie bei Exkursionen zur Anwendung kommen können. Da aber der Nutzen von Exkursionen für Studierende letztlich nicht auf den Lernerfolg begrenzt ist, werden zusätzlich weitere empirisch belegte Effekte von Exkursionen aufgezeigt.

In der schulischen Lehr-Lern-Forschung wird immer wieder über den Wert von Exkursionen geforscht und diskutiert, wobei das „Lernen mit allen Sinnen", die originale Begegnung und die Handlungsorientierung lange Zeit im Vordergrund standen, während in der Postmoderne ein konstruktivistischer Ansatz, der eine subjektive Raumwahrnehmung zulässt und daher einen multiperspektivischen Zugang ermöglicht, hervorgehoben wird (einen guten Überblick dazu bietet Neeb 2012). Anzunehmen ist, dass all diese Aspekte auch für Studierende an Hochschulen, also für erwachsene Lerner mit guter Vorbildung (s. Einleitung) bedeutend sind – systematisch erforscht wurde das jedoch nicht. Deshalb gehen die Überlegungen im Folgenden nicht von Untersuchungen zum Lehrformat „Exkursion" aus, sondern von der Frage, was gute Lehre überhaupt ausmacht. Darauf basierend wird dann das Potenzial von Exkursionen für erfolgreiche Lehre dargestellt.

A. Seckelmann (✉)
Geographisches Institut, Ruhr-Universität Bochum, Bochum, Deutschland
E-Mail: astrid.seckelmann@rub.de

© Springer-Verlag GmbH Deutschland, ein Teil von Springer Nature 2020
A. Seckelmann und A. Hof (Hrsg.), *Exkursionen und Exkursionsdidaktik in der Hochschullehre*, https://doi.org/10.1007/978-3-662-61031-2_1

Es handelt sich also um den Versuch, Ergebnisse der Lehr-Lern-Forschung auf das Unterrichtsformat „Exkursion" zu übertragen, wobei einige Studien, in denen Studierende zu ihrer Einschätzung des Lernens durch Exkursionen befragt wurden, hinzugezogen werden.

1.1 Lernerfolgsfördernde Variablen

Eine Grundlage für die Untersuchung bieten Schneider und Preckel (2017), die in einer aufwendigen Metastudie 105 Variablen, die Einfluss auf den Lernerfolg haben könnten, in ihrer Wirksamkeit für das studentische Lernen untersucht haben. Dabei haben sie elf Kategorien voneinander unterschieden, die wiederum in zwei Einflusssphären zusammengefasst werden (S. 18): Lehrendenbezogen sind die Kategorien der sozialen Interaktion, die Anregung zu sinnstiftendem Lernen, die Bewertung, die Präsentation, die Technologie und das außer- bzw. überfachliche Angebot. Lernendenbezogen sind die Intelligenz und die Vorbildung, Strategien, die Motivation, die Persönlichkeit und der persönliche Kontext.

Die Unterrichtsform der Exkursion wird in der Studie nirgendwo ausdrücklich thematisiert. Umso interessanter ist es, den Blick auf die für den Lernerfolg wichtigsten Aspekte zu lenken. Zu den zehn als am wichtigsten herausgearbeiteten Variablen gehören aus der Einflusssphäre der Lehrenden (aufgelistet in der Reihenfolge ihrer Bedeutung, S. 4)

- die wechselseitige studentische Bewertung („Peer Assessment") (Kategorie „Bewertung"),
- die gute und detaillierte Vorbereitung (Kategorie „Anregung zu sinnstiftendem Lernen"),
- die Klarheit und Verständlichkeit des Lehrenden (Kategorie „Präsentation"),
- die studentische Selbsteinschätzung (Kategorie „Bewertung"),
- das Wecken von Interesse am Unterricht und jeweiligen Unterrichtsthema (Kategorie „Präsentation").

Aus der Sphäre der Studierenden hingegen stammen (S. 4–5)

- das Selbstvertrauen in die eigene Leistungsfähigkeit (Kategorie „Motivation"),
- das selbstgesetzte Leistungsziel (Kategorie „Motivation"),
- die Häufigkeit der Anwesenheit im Unterricht (Kategorie „Strategie"),
- die Note des Schulabschlusses (Kategorie „Intelligenz und Vorbildung"),
- die Ergebnisse von Hochschulzugangstests (Kategorie „Intelligenz und Vorbildung").

Sofort wird deutlich, dass einige Variablen von Lehrenden auf Exkursionen genauso gut oder schlecht wie in anderen Lehrveranstaltungen zu gestalten sind, so z. B. die Verständlichkeit der Erläuterungen (wobei diese unterwegs durch Anschauungsobjekte gefördert werden kann) oder das Durchführen von

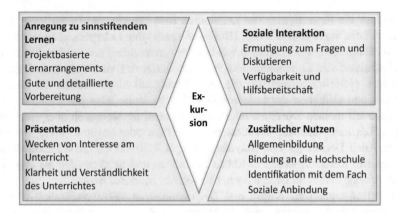

Abb. 1.1 Nutzen von Exkursionen für gute Lehre (Kategorien und Variablen nach Schneider und Preckel 2017) sowie zusätzlicher Nutzen. (Eigene Darstellung)

studentischen Selbst- oder Peerbewertungen. Die Variablen aus der studentischen Sphäre sind z. T. nicht mehr veränderbar (Qualität der vorhergehenden Abschlüsse). Andere Punkte sind aber für Exkursionen von außerordentlicher Bedeutung (s. Abb. 1.1): Insbesondere der Aspekt **„Wecken von Interesse am Unterricht"** wird gerade durch Exkursionen ermöglicht. Verschiedene Befragungen unter Studierenden zu ihrer Wahrnehmung von Exkursionen unterstreichen diesen Aspekt (Larsen et al. 2017, S. 120; Demirkaya und Atayeter 2011, S. 457). Bei Friess et al. (2016, S. 554) hoben Studierende den Aspekt „To bring to life ideas and places that we have seen in class" besonders hervor. Dies korreliert auch eng mit der Kategorie **„Anregung zu sinnstiftendem Lernen",** von der einige Variablen bei Schneider und Preckel ebenfalls als wichtig erkannt werden.

Eine andere der wichtigsten Variablen weist ebenfalls auf Exkursionen als erfolgversprechende Unterrichtsform hin: Die unter der Studierendensphäre angegebene Häufigkeit der **Anwesenheit im Unterricht.** Obgleich in Deutschland ein umstrittenes Politikum, ist die Anwesenheitspflicht bei Exkursionen in der Regel kein Thema. Entweder Studierende nehmen an einer Exkursion teil oder sie tun es nicht. Ein „Teilweise" gibt es hier nur in extremen Ausnahmefällen und so müsste dieser Punkt für Exkursionen an sich von der Kategorie „Strategie", aufseiten der Lernenden, in die Kategorie „Präsentation", aufseiten der Lehrenden, rücken, da durch die Wahl der Unterrichtsform „Exkursion" bereits die offensichtlich lernförderliche Anwesenheit herbeigeführt wird.

Schneider und Preckel erstellen aber nicht nur ein Ranking der Variablen, sondern fassen auch zusammen, welche der Kategorien insgesamt am einflussreichsten für den Lernerfolg sind. Dabei zeigt sich, dass die wichtigste Kategorie die **soziale Interaktion** ist – auch wenn diese Variablen unter den genannten Top Ten nicht auftauchen. Gleich auf Platz 11 und 12 finden sich aber zwei dieser

Variablen: die **Ermutigung von Lernenden zum Fragen und Diskutieren** einerseits und die **Verfügbarkeit und Hilfsbereitschaft der Lehrperson** andererseits. Bei Exkursionen ist – ähnlich wie bei der Anwesenheit der Studierenden – die Verfügbarkeit der Lehrenden einfach schon durch das vorgegebene Lehrformat gegeben. Natürlich spielen für die reale Kommunikationssituation die Zugänglichkeit und Offenheit der Lehrperson noch eine Rolle, aber das Problem „Wie erreiche ich meinen Dozenten oder meine Dozentin?" stellt sich über einen längeren Zeitraum (mehrere Stunden, mehrere Tage oder sogar mehrere Wochen) nicht. Auch Demirkaya und Atayeter (2011, S. 458) stellen die bei Exkursionen verbesserte Kommunikation zwischen Lehrenden und Studierenden als von Teilnehmerinnen und Teilnehmern positiv bewertetes Merkmal heraus.

Die Ermutigung zu Fragen und Diskussionen ist selbstverständlich in jeder Lehrveranstaltung möglich, aber erfahrungsgemäß werden Studierende durch die Konfrontation mit den Gegebenheiten bei einer Exkursion in stärkerem Maße als sonst dazu ermutigt. Bei Schneider und Preckel wird die Formulierung von offenen Fragen als eigene Variable mit hohem Stellenwert geführt. Für Exkursionen gilt allerdings, dass oft auch ohne Aufforderung oder spezifische Methoden zur Anregung von Diskussionen Fragen formuliert oder Gespräche angeregt werden. Dies geschieht in der Gruppe, zum Teil aber auch in Gesprächen am Rande oder unterwegs unter den Teilnehmenden. Gerade für die Ermutigung von Lehrenden zum Fragen und Diskutieren und die Verfügbarkeit und Hilfsbereitschaft der Lehrperson, bieten Exkursionen also ein besonders gutes Umfeld.

Ebenfalls wesentlich für den Lernerfolg ist in der Kategorie „soziale Interaktion" das **Lernen in Kleingruppen.** Nach Boyle et al. (2007, S. 311) kommt die Gruppenarbeit bei Exkursionen häufiger zur Anwendung als in campusbasierter Lehre. Aber auch wenn dies so nicht auf alle Studiengänge und Standorte übertragbar ist, handelt es sich dennoch um einen wichtigen Hinweis für die Gestaltung von Exkursionen. Schneider und Preckel legen Wert auf die Abgrenzung der Kleingruppenarbeit vom individuellen Lernen oder dem Lernen in Gruppen. Klassische geführte Gruppenexkursionen bieten dementsprechend ein schlechteres Setting als Formate, die Kleingruppen eine eigenständige Arbeit im Gelände ermöglichen (so auch Bentley 2009, S. 82). Aber auch die aktuell gern genutzten digitalen Exkursionsangebote, die über Audiodateien, Videos, 360° Grad-Aufnahmen etc. ein individuelles Lernen außerhalb der Gruppe ermöglichen, sind damit nur begrenzt sinnvoll.

In der Kategorie „Anregung zu sinnstiftendem Lernen" wird von den beiden Autoren noch ein Punkt besonders hervorgehoben (S. 24): **Projektbasierte Lernarrangements,** in denen Studierende komplexe Aufgaben unter Anleitung mehr oder weniger selbstständig bearbeiten. Dazu bieten gerade Exkursionen – oft in Verbindung mit der Kleingruppenarbeit – bei entsprechender Gestaltung die Gelegenheit (s. dazu auch die Beiträge von Baumeister zu Kartierungsarbeiten und von Weingarten et al. zu Geländearbeiten in diesem Band).

Schneider und Preckel formulieren abschließend auf Basis ihrer Ergebnisse zehn grundlegende Thesen zur erfolgreichen Lehre, von denen wiederum vier gut auf Exkursionen übertragbar sind:

1. **Auch in der akademischen Ausbildung spielt die Wahl der Methoden eine entscheidende Rolle** (S. 29).

Übertragen auf Exkursionen bedeutet dies sicherlich nicht, dass allein die Entscheidung für ein außeruniversitäres Angebot ausreichend ist, sondern dass die didaktischen Mittel bei der Durchführung der Exkursion ebenfalls wichtig sind.

2. **Unterrichtsangebote, die von Lehrenden eng begleitet werden, sind erfolgversprechender als solche, in denen Studierende sehr auf sich alleingestellt arbeiten. Die Mischung von Lehrenden- und Lernendenorientierung ist erfolgversprechend** (S. 29, 30).

Die Herausforderung bei Exkursionen ist für Lehrende in der Regel nicht, eine enge Begleitung der Studierenden zu erreichen, sondern vielmehr, ihnen unterwegs auch Spielraum für eigenes Arbeiten zu geben. Der potentielle Wechsel von Erläuterungs-, Bearbeitungs-, Beratungs- und Entdeckungsphasen stellt dabei die eigentliche Stärke des Formats dar.

3. **Der Aufwand, den Lehrende in die Vorbereitung der „Mikrostruktur" ihres Unterrichts investieren, hat einen besonders starken Einfluss auf den Lernerfolg** (S. 30).

Dies ist zunächst keine Besonderheit von Exkursionen – allerdings vervielfacht sich der Aufwand bei Exkursionen, weil neben der fachlich-didaktischen auch eine große organisatorische Aufgabe bewältigt werden muss. Insbesondere, wenn es sich um mehrtägige Exkursionen handelt. Daraus ergibt sich, dass geeignete institutionellen Rahmenbedingungen für Exkursionen geschaffen werden müssen (s. Beitrag von Seckelmann zur Lehrendenperspektive in diesem Band).

4. **Der Einsatz von Technik ist dann am effektivsten, wenn er die Präsenzlehre ergänzt** (S. 30).

Bezogen auf Exkursionen muss hier eine Umkehrung erfolgen: Technische Angebote (virtuelle Exkursionen, Filme, Audios etc.) sind nur dann sinnvoll, wenn sie durch realweltliche Exkursionen außerhalb von Klassenzimmern ergänzt werden. Ein virtuelles Angebot kann eine Exkursion an authentischen Standorten nicht vollständig ersetzen. Mehrere vergleichende Untersuchungen haben belegt, dass Studierende eine „echte" Exkursion in ihrer Wirksamkeit klar höher bewerteten als ein virtuelles Angebot (z. B. Friess et al. 2016, S. 555; Kolivras et al. 2012, S. 288). Als besonderem Nutzen der Realbegegnung sahen die Studierende u. a., dass sie stärker zum kritischem Denken angeregt wurden und ihr Bewusstsein für ihre Umgebung zugenommen hat.

1.2   Zusätzlicher Nutzen

Neben dem gesteigerten Lernerfolg ergeben sich für Studierende aber auch weitere Vorteile aus Exkursionen: In mehreren Untersuchungen hervorgehoben wird die persönliche und soziale Entwicklung der Teilnehmenden. Insbesondere der

Wert für die Interaktion von Studierenden mit Studierenden (Demirkaya und Atayeter 2011, S. 458) bzw. ihre soziale Integration (Boyle et al. 2007, S. 315; Larsen et al 2017, S. 120) wird betont. Die Gründe liegen auf der Hand und sind jedem Exkursionsleiter und jeder Exkursionsleiterin vertraut: Das ganztägige Zusammensein, die gemeinsamen (guten und schlechten) Erfahrungen und das Fehlen von anderen Gesprächspartnerinnen und -partnern führen zum Zusammenwachsen der Gruppe, was gerade zu Studienbeginn von Bedeutung für die weitere Entwicklung der Studierenden sein kann. Gleichzeitig stellt aber auch gerade diese Nähe zu Menschen, mit denen man sonst nicht so viel Zeit verbringen würde (Boyle et al. 2007, S. 307), eine Herausforderung dar, welche die sozialen Kompetenzen schult.

Mit dem Zugehörigkeitsgefühl zu einer sozialen Gruppe steigt auch die Bindung an die eigene Hochschule, was gerade dort von Bedeutung ist, wo ein massiver Wettbewerb zwischen Universitäten um die erfolgreichsten Studierenden besteht (Thomas 2012).

Allgemeinbildung und auch außerfachliche Bildung können ebenfalls Effekte von Exkursionen sein (s. Beitrag von Gebhardt in diesem Band). Exkursionen können dazu führen, dass Weltbilder entwickelt, hinterfragt und – je nachdem wie weit Studierende bei einer Exkursion auf ihrer Komfortzone herausgeführt werden - auch Grundwerte verändert werden (Short und Lloyd 2017; Barton 2017, S. 246).

Andere Autoren zielen auf die identitätsbildende Wirkung von Exkursionen ab, wobei „Identität" hier das Zugehörigkeitsgefühl zu einem bestimmten Fach meint, was nach Untersuchungen von Streule und Craig (2016, S. 102) wiederum den Lernerfolg erhöht: „Field trips are a powerful tool in developing identities of students as *geoscience* students, and as a result of this, they are powerful tools for effective learning." Mogk und Goodwin (2012, S. 149) meinen wohl etwas Ähnliches, wenn sie von einem Initiationsritus sprechen, der dazu führt, dass Studierende u. a. wissenschaftliche Sprache in die Praxis übersetzen, die fachspezifischen Werte und ihre Ethik verstehen und die Grenzen und Unsicherheiten ihres Faches erkennen.

Dies kann nicht zuletzt dazu beitragen, dass Exkursionen einen Motivationsschub bieten und den Übergang vom Konsumieren und Rezipieren im Studium zum Generieren und Engagieren darstellen.

Schlussfolgerungen für die Gestaltung von Exkursionen

Wenn Exkursionen tatsächlich all diese vielen Nutzen erbringen sollen, sind die Herausforderungen für Lehrende, passende Konzepte zu entwickeln, sehr groß. Nicht zuletzt deshalb wird im vorliegenden Band eine breite Palette an Möglichkeiten aufgezeigt, Exkursionen zu gestalten. Gleichzeitig ist es weder möglich noch sinnvoll, in jeder Exkursion jeden denkbaren Nutzen erreichen zu wollen. Vielmehr sollten die Erträge von Exkursionen dem jeweiligen Studienfortschritt der Teilnehmerinnen und Teilnehmer angepasst werden. So kann in den ersten Semestern die soziale Interaktion der Studierenden untereinander im Vordergrund stehen, damit sie nach gelungener Integration im weiteren Studienverlauf Kommilitoninnen und Kommilitonen haben, mit denen sie die Herausforderungen gemeinsam bewältigen können. Ergänzend kann zu Studienbeginn die Erkundung des Nahraums – auch wenn sie unter wissenschaftlichen Fragestellungen erfolgt – massiv zu Orientierung und Ortsbindung der Erstsemester beitragen.

Nachdem die aufregende Phase des Studienantritts bewältigt ist und erste soziale Netze geknüpft wurden, können dann spannendere Methoden in die Exkursionen integriert und auch das Verhältnis zwischen Lehrenden und Studierenden intensiviert werden. Im fortgeschrittenen Studium bietet es sich an, unter Anleitung Methoden des forschenden Lernens an außeruniversitären Lernorten zu erproben und einzuüben. Ein Wechsel zwischen Input und Output, Konsum und Produktion, Entspannung und Engagement könnte den vielfältigen Anforderungen gerecht werden. Spätestens in der Abschlussphase sollten Exkursionen dann dazu beitragen, die Fachidentität der Studierenden zu formen, um ihnen eine Grundlage für den Diskurs mit anderen Disziplinen, aber auch für die bewusste interdisziplinäre Zusammenarbeit sowie ausreichend Selbstbewusstsein für ihren Eintritt in den Arbeitsmarkt zu verleihen.

Literatur

Barton, Karen. 2017. Exploring the benefits of field trips in a food geography course. *The Journal of Geography* 116 (6): 237–249.

Bentley, Callan. 2009. Geology field trips as performance evaluations. *Inquiry: The Journal of the Virginia Community Colleges* 14 (1): 69–86.

Boyle, Alan, Sarah Maguire, Adrian Martin, Clare Milsom, Rhu Nash, Steve Rawlinson, Andrew Turner, Sheena Wurthmann, und Stacey Conchie. 2007. Fieldwork is good: The student perception and the affective domain. *Journal of Geography in Higher Education* 31 (2): 299–317.

Demirkaya, Hilmi, und Yilidirim Atayeter. 2011. A study on the experiences of university lecturers and students in the geography field trip. *Procedia Social and Behavioral Sciences* 19:453–461.

Friess, Daniel A., Garhame J.H. Oliver, Michell S.Y. Quak, und Annie Y.A. Lau. 2016. 40. Incorporating „virtual" and „real world" field trips into introductory geography modules. *Journal of Geography in Higher Education* 2016 (4): 546–564.

Kolivras, Korine N., Candice R. Luebbering, und Lynn M. Resler. 2012. Evaluating differences in landscape interpretation between webcam und field-based experiences. *Journal of Geography in Higher Education* 36 (2): 277–291.

Larsen, C., C. Walsh, N. Almond, und C. Myers. 2017. The ‚real value' of field trips in the early weeks of higher education: The student perspective. *Educational Studies* 43 (1): 110–121.

Mogk, David W., und Charles Goodwin. 2012. Learning in the field: A synthesis of research on thinking and learning in the geosciences. *Special Paper - Geological Society of America* 486:131–163.

Neeb, Kerstin. 2012. *Geographische Exkursionen im Fokus empirischer Forschung. Analyse von Lernprozessen und Lernqualitäten kognitivistisch und konstruktivistisch konzeptionierter Schülerexkursionen.* Zugl.: Gießen, Univ., Diss., 2010. Geographiedidaktische Forschungen, Bd. 50. Weingarten: Selbstverl. des Hochschulverbandes für Geographie und ihre Didaktik.

Schneider, Michael, und Franzis Preckel. 2017. Variables associated with achievement in higher education: A systematic review of meta-analysis. *Psychological Bulletin.* https://doi.org/10.1037/bul0000098.

Short, Fay, und Tracey Lloyd. 2017. Taking the student to the world: Teaching sensitive issues using field trips. *Psychology Teaching Review* 23 (1): 49–55.

Streule, M.J., und L.E. Craig. 2016. Social learning theories – An important design consideration for geoscience fieldwork. *Journal of Geoscience Education* 64 (2): 101–107.

Thomas, Liz. 2012. *Building student engagement and Belonging in Higher Education in a time of Change. Final report from the What Works? Student Retention & Success programme.* London.

„Welt-Anschauungen" statt „Medien-Erfahrungen"

2

Zur Rolle von Auslandsexkursionen im Fach Geographie

Hans Gebhardt

> ▶ Geographie ist eine Reisewissenschaft und ein Exkursionsfach par excellence. „Die Geographie vertritt das Reisen und erweitert den Gesichtskreis nicht wenig. Sie macht uns zu Weltbürgern und verbindet uns mit den entferntesten Nationen", schrieb schon der Königsberger Philosoph Immanuel Kant, der selbst allerdings kaum je Ostpreußen verlassen hatte.

Seit der Etablierung der Geographie als Hochschulfach Ende des 19. Jahrhunderts gehörten Exkursionen zum Pflichtprogramm aller Studiengänge. Die Geographie steht als Reisewissenschaft natürlich nicht allein. Auch in anderen Studienfächern spielen originäre Begegnungen mit fremden Kulturen eine wichtige Rolle. Exkursionen, Studienfahrten und Forschungsaufenthalte in außereuropäischen Regionen sind beispielsweise in der Ethnologie, den Geowissenschaften, der Botanik, Zoologie und Archäologie Bestandteile der Studiengänge. Aber auch zahlreiche weitere Kultur- und Geisteswissenschaften, insbesondere jene, die der Kultur, Literatur oder Musik Asiens, Amerikas oder Afrikas gewidmet sind, können auf persönliche Kontakte mit ihren Forschungsgegenständen nicht verzichten.

So zentral wie in der Geographie sind Auslandsexkursionen allerdings in anderen Fächern kaum. Erlernte Inhalte und Modelle sollen durch die konkrete Anschauung mit Leben gefüllt werden. Dies gilt für Inhalte der Physischen Geographie wie beispielsweise geomorphologische Prozesse der

H. Gebhardt (✉)
Geographisches Institut, Universität Heidelberg, Heidelberg, Deutschland
E-Mail: hans.gebhardt@uni-heidelberg.de

© Springer-Verlag GmbH Deutschland, ein Teil von Springer Nature 2020
A. Seckelmann und A. Hof (Hrsg.), *Exkursionen und Exkursionsdidaktik in der Hochschullehre*, https://doi.org/10.1007/978-3-662-61031-2_2

Landschaftsentwicklung ebenso wie für stadtgeographische Strukturen oder andere humangeographische Aspekte. Gerade Exkursionen sind geeignet, um auch die Zusammenhänge zwischen den sonst in der Lehre oft getrennt behandelten Bereichen der Physischen Geographie und der Humangeographie sicht- und erfahrbar zu machen.

Und natürlich machen Exkursionen auch Spaß. Geographinnen und Geographen werden von anderen Wissenschaftlern und Wissenschaftlerinnen oft aufgrund ihrer Feldforschungsaufenthalte und Exkursionen in ferne Länder beneidet – nicht ganz zu Unrecht, denn solche Veranstaltungen gehören auch für die Studierenden zu den beliebtesten Lehrveranstaltungen. Sie tragen nicht nur zur fachwissenschaftlichen Ausbildung bei, sondern ermöglichen auch ein besseres Kennenlernen der Lehrenden sowie der Studierenden untereinander, als dies in der Hektik des Universitätsalltags möglich ist.

2.1 Immer weiter: Räumliche Ausdehnung des Exkursionsradius nach dem Zweiten Weltkrieg

In vielen Instituten hat seit dem Zweiten Weltkrieg in vielerlei Hinsicht eine sukzessive „Entschleierung" der Erde durch Exkursionen für Studierende stattgefunden. Die räumliche Ausweitung des Exkursionsprogramms nach 1945 in Heidelberg dürfte wohl typisch, auch für andere geographische Institute, sein (Abb. 2.1).

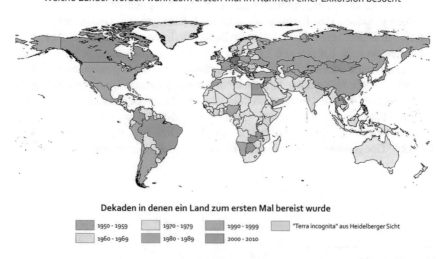

Abb. 2.1 Exkursionsziele Heidelberger Geographinnen und Geographen bis 2010

Geographische Exkursionen seit dem Zweiten Weltkrieg am Beispiel des Heidelberger Geographischen Instituts
Die unmittelbare Nachkriegszeit nach dem Zweiten Weltkrieg war noch von einer Vielzahl von Einschränkungen bestimmt. Die Ziele beschränkten sich in der Regel auf grenznahe Gebiete der Anrainerstaaten Deutschlands, so beispielsweise das Elsass, Luxemburg und die Niederlande. Erste große Auslandsexkursionen wurden bereits seit 1958 in den Vorderen Orient (Ägypten, Jordanien, Libanon und Syrien) durchgeführt; der Vordere Orient war, wie auch schon Eugen Wirth in seinem Bericht über Deutsche Geographische Forschung gezeigt hatte, eine der wenigen Regionen, in denen Deutsche nach dem Zweiten Weltkrieg willkommen waren. Auch in den 1960er Jahren lag der Schwerpunkt noch in Europa. Erstmalige Reisen führten in die skandinavischen Länder und nach Großbritannien. Frankreich, Österreich, Italien, Spanien und die Schweiz wurden mehrfach bereist; die Studierenden konnten auch bereits einen Blick hinter den „Eisernen Vorhang" werfen und 1964 in die Tschechoslowakei sowie 1967 nach Rumänien und Ungarn fahren.

In den 1980er und 1990er Jahren kamen (dann) sukzessiv die Länder Nord- und Südamerikas und asiatische Staaten hinzu. Gleichwohl blieben bis heute viele Länder von Exkursionen ausgeschlossen, im Falle Heidelbergs zählen neben dem schwarzen Herzen Afrikas auch viele südostasiatische Länder und Australien dazu.

Insgesamt wurden von 1948 bis 2009 von Dozenten und Dozentinnen des Geographischen Instituts fast 400 mehrtägige Exkursionen und Geländepraktika in aller Welt durchgeführt. Mit der inhaltlichen Vorbereitung, Organisation, Durchführung und wissenschaftlichen Nachbereitung von mehrwöchigen Exkursionen und Geländepraktika war für die Dozierenden immer ein Zeitaufwand verbunden, der weit über ihre Lehrverpflichtung hinausgeht. Nicht ganz zu Unrecht fragen sich gerade jüngere Kollegen und Kolleginnen, ob hier Aufwand und Ertrag noch in einem vertretbaren Verhältnis zueinanderstehen.

2.2 Immer enger gefasst: Inhaltliche Konzentration der Exkursionsthemen

Der Charakter der Lehrfahrten hat sich in den letzten Jahrzehnten gewandelt. In der Anfangszeit stand häufig die „Exotik" im Vordergrund, weshalb manche Fahrten durchaus etwas den Charakter von „Adventure Tours" erhielten. Mithilfe sozialer Medien organisierte Fernreisen gab es noch nicht, Satellitentelefonie war sehr teuer und die Studierenden waren auf Exkursionen tatsächlich weit weg von zu Hause. Sie hatten zudem weitaus weniger Auslandserfahrungen als heutzutage.

Exkursionen als Adventure Tour und Initiationsritus des gestandenen Geographen

Ein typisches Beispiel einer solchen Adventure Tour war eine Exkursion in den Jemen im Jahr 1998. Nach einem nächtlichen Starkregen galt es, ein temporär Wasser führendes Wadi zu überqueren. Drei von vier Geländewagen schafften es, beim letzten allerdings hakte es gründlich (Abb. 2.2).

Aber: zu Schaden kam niemand, sieht man einmal vom völlig durchnässten Gepäck ab. Mit Hilfe der drei anderen Wagen konnte das verunfallte Auto auch geborgen und für die weitere Fahrt trocken gelegt werden.

Für Geographen dieser ersten Generation waren Auslandsfahrten dieses Typus nicht ungewöhnlich; sie hatten, wie überhaupt außereuropäische geographische Forschung, auch etwas von einem „Initiationsritus" – erst solche Erfahrungen machten sozusagen den gestandenen Geographen aus (die gestandene Geographin kam damals noch eher selten vor).

Diese Zeiten sind heute vorbei. Geographinnen und Geographen werden heute anders „initiiert", die Begeisterung mancher meiner Kollegen und Kolleginnen, für die doch sehr aufwendig zu organisierenden und durchzuführenden Lehrfahrten dieses Typs, hält sich durchaus in Grenzen; überdies macht die zunehmende „Versicherheitlichung" unserer Gesellschaften und auch der Studierenden Exkursionen dieses Typs etwas schwierig.

Abb. 2.2 Wadi-Überquerung im Jemen 1998 (Gebhardt)

Die späten 1990er und die 2000er Jahre waren schließlich stärker durch Lehrfahrten geprägt, die klassische Exkursion und Praktikum verknüpften, d. h.
neben eher passivem Lernen im Gelände stand aktive Geländearbeit: Kartierungen,
Befragungen, Zählungen etc.

Kartierungen und Zählungen auf Exkursionen

Der Suq von Tripolis, einer Stadt im Norden des Libanon, zeigt die typische
räumliche Anordnung der Warensortimente eines orientalischen Marktes mit
hochwertigen Produkten wie Uhren und Schmuck in Nachbarschaft der großen
Moschee, Lebensmitteln längs der längsten Suq-Gasse und das eher störende
Handwerk an/in der Peripherie (Abb. 2.3).

Befragungen lassen sich im außereuropäischen Ausland/Raum in der
Regel schon aus sprachlichen Gründen vorwiegend mit englisch-sprechenden
Ausländern durchführen (Abb. 2.4). Entsprechende kleine Forschergruppen
wurden beispielsweise für Touristenbefragungen in Tunesien und im Libanon
eingerichtet. U. a. wurde aus einem Sample von 779 Antworten deutlich, welche Reisemotive Touristen zum damaligen Zeitpunkt nach Tunesien brachten,
wobei durchaus einige Spezifika der deutschen Touristen auffielen.

Inzwischen hat sich inhaltlich und in den Studienplänen vieles seit den 2000er
Jahren verändert. Während Auslandsexkursionen in vergangenen Jahrzehnten
zum Standardprogramm der Geographie-Ausbildung gehörten, gerieten mit der
zunehmend marginalisierten Rolle der Regionalen Geographie/Länderkunde auch
Relevanz und didaktische Ziele von Exkursionen auf den Prüfstand.

Ich glaube: zu Recht, denn bei klassischen Exkursionen herrschte in der Tat
oft eine „Quer-durch den Krautgarten-Perspektive" vor, d. h. alles wurde mit-
genommen und angesprochen, was gerade an der Fahrroute lag und irgendwie
„geographisch" schien: Buntsandsteine, Fußflächen, quergeteilte Einhäuser, Ver-
salzungen, Industrieansiedlungen, Umweltverschmutzung, Korruption etc. Die
Studierenden wurden oft förmlich mit Fakten überhäuft, frei nach dem Motto
„alles so schön bunt hier".

So kann man vernünftige Lehrveranstaltungen heute nicht mehr konzipieren.
In den letzten Jahren haben Exkursionen überdies in den neuen Studienplänen
der Bachelor-, Master- und Lehramtsstudiengänge an vielen Instituten tendenziell
an Bedeutung verloren. Dafür gibt es auch gute Gründe. Denn bei aller Vergnüg-
lichkeit stellt sich schon die Frage, was bei diesem Typ von Lehrveranstaltung
eigentlich gelernt wird. Ein selbstkritischer Blick in die dann angefertigten
Exkursionsprotokolle der Studierenden lässt einen mitunter geradezu erschaudern:
was – so überlegt man – denkt sich wohl ein Nichtgeograph, wenn er diese merk-
würdigen Ansammlungen an verschiedensten Themen zu lesen bekommt, was soll
das für eine Wissenschaft sein?

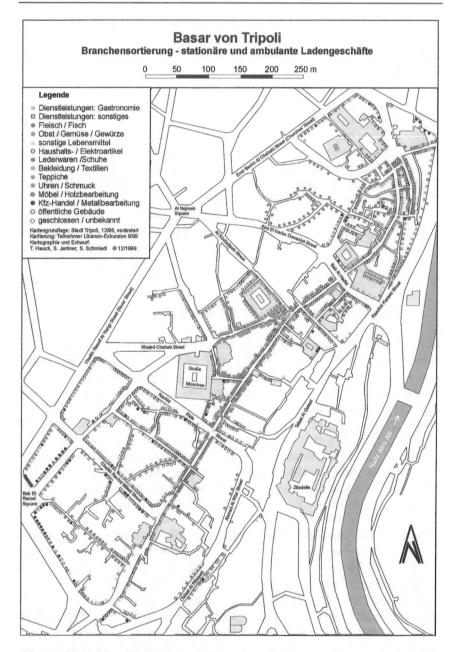

Abb. 2.3 Beispiel für eine Kartierung im Rahmen einer Exkursion: Der Suq von Tripoli im Libanon (Gebhardt)

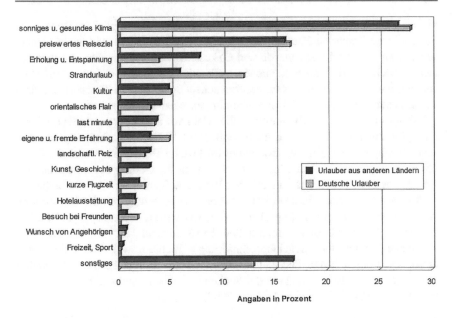

Abb. 2.4 Beispiele für eine Befragung während einer Exkursion: Gründe für eine Reise nach Tunesien

---

2.3 Ein neuer Blick statt neuer Ziele: Jüngere Entwicklungen

Aus exkursionsdidaktischer Sicht sind verschiedene Formen von Exkursionen zu unterscheiden. Die oben erwähnten Überblicksexkursionen stellen dabei nur eine Form dar. Stolz und Feiler (2018) klassifizieren in ihrem Lehrbuch zur Exkursionsdidaktik vier Exkursionstypen. Neben den „Fahrten ins Blaue" und problemorientierten, themengebundenen Exkursionen nennen sie handlungsorientierte Arbeitsexkursionen sowie selbstgesteuerte Erkundung und Spurensuche. Themengebunden sind beispielsweise Betriebsbesichtigungen, Museumsbesuche oder das Aufsuchen von Lehrpfaden. Als handlungsorientiert bezeichnen die Autoren Lehrfahrten, bei denen Messungen oder Zählungen auf dem Programm stehen, bei denen kartiert oder befragt wird.

Natürlich kann man versuchen, Exkursionen themenorientiert zu gestalten, sich z. B. auf Wirtschaftsentwicklung und Recycling zu konzentrieren und die Lehrfahrt darauf zu beschränken. Aber auf Exkursion im fernen Phnom Penh primär die dort in der Tat vorhandenen neuen Industrieansiedlungen und Fabriken zum Recycling von Aluminiumdosen anzusteuern und dabei ein Neubauprojekt auf Kosten eines ökologisch wertvollen Sees (Boeung-Kak) oder die „Killing Fields" neben der Recyclingfabrik auszuklammern, würde einem Geographen meiner Generation wohl nur schwer gelingen. Und dann sind da ja auch noch der tropische Monsun, in den man oft zwangsläufig gerät, die tropischen Böden, die Papaya- und Tamarind-Bäume, die ethnischen Minderheiten und viele weitere sehenswerte Orte oder spannende und diskussionswürdige Aspekte, die thematisiert werden sollten. Und Exkursionen, verbunden mit Arbeitsaufgaben und Messungen, wurden wie in den oben beschriebenen Beispielen zu Tunesien und dem Libanon auch schon in der Vergangenheit immer wieder durchgeführt.

Weiterführend für die Zukunft ist dabei wohl vor allem der vierte Exkursionstyp. „Spurenlesen" in der Landschaft (vgl. Hard 1995a) und „Begreifen was wir sehen" galten lange Zeit als exkursionsdidaktische Prinzipien. Heute ist damit etwas anderes gemeint. Mit dem „cultural turn" in der Geographie wurde die Vorstellung objektiver und quasi natürlicher Räume aufgebrochen. An die Stelle der Suche nach gegebenen Räumen trat die Auseinandersetzung mit der Konstitution von Räumen. In ihrem Beitrag „Rethinking Excursions – Konzepte und Praktiken einer konstruktivistisch orientierten Exkursionsdidaktik" im Sammelband „Vielperspektivität und Teilnehmerzentrierung – Richtungsweise der Exkursionsdidaktik", zitieren Mirka Dickel und Georg Glasze Marcel Proust: „Die wahre Entdeckungsreise besteht nicht in der Suche nach neuen Landschaften, sondern in einem neuen Blick" (Dickel und Glasze 2009).

Konstruktivistische Exkursionskonzepte und ausgewählte Methoden
Stolz und Feiler (201, S. 39 f.) unterscheiden außer der Spurensuche im Sinne von Hard (1995b), Dickel (2006), Böing und Sachs (2007) die Erstellung von Aktionsräumen mit entsprechenden Graphen, fiktive Raumwahrnehmungsübungen, bei denen man sich in die Situation anderer Personen hineindenkt, Trackingaktivitäten, bei denen eine kleine Gruppe von Studierenden Aktivitäten von Akteurinnen und Akteuren im Raum verfolgt, Rekonstruktionen von Chronologien oder Fotorallyes, bei denen bestimmte Themen oder Eindrücke visuell festgehalten und interpretiert werden. Auch die Erstellung eines Videos und die Reflexion darüber, wie und warum die Filmsequenzen so aufgebaut wurden, gehören dazu.

Natürlich lassen sich manche Methoden auch kombinieren, wobei virtuelle Möglichkeiten einbezogen werden können. Zu Projekten, die virtuelle außerschulische Lernorte integrieren, die aber im Saal stattfinden, lassen sich die Erstellung von themenorientierten Filmen aus vorhandenem Videomaterial bzw. die Nutzung von Google Earth und weiteren (online-)Ressourcen zählen. In Heidelberg wurden hierzu 2017 und 2018 Praktika zur Visualisierung geographischer Themen durchgeführt, aus denen Kurzfilme u. a. zu den Themen „Dubai – Übermorgenland", „Race", „Vatn", „On the move" oder „Aus dem Hörsaal ins Feld" hervorgegangen sind.

In diesem Sinne, mit dem neuen Blick, treten Exkursionen und die vor Ort gemachten Erfahrungen in Wechselwirkung mit den „Geographical Imaginations", die wir uns vorher gemacht haben. Im Prozess des „Othering", der Konstruktion des „Anderen" und „Fremden" in Abgrenzung und Differenz zum „Eigenen", erkennen wir auch besser unsere eigene Rolle in der Welt, verändern wir unsere Weltbilder. Modernere Exkursionen thematisieren während der Reise solche Erfahrungen immer wieder, beispielsweise in Rollenspielen oder Praktikumselementen. Benno Werlen hat dies in seiner jüngsten Publikation folgendermaßen ausgedrückt: „Denn das Verstehen des eigenen Lebens in globalen Zusammenhängen ist eine Grundvoraussetzung, eine neue conditio humana, um die Herausforderungen der neuen Formen und Intensitäten der Globalisierung erfolgreich meistern zu können" (Werlen 2017, S. 12).

Was muss also auf Exkursionen passieren? Natürlich geht es darum, verschiedenste Praktikumselemente zu integrieren, unabdingbar ist, Bewohner (z. B. Studierende) der Zielländer einzubeziehen, stärker auf eine konstruktivistisch orientierte Exkursionsdidaktik zu zielen und die eigene Rolle im Ausland in der Exkursionsdidaktik zu reflektieren.

Was auch immer man für oder gegen Exkursionen sagen kann: auf jeden Fall kommen Studierende von einer Exkursion anders zurück als sie losgefahren sind. Und dabei geht es nicht nur um Informationen zu Land und Leuten, die man zu Zeiten von Internet und Wikipedia auch auf andere Weise gewinnen kann, und auch nicht nur um Spaß oder darum, sich besser kennenzulernen (obgleich man solche Faktoren für den Erfolg eines Studiums nicht unterschätzen sollte).

Es geht bei Exkursionen vor allem darum, Weltbilder zurechtzurücken und zu immunisieren gegenüber oft kurzatmigen, in den Medien verbreiteten „Geographical Imaginations". In Zeiten der Globalisierung und überwältigender Medienmacht, nicht selten verbunden mit Fake News oder zumindest einer verkürzten Darstellung von fremden Raumzusammenhängen, sind Realerfahrungen mit und in fremden Ländern sowie Regionalkompetenz und Augenmaß bei der Beurteilung von Entwicklungen, auch (und vielleicht sogar ganz besonders) für die künftigen Geographielehrer und -lehrerinnen, unverzichtbar. Schon der Altmeister der Geographie, Alexander von Humboldt, hat dies auf die einfache, ihm zugeschriebene Formel gebracht: „Die gefährlichste aller Weltanschauungen ist die der Leute, welche die Welt nie angeschaut haben".

Fazit: Realerfahrungen entzaubern Fake News

Exkursionen sind nach wie vor ein unverzichtbarer Bestandteil des geographischen Studiums, aber weniger aufgrund ihrer alten Funktionen, Land und Leute quasi auf der Durchreise kennenzulernen, Spuren in der Landschaft zu lesen oder gar als Geograph bzw. Geographin vollwertig zu sein. Sie sind vielmehr notwendig, um durch persönlichen Augenschein auch „Augenmaß" gegenüber Vorgängen in fernen Ländern zu entwickeln. In Zeiten „zunehmender Verteidigungshaltungen des sicheren Zuhauses" (Münkler 2017) (will sagen: der Angst vor den Fremden, den Migranten) haben Exkursionen vor allem auch die Aufgabe, die Haltung des „Othering", das Fremde erst zu Fremden macht, aufzubrechen, wenn man so will, zur „ENTfremdung" in einer zunehmend globalisierten Welt beizutragen. Zunehmend digitale Welterfahrungen haben eher die Tendenz, „BEfremdung" zu fördern. In den Kernräumen des Westen produzieren sie schiefe „Geographical Imaginations" von den Armenhäusern dieser Erde, in den Ländern des globalen Südens hingegen schaffen sie Bilder vermeintlicher Paradiese in Europa und befördern die Aufbruchsentschlüsse auf dem afrikanischen Kontinent: komm, etwas Besseres als den Tod finden wir überall. Zwei Beispiele aus meiner Exkursionspraxis nach Syrien und Jemen verdeutlichen diese Situation.

Nomaden in Syrien

Eine Exkursion nach Syrien führte auch in die Gegend von al Raqqa, jener Region, welche von 2012 bis 2017 unter der grausamen Herrschaft des sogenannten Islamischen Staats stand. Lange vor dem aktuellen Krieg in Syrien waren wird dort 2007 auf Exkursion. Typisch für den Vorderen Orient ist die große Gastfreundschaft, mit welcher uns die Nomadenfamilie empfing. Tee wurde serviert und stolz wurden die Kinder vorgeführt.

Was bedeutet das für Studierende der Geographie? Man eignet sich auf Exkursionen nicht nur neues Wissen an, sondern macht auch neue Alltagserfahrungen.

Hochzeit im Jemen

Bei einer Exkursion nach Jemen, einem Land, in das heute und auf absehbare Zeit keine Exkursionsgruppe mehr reisen kann, wurden wir im Jahr 2007 zu einer fröhlichen Hochzeitsfeier eingeladen (Abb. 2.5). Für die Studierenden

Abb. 2.5 Hochzeitstänze im Jemen (Gebhardt)

hielt die Studienfahrt eine Menge Überraschungen entgegen der gängigen „Geographical Imagination" eines rückständigen, archaischen, gefährlichen Landes bereit. Bilder eines gemeinsamen Tanzes von Einheimischen und Stammesbevölkerung, einschließlich der weiblichen Exkursionsteilnehmerinnen, eine Vielzahl wechselseitiger Fotos und eine geradezu ausgelassene Stimmung – es war doch vieles anders, als man sich das in Europa oft vorstellt, auch anders und sehr viel offener als im Nachbarland Saudi-Arabien.

Seit über drei Jahren bringt die saudi-arabische Luftwaffe nun ungehindert Chaos und Zerstörung über die Menschen. Die Auseinandersetzung hat über 10.000 Jemeniten das Leben gekostet. Ende 2018 waren rund 22 Mio. Menschen im Land, d. h. die große Mehrzahl der Bevölkerung von rund 27 Mio., auf humanitäre Hilfe angewiesen. Rund 13 Mio. hatten keinen Zugang zu sauberem Trinkwasser. Das Gesundheitswesen ist am Rande des Zusammenbruchs: 15 Mio. Menschen können nicht mehr ärztlich versorgt werden. In der ersten Hälfte des Jahres 2017 hatte sich rasend schnell eine Cholera-Epidemie ausgebreitet. Die Inflation und die damit verbundene Geldentwertung treiben die Menschen in Armut und Verzweiflung. Die UN bezeichnet den Jemenkrieg als die größte humanitäre Katastrophe des 21. Jahrhunderts.

Im Westen interessierte sich jahrelang fast niemand dafür; allenfalls mit der Ermordung des saudischen Journalisten Jamal Khashoggi in der saudi-arabischen Botschaft in Istanbul Ende 2018 geriet auch der Jemenkrieg kurzfristig in die Weltnachrichten.

Das Desinteresse ist nicht verwunderlich. Aus dem Jemen kommen keine Flüchtlinge, wie sollten sie auch: saudische und ägyptische Kriegsschiffe blockieren die Seehäfen.

Was sich 2019 im Jemen oder auch in Somalia abspielt, sind „Silent Catastrophies", von der Weltöffentlichkeit kaum wahrgenommene, humanitäre Katastrophen. Wer weiß denn noch, dass im somalischen Bürgerkrieg im Jahr 2011 260.000 Menschen ums Leben gekommen sind? Diese Katastrophen werden deshalb nicht wahrgenommen, weil sie „weit weg" sind, nicht unbedingt nur in Kilometern, sondern vor allem auch in der Wahrnehmung, in der Medienaufmerksamkeit.

Exkursionen durchbrechen die Konstruktion der Welt in nah und fern, in Räume, welche unser Mitgefühl und unsere Hilfe verdienen, und solche, die uns egal sein können, denn die Geographie ist nun einmal eine Wissenschaft der ganzen Welt, nicht nur die Wissenschaft der OECD-Welt, und sie vermittelt – und dabei besonders auf Exkursionen – einen anderen, quasi „analogen" Blick auf die Welt jenseits der Medienagenturen, der Nachrichtenportale und all den News in der digitalen Welt.

In Zeiten von Fake News und zunehmenden digitalen Aufgeregtheiten sind Realerfahrungen in fremden Ländern auch ein dringend notwendiges Korrektiv in der Ausbildung künftiger Lehrerinnen und Lehrer. Geographischen Analphabetismus bei unseren Schülern und Schülerinnen und damit der nachfolgenden Generationen können wir uns in der heutigen globalisierten Welt nicht leisten.

Literatur

Böing, M., und U. Sachs. 2007. Exkursionsdidaktik zwischen Tradition und Innovation – eine Bestandsaufnahme. *Geographie und Schule* 167:36–44.

Dickel, M. 2006. Zur Philosophie von Exkursionen. In *Exkursionsdidaktik innovativ!?: Erweiterte Dokumentation zum HGD-Symposium 2005 in Bielefeld*, Bd. 40, Hrsg. W. Hennings, D. Kanwischer, und T. Rhode-Jüchtern, 31–49., Geographiedidaktische Forschungen. Münster: Selbstverl. des Hochschulverbandes für Geographie und ihre Didaktik e. V. (HGD).

Dickel, M., und G. Glasze. 2009. *Vielperspektivität und Teilnehmerzentrierung. Richtungsweiser der Exkursionsdidaktik*, Bd. 6, Praxis neue Kulturgeographie. Zürich, Münster: LIT.

Hard, G. 1995a. *Spuren und Spurenleser. Zur Theorie und Ästhetik des Spurenlesens in der Vegetation und anderswo*, Bd. 16, Osnabrücker Studien zur Geographie. Osnabrück: Rasch.

Hard, G. 1995b. *Spuren und Spurenleser*, Bd. 16, Osnabrücker Studien zur Geographie. Osnabrück.

Münkler, M. 2017. *Fremdheit. Mittelalterliche Lösungen und moderne Probleme*. Vortrag im Rahmen des Marsilius-Kollegs der Universität Heidelberg am 30.11.2017.

Stolz, C., und B. Feiler. 2018. *Exkursionsdidaktik. Ein fächerübergreifender Praxisratgeber für Schule, Hochschule und Erwachsenenbildung*, Bd. 4945, Utb Pädagogik, Didaktik. Stuttgart: Eugen Ulmer.

Werlen, B. 2017. *Globalisierung, Region und Regionalisierung*, Bd. 2, 437., Sozialgeographie alltäglicher Regionalisierungen. Stuttgart: Franz Steiner. 3. überarbeitete Auflage 2017.

Die Perspektive der Lehrenden: Institutionelle Einbindung und persönliche Qualifikation

3

Astrid Seckelmann

▶ Exkursionen sind ein wichtiger Bestandteil vieler Studiengänge. Es gibt sie in den Naturwissenschaften (z. B. Biologie, Geologie, Geographie) genauso wie in den Geistes- und Sozialwissenschaften (z. B. Archäologie, Kunstgeschichte, Soziologie). Neben den verschiedenen inhaltlichen Ausrichtungen unterscheiden sich die Exkursionen durch die jeweiligen Rahmenbedingungen: Die Dauer reicht von wenigen Stunden bis hin zu mehreren Wochen, das Exkursionsziel kann im Nahraum oder auf der anderen Seite der Welt liegen, die Größe der Gruppe von einer Handvoll Studierenden bis zu dreißig, vierzig oder mehr Teilnehmenden reichen. Auch die curriculare Einbindung der Exkursionen ist unterschiedlich und hängt vom Studienfach und Studienort ab. Es gibt Fächer – wie z. B. die Geographie – bei denen Exkursionen oft als obligatorischer Bestandteil in Studien- und Prüfungsordnungen festgeschrieben sind. In anderen Studiengängen werden sie vielleicht als eine Option in Modulbeschreibungen genannt und es bleibt dem Engagement einzelner Lehrender überlassen, ob sie angeboten werden oder nicht.

Im Folgenden soll aufgezeigt werden, inwiefern institutionelle Rahmenbedingungen die Durchführung von Exkursionen beeinflussen, welche Anforderungen an Lehrende bestehen und wie eine erfolgreiche Exkursionsgestaltung institutionell gefördert werden kann.

A. Seckelmann (✉)
Geographisches Institut, Ruhr-Universität Bochum, Bochum, Deutschland
E-Mail: astrid.seckelmann@rub.de

© Springer-Verlag GmbH Deutschland, ein Teil von Springer Nature 2020
A. Seckelmann und A. Hof (Hrsg.), *Exkursionen und Exkursionsdidaktik in der Hochschullehre,* https://doi.org/10.1007/978-3-662-61031-2_3

3.1   Anforderungen an Institutionen und Lehrende

Bei der Durchführung von Exkursionen gibt es unterschiedliche Ansprüche: Solche, die im didaktischen Bereich, und solche, die im organisatorischen Bereich liegen.

Zur Bewältigung der didaktischen Anforderungen sollen die Beiträge dieses Buches beitragen. Die Bewältigung der organisatorischen Anforderungen kann durch geeignete institutionelle Rahmenbedingungen erleichtert und optimiert werden. Dies soll im Folgenden thematisiert werden.

Für Lehrende stellen sich Herausforderungen verschiedener Art. Vier Dimensionen können voneinander abgegrenzt werden (s. Abb. 3.1): die fachliche, die didaktische, die institutionelle und die individuelle (Bedürfnisse von Lehrenden und Studierenden).

1. Fachlich
Objektive Fakten sollen korrekt, Perspektiven vollständig, Daten aktuell sein. Der Stand der Forschung soll berücksichtigt werden.

2. Didaktisch
Neben klassischen instruktiv-kognitiven Ansätzen stehen mittlerweile konstruktivistische und kooperative Konzepte. Statt der Wissensvermittlung kann die Anregung reflexiver Denkprozesse bei den Teilnehmenden, die Stimulierung von Interaktion oder die Motivation zum selbstständigen Arbeiten im Vordergrund stehen.

3. Institutionell
Hier zeigen sich die Möglichkeiten und Grenzen, die vonseiten der jeweiligen Hochschule für Exkursionen eingeräumt werden: Es geht um Aspekte wie die curriculare Einbindung, zugelassene Prüfungsformen, den Umfang des Lehrdeputats, der für Exkursionen zur Verfügung steht, die Finanzierungsmöglichkeiten und administrative Unterstützung.

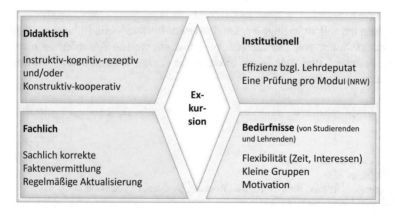

Abb. 3.1 Anforderungen an Exkursionen (eigene Graphik)

4. Individuell

Von großer Bedeutung für den Erfolg einer Exkursion ist die Berücksichtigung der Bedürfnisse von Studierenden und Lehrenden. Dazu erforderlich sind eine gewisse Flexibilität bei der Durchführung (z. B. bezüglich des Exkursionstermins), Freiheiten bei der Setzung eigener fachlicher Schwerpunkte, eine gute Kommunikation zwischen allen Beteiligten und damit eine kommunikationsgeeignete Gruppengröße.

Während die hier genannten fachlichen Aspekte als Grundlage jeder guten wissenschaftlichen Arbeit vorausgesetzt werden und die didaktischen Ansätze Thema des Hauptteils des Buches sind, sollen im Folgenden die institutionellen und individuellen Anforderungen ausführlicher behandelt werden.

3.1.1 Institutionelle Anforderungen

Für die Gestaltung von Exkursionen sind Entscheidungen auf verschiedenen administrativen und hochschulpolitischen Ebenen von Bedeutung.

In den Landeshochschulgesetzen sind z. B. Regelungen zur Anwesenheitspflicht sowie zu Prüfungsformen festgelegt. So sieht das Hochschulgesetz des Landes NRW keine Anwesenheitspflicht in Lehrveranstaltungen mehr vor, macht aber für Exkursionen ausdrücklich eine Ausnahme (§ 64 Abs. 2a LHG NW). Bzgl. der Prüfungsformen sind die Möglichkeiten für Exkursionen jedoch eher einschränkend (s. Beispiel).

Beispiel Landesregelungen: Nur eine Prüfung pro Modul in NRW

Module, deren Bestandteil auch Exkursionen sind, bestehen oft aus mehreren Lehrveranstaltungen bzw. Unterrichtsformen. So werden mehrtägigen Exkursionen oft Seminare vor- oder nachgeschaltet. Oder eintägige Exkursionen sind nur ein kleiner Bestandteil eines Seminars oder einer Vorlesung. Während ein Teil des Moduls der Faktenvermittlung dient, dient ein anderer Teil beispielsweise dem forschenden Lernen oder der Anwendung von Methoden des empirischen Arbeitens. Daraus ergeben sich, wenn Prüfungen lernzielorientiert gestaltet werden sollen, zwangsläufig unterschiedliche Prüfungsformen innerhalb eines Moduls. Studierende wissen zudem zu schätzen, wenn sie z. B. ein schlechtes Referat durch die sachgerechte Anwendung von Messmethoden im Gelände ausgleichen können. Diese Möglichkeit, aus unterschiedlichen Prüfungsteilen eine Gesamtnote zu ermitteln, ist in Nordrhein-Westfalen nicht mehr gegeben. Laut § 63 LHG NW ist im Regelfall nur noch eine Prüfung pro Modul erlaubt. Die bisher z. B. beliebte Variante, dass ein Referat und eine schriftliche Arbeit (oft ein Protokoll) zusammen die Endnote bilden, ist damit ausgeschlossen worden.

Eine Möglichkeit, dennoch mit unterschiedlichen Leistungskontrollen zu arbeiten, ist die Anwendung von Prüfungsportfolios, die sich aus mehreren studienbegleitenden Prüfungselementen unterschiedlicher Form zusammensetzen können. Erfahrungsgemäß erfordern Portfolios – wenn sie mehr als ein Nebeneinander einzelner Teilprüfungen sein sollen – aber eine intensive Auseinandersetzung der Lehrenden mit dieser Prüfungsform und die Vorgabe von klaren Richtlinien zur Erstellung für die Studierenden.

Auch die Festlegung, wieviel Lehrdeputat Dozentinnen und Dozenten für Exkursions- oder Geländetage angerechnet wird, erfolgt auf Landesebene, i. d. R. in den Lehrver- pflichtungsverordnungen. In fast allen deutschen Bundesländern sind es 0,3 SWS für einen Exkursionstag von max. 8 oder 10 h Länge. Für eine einwöchige Exkursion werden also ungefähr 2 SWS angerechnet.

Aus Lehrendensicht ist es ein wesentliches Merkmal von Exkursionen, dass neben der fachlich-didaktischen Vorbereitung ein großer Aufwand an Organisa- tion hinzukommt. Wenn dem nicht durch die Anerkennung eines entsprechenden Arbeitsaufwandes entsprochen wird, verlieren Lehrende das Interesse an der Durchführung von Exkursionen.

Auf Ebene der Universitäten und Fakultäten wird hingegen festgelegt, ob Exkursionen obligatorischer Bestandteil von Studiengängen sind, wie lang sie sein dürfen und wie viel Lehrdeputat einzelne Lehrende für eine Exkursion aufwenden können. Hier kann sich der Zwang bemerkbar machen, möglichst wenig Lehr- deputat zur Betreuung von möglichst vielen Studierenden aufzuwenden. Das führt zu großen Gruppen oder dazu, dass neue Techniken zum Einsatz kommen.

Auch die Frage der Finanzierung wird auf Fakultäts- oder Institutsebene ent- schieden. Es gibt verschiedene Optionen: Die Kosten der Lehrenden werden auf Studierende umgelegt oder die Fakultäten bzw. Institute oder Arbeitsgruppen tra- gen diese Kosten. Darüber hinaus ist es möglich, dass die Kosten der Studierenden vonseiten der Universität bezuschusst werden. Durch solche Entscheidungen wird beeinflusst, ob auch einkommensschwächere Studierende an teureren Exkursionen teilnehmen können oder nicht. In der Regel müssen – sofern Exkursionen obligato- risch sind – neben teureren immer auch preiswertere Exkursionen angeboten wer- den, um allen Studierenden den Abschluss des jeweiligen Moduls zu ermöglichen.

Wie aufwendig die Buchung von Unterkünften, die Verwaltung der Gelder, die Organisation des Transportes etc. für die einzelnen Lehrenden sind, hängt auch davon ob, ob es an den jeweiligen Hochschulen, Instituten oder Lehrstühlen administrative Unterstützung für diese Aufgaben gibt.

Schließlich kann auch die inhaltliche Ausrichtung einer Exkursion von Entscheidungen abhängen, die nicht der jeweilige Exkursionsleiter oder die jeweilige Exkursionsleiterin fällen. Wenn z. B. in der Modulbeschreibung fest- geschrieben ist, dass bei einer mehrtägigen Exkursion das gesamte Spektrum eines Faches (also z. B. die Physische Geographie und die Humangeographie oder in der Biologie Fauna und Flora) thematisiert werden soll, müssen Lehrende das berücksichtigen.

3.1.2 Individuelle Anforderungen

Lehrende und Studierende haben teils die gleichen, teils unterschiedliche Ansprüche an Exkursionen. Da Exkursionen meist außerhalb der normalen Veranstaltungszeiten, oft am Wochenende oder in der vorlesungsfreien Zeit, stattfinden, kann es schwierig sein, alle Beteiligten an diesem Termin zusammen- zubringen. Es sind gerade diese Zeiten, in denen Studierende außeruniversitärer

Erwerbsarbeit nachgehen bzw. in denen Lehrende und Studierende Familien-
und Freizeitaktivitäten planen. Für alle ist es dementsprechend hilfreich, wenn
die Termine langfristig festgelegt werden. Zudem hilft es Studierenden, wenn –
zumindest bei eintägigen Exkursionen – gegebenenfalls Parallelangebote bestehen,
sodass es eine Auswahlmöglichkeit zwischen verschiedenen Terminen gibt. Eine
noch höhere Flexibilität wird erreicht, wenn auf die klassische Gruppenexkursion
verzichtet und ein individuell durchführbares (z. B. digital begleitetes) Angebot
gemacht wird (s. Beitrag Seckelmann zu „Digital Guides" in diesem Buch).
Auch für Lehrende ist es eine Erleichterung, wenn sie nicht zu einem langfristig
festgelegten Termin bei Wind und Wetter ins Gelände müssen.

Die Mindestforderungen an die Rahmenbedingungen sind also: Ausreichend
Exkursionsplätze, bezahlbare Exkursionen, für alle realisierbare Termine (z. B.
keine Kollisionen mit anderen universitären Veranstaltungen) sowie angemessene
Prüfungsformen und -fristen.

Zusätzlich gehört zu den Ansprüchen Studierender an Exkursionen, dass es ein
gewisses Maß an Selbstbestimmtheit gibt – z. B. Freiräume für eigene Entdeckungen,
Zeit für eigene Erhebungen, Möglichkeiten zum Erholen, wenn es dem eigenen
Bedürfnis entspricht. Diese Flexibilität bieten nicht alle Exkursionskonzepte, aber
einige der in diesem Buch vorgestellten Ansätze ermöglichen es, solchen Ansprüchen
gerecht zu werden.

Zu den Bedürfnissen der Lehrenden gehört, dass sie ihre fachliche Kompetenz zum Einsatz bringen können, dass der im Vergleich zu anderen Lehrveranstaltungen oft hohe Aufwand mit entsprechend viel Deputat honoriert wird und
dass es administrative und finanzielle Unterstützung durch das jeweilige Institut
oder die Fakultät gibt (z. B. die Möglichkeit, die Abrechnung über hochschul-
eigene Einrichtungen abzuwickeln, Fahrzeuge der Universität zu nutzen, auf
bestehende Partnerschaften zu außeruniversitären Einrichtungen oder anderen
Hochschulen zurückzugreifen).

Zudem gilt für Exkursionen das, was für alle Lehrveranstaltungen an Hoch-
schulen gilt: Die Dozentinnen und Dozenten sind zunächst einmal nicht für diese
Aufgabe ausgebildet. Fakultäts-/Institutsinterne Einführungen in organisatorische
Fragen und didaktische Weiterbildungsangebote können hier hilfreich sein.

3.2   Möglichkeiten gelungener institutioneller Einbindung von Exkursionen

Aus dem Vorgestellten ergeben sich mehrere Maßnahmen, die dazu beitragen können, Lehrenden und Studierenden die Durchführung von Exkursion zu erleichtern
und unterwegs eine qualitativ hochwertige Lehre zu ermöglichen.

1. Curriculare Einbindung
Wesentlich ist, dass innerhalb von Fachbereichen Einigkeit über die Sinnhaftigkeit von Exkursionen besteht. In dem Fall müssen Lehrende nicht einzeln und
individuell ihre Entscheidung, eine Exkursion anzubieten, gegenüber Kolleginnen

und Kollegen sowie Studierenden begründen. Diese Einigkeit kommt besonders gut zum Ausdruck, wenn Exkursionen im Curriculum, also in den Studien- oder Prüfungsordnungen sowie Modulführern eines Faches, festgeschrieben sind.

Beispiel Curriculare Einbindung: Modulführer und Prüfungsordnung

In den Bachelorstudiengängen im Fach Geographie der Ruhr-Universität Bochum gehört zu den in der Prüfungsordnung festgeschriebenen Wahlpflichtmodulen die Veranstaltung „Regionale Geographie (mit großer Exkursion)", wobei im Modulführer dazu erläutert wird, dass die Veranstaltung ein Vorbereitungsseminar im Umfang von 2 SWS sowie eine Exkursion im Umfang von mind. 60 h, also 6 Tagen, umfasst. Zusätzlich wird die Lehrform „Exkursion" in der Prüfungsordnung (§ 4 Abs. 16 PO B.Sc. 2015) wie folgt erläutert: „Exkursionen bieten die Gelegenheit der Vertiefung und Veranschaulichung von Kenntnissen direkt im Gelände oder im praktischen Anwendungsfeld im In-und Ausland. Sie dienen u.a. der Einübung empirisch-praktischer Arbeits- und Lernformen. Sie können anderen Veranstaltungstypen zugeordnet sein."

2. Faire und transparente Anerkennung des Arbeitsaufwandes für Lehrende

Da Exkursionen neben dem fachlichen auch einen bedeutenden organisatorischen Aufwand mit sich bringen, sollte sich das in der Anrechnung eines entsprechenden Lehrdeputats niederschlagen. Das bedeutet nicht, dass jeder Lehrende oder jede Lehrende berechtigt sein sollte, beliebig lange Exkursionen durchzuführen, aber es sollte realistische Entscheidungen dazu geben, wie viel Aufwand pro Exkursionstag angerechnet wird und wie viele Exkursionstage in einem Studiengang mindestens durchgeführt und damit auch Lehrenden angerechnet werden sollten. Damit haben Lehrende auch einen fairen Anhaltspunkt, wie viel Aufwand sie in die Vorbereitung und Durchführung einer Exkursion investieren können. Dazu dienen die Vorgaben der Lehrverpflichtungsverordnungen (s. o.), aber von den Fachbereichen kann noch ergänzt werden, wie viele Exkursionstage in einem Modul für Lehrende anrechenbar sind.

3. Faire und transparente Anerkennung des Arbeitsaufwandes für Studierende

Auch für Studierende können Exkursionen durch die zum Teil mehrtägigen Veranstaltungen, die oft um mehrere Studien- oder Prüfungsleistungen ergänzt werden, mit einem vergleichsweise hohen Aufwand verbunden sein. In dem Fall sollten ihnen angemessen viele Leistungspunkte (ECTS) – festgelegt in der Prüfungsordnung – zugesprochen werden.

Beispiel: Anerkennung von studentischem Arbeitsaufwand an der Universität Bochum

In dem oben beschriebenen Beispiel eines zweistündigen Seminares mit einer anschließenden 6-tägigen Exkursion müssen die Studierenden i. d. Regel neben der Teilnahme noch eine schriftliche und eine mündliche Leistung erbringen. In der Summe werden ihnen 8 ECTS für das gesamte Modul angerechnet. Lehrende können 4 SWS in diese Veranstaltung investieren.

4. Finanzielle Unterstützung

Bereits bei Studienbeginn sollten Studierende darüber informiert werden, dass im Laufe ihres Studiums Kosten für Exkursionen auf sie zukommen. Das ist insbesondere der Fall, wenn es sich um mehrtägige Touren und gar Auslandsreisen handelt. Dennoch sollten die Exkursionskosten möglichst geringgehalten werden, damit Studierende aus einem größeren Spektrum an Exkursionen auswählen können. Das wird unter anderem dadurch erreicht, dass die Kosten für die Lehrenden nicht auf die Studierenden umgelegt, sondern vom jeweiligen Auftraggeber (Institut, Fakultät, Universität) getragen werden (was leider nicht immer der Fall ist). Zusätzlich können – z. B. aus Mitteln zur Verbesserung der Qualität der Lehre oder vergleichbaren Förderprogrammen – Zuschüsse pro teilnehmender Person gezahlt werden.

5. Administrative Unterstützung

Die Abrechnung von Exkursionen sollte idealerweise über ein universitäres Konto erfolgen (was wohl nach wie vor noch nicht überall der Fall ist), da dies Transparenz bzgl. einer korrekten Abrechnung gewährleistet, Gelder für mehrere Personen zugänglich sind und Lehrende in der Organisation entlastet werden. Allerdings zeigt der Hochschulalltag, dass die Abrechnung durch Verwaltungen länger dauern kann, als es für Lehrende wünschenswert ist. Kurzfristige Rückmeldungen darüber, ob alle Studierenden ihren Beitrag eingezahlt haben und somit teilnahmeberechtigt sind, ob Rechnungen bezahlt wurden und Restbeträge zu verwalten sind, sind für Exkursionsleiterinnen und -leiter genauso wichtig wie der ständige Einblick vor Ort darein, wie viel der Exkursionsgelder bereits verbraucht wurden und was noch an Geldern zur Verfügung steht. Darüber hinaus kann es gerade bei Auslandsexkursionen sehr hilfreich sein, wenn die Lehrenden vor Ort Kreditkarten einsetzen können. Hier sind flexible Lösungen innerhalb hochschulinterner Prozesse gefragt.

6. Schulung und Weiterbildung

Die Anforderungen an Lehrende sind bei Exkursionen vielfältig: Fachlich, didaktisch, organisatorisch, finanziell. Neueinsteigerinnen und -einsteigern in die Exkursionsleitung kann es helfen, wenn Kolleginnen und Kollegen mit Exkursionserfahrung sie in die administrativen Prozesse und Eigenheiten der jeweiligen Hochschule einführen. Darüber hinaus sollten Lehrende in hochschuldidaktischen Weiterbildungen auf den Einsatz im Gelände vorbereitet werden. Dazu gehört, dass sie mit verschiedenen didaktischen Ansätzen (instruktiv, konstruktivistisch) sowie konkreten Anregungen für die Arbeit vor Ort vertraut gemacht werden. Idealerweise sollte es sich dabei nicht nur um ein Angebot, sondern um eine Verpflichtung für Lehrende handeln, die Exkursionen durchführen möchten oder müssen. Team Teaching ist zudem bei Exkursionen noch wichtiger als in anderen Veranstaltungen – nicht nur um Multiperspektivität zu fördern, sondern auch damit vor Ort ggf. mehrere Prozesse (Unterricht und Organisation) parallel erfolgen können.

Zu guter Letzt ist inzwischen an einigen Hochschulen der der vorherige Besuch eines Erste-Hilfe-Kurses obligatorisch für Lehrende – was aber auch bedeutet, dass die Kursangebote in entsprechendem Umfang und in angemessener Häufigkeit vom Arbeitgeber vorgehalten werden müssen.

Schlussfolgerungen für die vorgestellten Exkursionskonzepte

Was ergibt sich daraus für die im Folgenden dargestellten didaktischen Konzepte? Die Frage, welches didaktische Konzept bei einer Exkursion angewendet werden sollte, ist nicht nur von den Lernzielen abhängig, sondern wird auch von den Rahmenbedingungen bestimmt. Müssen Lehrende z. B. eine Mindestzahl an Studierenden auf eine Exkursion mitnehmen oder eine bestimmte Methode im Gelände vermitteln, so sind sie nicht mehr frei in der Wahl ihres Lehrformates. Deshalb wird in den folgenden Kapiteln zu jedem Konzept angegeben, für welche Lernziele es geeignet ist bzw. welche Kompetenzen dadurch geschult werden, an welche Zielgruppe und Gruppengröße es sich richtet, wie hoch der Aufwand für Lehrende und Studierende ist, welche ungewöhnlichen Kosten möglicherweise entstehen und ob bestimmte technische Voraussetzungen erforderlich sind. Zusätzlich wird eine Einordnung in den lehr-lern-theoretischen Kontext gegeben.

Teil II

Exkursionsdidaktische Konzepte: Erprobt und reproduzierbar

Angela Hof und Astrid Seckelmann

Überblicksartig oder problemfokussiert? Geführt oder selbstgesteuert? Gemeinsam oder individuell? Instruktiv oder konstruktivistisch? Vortragsdominiert oder interaktiv? Sach- oder methodenorientiert? Digital oder analog? Real oder virtuell? Produktiv oder konsumtiv?

Das methodisch-didaktische Spektrum zur Gestaltung von Exkursionen ist breit. Die Entscheidung für einzelne Ansätze ist im Idealfall aus den Lernzielen der Veranstaltungen hergeleitet, unterliegt aber auch institutionellen Rahmenbedingungen (s. Beitrag Seckelmann zur Lehrendenperspektive) genauso wie den jeweiligen fachdisziplinären Selbstverständnissen.

Auch wenn manche Ansätze (wie z. B. geführte Überblicksexkursionen) an Hochschulen heutzutage kaum noch en Vogue sind, ist der Spielraum, dank immer neuer innovativer Konzepte (z. T. unter Einbeziehung modernster Technik) größer als je zuvor. Ein vollständiger Überblick über diese Palette an Möglichkeiten ist nicht darstellbar und wird im folgenden Teil des Buches nicht angestrebt. Es geht vielmehr darum, anhand von in der Praxis real erprobten, z. T. auch evaluierten Konzepten einen Einblick in die Vielzahl und Vielfalt der Lehr- und Lernorte zu geben. Zielgruppe sind Lehrende an Hochschulen aller Fächer. Die vorgestellten Beispiele sollen zum Nachmachen oder Weiterentwickeln anregen und dazu beitragen, ein der eigenen Lehrsituation entsprechendes Lernsetting zu gestalten. Auch wenn eine Übernahme der Ideen sicherlich immer nur begrenzt möglich ist, können sie in jedem Fall dazu dienen, eigene Exkursionskonzepte kritisch zu hinterfragen und fachliche und bildungstheoretische Aspekte in die eigene Arbeit zu integrieren.

Exkursionskonzepte müssen immer einen Prozess umfassen, müssen von der Vorbereitung über die Durchführung bis zur Nachbereitung und Prüfungsleistung durchdacht und aufeinander abgestimmt sein. Im Folgenden werden die Konzepte jedoch nicht alle entsprechend dieser Chronologie dargestellt, sondern es wird jeweils ein, das Konzept jeweils bestimmendes, Element in den Fokus gerückt. Das kann, wie z. B. bei dem Beitrag von Mohs und Lindau, ein **besonderer Lernort** (hier ein Wildniscamp) sein, aber auch eine **bestimmte Methode zur Erkenntnisgewinnung** wie bei Baumeister die Kartenarbeit, bei Lindau und Renner das Fragen-an-den-Raum-Stellen oder bei Weingartner, Münzel, Marbach und Hof die problemgeleitete Geländearbeit. Es kann sich dabei um ein **technisches Medium** handeln (z. B. Virtual Reality bei Mohring und Brendel) aber auch um **analoges Arbeits- und Prüfungsmaterial** (wie das von Amend vorgestellte Feldbuch). Bei Budke, Kuckuck und von Reumont steht **ein Produkt** im Vordergrund – es handelt sich um im Rahmen von Exkursionen entwickeltes Unterrichtsmaterial für Schulen. Gleichzeitig verfolgen sie ähnlich wie Amend und Wirth die Idee des **Lernens durch Lehren.** Der **Grad der Selbststeuerung** ist Gegenstand der Erläuterungen zu digital gestützten Exkursionen (Seckelmann). Selbstverständlich können diese unterschiedlichen Grundideen auch miteinander kombiniert werden, wie sich im Folgenden zeigen wird.

Zu Beginn stehen zwei Beiträge, die sich der Erforschung von Räumen unter naturwissenschaftlichen Zielsetzungen widmen und dabei methodisches Arbeiten durch die Teilnehmerinnen und Teilnehmer in den Vordergrund rücken. Die Methoden werden vor Ort, also im Gelände selbst, angewendet.

André Baumeisters Exkursionskonzept stellt die Erstellung einer Karte der Oberflächenformen und -prozesse in das Zentrum der selbständigen und eigenverantwortlichen Arbeit der Studierenden. Diese geomorphologische Kartierung wird an einem Gletscherpfad in den Ötztaler Alpen durchgeführt, wobei die landschaftsgenetische Kartierarbeit optional die Grundlage für ein weiteres Modul zur Ausarbeitung eines Lehrpfades bzw. Themenpfades für interessierte Laien oder Schülergruppen ist. Damit werden drei Aspekte miteinander verknüpft: Fachlich erfolgt eine intensive Auseinandersetzung mit der Landschaftsgenese. Methodisch werden alle Arbeitsschritte zur Erstellung einer Karte durchlaufen – von der Planung und Konzeption bis zur Erstellung der Karte in einem Geographischen Informationssystems. Und schließlich sind die Studierenden auch didaktisch gefordert, wenn sie die Vermittlung des Erlernten durch einen Lehrpfad erarbeiten.

Herbert Weingartner, Sandra Münzel, Matthias Marbach und Angela Hof stellen ein weiteres Exkursionskonzept mit integrierten Geländemethoden vor, das in einem alpinen Hochtal durchgeführt wird. Bei ihnen steht die aktive Forschungsarbeit geleitet von einer Mensch-Umwelt-Problematik im Mittelpunkt. Konkret geht es um den Klima- und Wasserhaushalt und das Landschaftssystem inklusive der Mensch-Umwelt-Beziehungen und der almwirtschaftlichen Nutzung. Wie im Beispiel von André Baumeister ist auch hier eine Alpine Forschungsstelle das Basislager bzw. die Forschungsstation, von der ausgehend die Geländearbeiten durchgeführt werden, wo Geräte und Material gelagert werden und Ausarbeitungen am Abend vorgenommen werden. Die Studierenden durchlaufen und bearbeiten drei Übungsteile, die Datenauswertung findet zum Großteil während des Geländepraktikums statt, Geländemethoden und die erfassten Daten werden aber in einem Laborpraktikum weiter vertieft bzw. ausgewertet.

Beide Beispiele verdeutlichen, dass es Gründe geben kann, Exkursionen nicht in peripheren Räumen durchzuführen, sondern unter Anbindung an bestehende Forschungsinfrastruktur. Ein gegensätzliches Konzept verfolgt der Beitrag zur Wildnisbildung von Fabian Mohs und Anne-Kathrin Lindau, bei dem es gerade um Abgeschiedenheit geht. Sie beschreiben ein Exkursionskonzept für Lehramtsstudierende, das Bildung für nachhaltige Entwicklung in die Erfahrung eines Lernsettings einbettet, welches Campieren in einem Nationalpark und Seminarsitzungen draußen im Nahraum der Hochschule umfasst. Erleben und Verstehen – auf diese Kurzformel lässt sich das Exkursionskonzept bringen. Das Erleben einer besonderen Übernachtungs- und Unterkunftsform im dreitägigen Wildniscamp mit allen Aspekten des Transportes, der Eigenversorgung und des Verzichts auf zivilisatorische Annehmlichkeiten werden als Erlebnis- und Erfahrungskomponente mit theoretischen Betrachtungen und dem Verstehen des Bildungskonzeptes verknüpft. Zum Abschluss wird nicht nur ein „Wildnisportfolio" erstellt, sondern auch hier werden die didaktischen Fähigkeiten der Studierenden geschult, da sie schließlich noch eine Unterrichtseinheit entwerfen und planen.

Der Aspekt des Lehren-Lernens wird auch in zwei anderen Beiträgen berücksichtigt: Thomas Amend und Daniel Wirth stellen eine mehrtägige Lehr-Lern-Exkursion vor, die Lehramtsstudierende für und mit Schülerinnen und Schülern vorbereiten, durchführen und evaluieren. Alle Lernenden sind gleichzeitig Lehrende. Der Beitrag gibt umfangreiche praktische Hinweise zur Umsetzung der drei Phasen der Vorbereitung, Durchführung und Nachbereitung. Veranschaulicht wird das Konzept anhand von drei Best-Practice-Beispielen.

Genauso arbeiten auch Anne-Kathrin Lindau und Tom Renner entsprechend der Idee „Teaching is learning twice". Allerdings erarbeiten die Studierenden die Exkursion hier nicht für Schülerinnen und Schüler, sondern für ihre Mitstudierenden. Ein zentraler Bestandteil des Exkursionskonzeptes sind umfassende individuelle und kollektive Reflexionsphasen, die dadurch angestoßen und strukturiert werden, dass das Fragestellen als zentrale Methode zur Raumerschließung angewendet wird. Insbesondere die zahlreichen Beispiele erschließen die Methoden, mit denen das Fragen-an-den-Raum-Stellen realisiert werden kann und zeigen auf, wie der Erkenntnisgewinn visualisiert und verschriftlicht werden kann.

Exkursionskonzepte bewegen sich in einem breiten Spannungsfeld und Kontinuum zwischen Instruktion und Konstruktion. Dies wird auch und gerade beim Einsatz neuer Technologien deutlich. Zwei Exkursionskonzepte in diesem Kapitel beschäftigen sich damit. Gemeinsam ist ihnen die Frage, wie Medien und neue Technologien gewinnbringend für den Erkenntnisgewinn bei Exkursionen eingesetzt werden können. Welche Chancen und Möglichkeiten ergeben sich durch die Digitalisierung unserer Lebenswelt und Lernumgebung?

Katharina Mohring und Nina Brendel stellen ein Modul vor, das mehrere Lern- und Erkenntnisformate miteinander verzahnt und einem konstruktivistischen Ansatz folgt. Inhaltlich steht die nachhaltige Stadtentwicklung Wiens im Vordergrund und dieses Thema wird mit Virtual Reality (VR) als Form des geographischen Visualisierens von den Masterstudierenden im Verlauf der Stadtexkursion nach Wien bearbeitet. Während der Exkursion erstellen Studierende Storyboards und Bausteine (recherchierte Informationen, Interviews, Tonaufnahmen, Videos und 360°-Aufnahmen) für die virtuelle Lernumgebung, die im Anschluss an die Exkursion erstellt wird. Übungen zur Körperwahrnehmung und Raumreflexion begleiten diese Phase und verdeutlichen, dass Virtual Reality ein emotionales Raumerleben ermöglicht und gleichzeitig damit der ausgelöste Erkenntnisprozess stark beeinflusst wird. Die Autorinnen veranschaulichen den konstruktivistischen Ansatz ihres Exkursionskonzeptes durch zahlreiche Beispiele und vertiefende Beschreibungen der Themen und Inputs, die als Impulse an die Studierenden gegeben werden.

Astrid Seckelmann hingegen verwendet zwar aktuelle digitale Technik, verfolgt aber eher einen „klassischen" instruktiven Ansatz. Studierenden wird Material zur selbständigen Durchführung einer Exkursion digital zur Nutzung auf mobilen Endgeräten zur Verfügung gestellt. So entsteht die Besonderheit, dass Studierenden trotz vorgegebenen Materials eine relative starke Selbststeuerung bzgl. Prioritätensetzung, Organisation und Lernprozess ermöglicht wird. Es handelt sich um eine Form von E-Learning, die nur im Rahmen eines Blended-Learning-Angebotes wirklich sinnvoll zum Einsatz kommen kann, wie auch die die kritische Diskussion des Exkursionskonzeptes unter Einbezug studentischer Befragungen über mehrere Jahre zeigt.

Eine Verknüpfung von Produkt- und Prozessorientierung bieten schließlich zwei weitere Beiträge: So arbeitet Thomas Amend seit mehreren Jahren mit Feldbüchern: Er stellt das Feldbuch als Arbeitsbuch vor, das bei großen Exkursionen bereits in der Vorbereitungsphase entsteht und mit den Inhalten der studentischen Referate und Begleitmaterialien im Vorbereitungsseminar gefüllt wird. Das robuste Arbeitsbuch, das nur einseitig bedruckt ist, um laufend Aufzeichnungen zu erlauben, dient sowohl als Grundlage für Tagesprotokolle als auch der Archivierung persönlicher Eindrücke, stellt also quasi ein Exkursionstagebuch dar. Abendliche Besprechungen dienen der gemeinsamen Reflexion und Diskussion der Feldbuchbeiträge und somit als Mittel der Ergebnisbesprechung und –sicherung. Möglichkeiten, das Feldbuch darüber hinaus auch in die Bewertung der studentischen Leistung mit einzubeziehen werden vom Autor diskutiert und differenziert anhand von Beispielen vorgestellt.

Alexandra Budke, Miriam Kuckuck und Frederik von Reumont bieten ebenfalls eine Möglichkeit, das während der Exkursionen Erarbeitete in ein Produkt zu verwandeln. Sie ermöglichen ihren Studierenden, auf Grundlage der Exkursionen Unterrichtsmaterialien zu erarbeiten, die dann auf einer eigens dafür geschaffenen Website öffentlich zur Nutzung für Lehrerinnen und Lehrer zur Verfügung stehen. Dieses Konzept basiert auf grundlegenden Überlegungen zu realen und virtuellen Exkursionen, wobei sie ihren Teilnehmerinnen und Teilnehmern ermöglichen wollen, die Stärken von beidem miteinander zu verknüpfen. Ziel ist es, auf diesem Weg fachwissenschaftliche, fachmethodische und fachdidaktische Kompetenzen zu integrieren.

Deutlich wird bei dieser Übersicht über die in diesem Buch vorgestellten Konzepte, dass mehrere Elemente in unterschiedlichsten Varianten verwendet werden: Das Lernen durch Lehren, der Einsatz digitaler Medien, die Erstellung eines Produkts, das über eine übliche Prüfungsleistung hinausgeht. So wird bei den Exkursionsteilnehmerinnen und -teilnehmern Motivation durch Abwechslung, Sinnhaftigkeit und einen gewissen Grad an Selbststeuerung erzeugt. Oft zeigen Evaluationen, dass damit die Bereitschaft von Studierenden zur selbständigen Arbeit und auch der Lernerfolg zunehmen.

Einsatz von Kartierungsarbeiten in der Exkursionsdidaktik: Selbständige Erarbeitung landschaftsgenetischer Prozesse

4

André Baumeister

▶ Arbeitsexkursionen bieten in der Exkursionsdidaktik die größte Fülle an Methoden, was sie nicht nur für Lehrende zu einem effektiven Werkzeug macht. Auch Studentinnen und Studenten profitieren auf mehreren Ebenen von der eigenverantwortlichen Arbeit während einer Exkursion (Neeb 2010; Stolz und Feiler 2018). Ein gängiges Instrument ist der Einsatz und die damit verbundene Gestaltung von Karten. Am Beispiel eines Gletscherpfades in den Ötztaler Alpen soll die kartographische Arbeit im Gelände verdeutlicht werden (Tab. 4.1). Die Durchführung wurde im Rahmen einer Veranstaltung im Fach Geographie erprobt. Durch die Wahl anderer thematischer Schwerpunkte können ähnliche raumbezogene Geländearbeiten, auch mit Studentinnen und Studenten anderer Fachrichtungen, durchgeführt werden.

Das Konzept des gesamten Projektes basiert auf einer landschaftsgenetischen bzw. glazialmorphologischen Kartierung. Das Exkursionsprojekt besteht demnach aus drei Phasen, a) einer Explorationsphase, b) einer Konstruktionsphase und c) der Ausarbeitung eines Themenpfades. Die Explorationsphase hat zum Ziel den Formenschatz des Exkursionsgebietes zu erkunden und diesen in einen genetischen Zusammenhang zu bringen. In der zweiten Phase sollen sich die Studentinnen und Studenten Gedanken darüber machen, wie sie ihr neu gewonnenes Wissen am Beispiel eines Lehrpfades so aufbereiten, dass fachfremde Wanderer die Entwicklung des glazialen Formenschatzes nachvollziehen können. Dies setzt ein intensives Verständnis von Seiten der Studentinnen und Studenten voraus, welches in der ersten Phase selbstständig erarbeitet wird. Beide Projekte werden anschließend kartographisch aufbereitet und mit Zusatzmaterial versehen. In den folgenden zwei Kapiteln sind beide Arbeitsphasen

A. Baumeister (✉)
FRAM Science & Travel, Bochum, Deutschland
E-Mail: kontakt@framsciencetravel.de

© Springer-Verlag GmbH Deutschland, ein Teil von Springer Nature 2020
A. Seckelmann und A. Hof (Hrsg.), *Exkursionen und Exkursionsdidaktik in der Hochschullehre,* https://doi.org/10.1007/978-3-662-61031-2_4

Tab. 4.1 Anwendungsbereich des vorgestellten Konzepts

Zielgruppe	Studentinnen und Studenten der Geographie
Gruppengröße	5 bis 20 Personen
Kontext	Große Exkursion, Studienprojekt
Prüfungsleistung	Erstellung einer Karte mit Begleitmaterial (Faltblätter, Podcasts)

Tab. 4.2 Praktische Hinweise

Elemente	Lehrende	Studentinnen und Studenten
Fachliche Ansprüche	Detaillierte Kenntnisse physisch geographischer/ geomorphologischer Prozesse	Grundkenntnisse in der physischen Geographie
Technische Voraussetzungen	Kenntnisse in GIS und im Umgang mit GPS-Geräten	Kenntnisse in GIS/ Kartengestaltung und im Umgang mit GPS-Geräten
Körperliche Voraussetzungen	Körperliche Fitness und Erfahrung im Hochgebirge	Körperliche Fitness und Trittsicherheit
Kosten	ca. 600 €	ca. 600 € (inkl. Anreise & HP)
Vorbereitungsaufwand	Gering (10–15 Std.)	Mittel (20–25 Std.)
Durchführungsaufwand	Mittel (15–20 Std.)	Hoch (30–40 Std.)
Nachbereitungsaufwand	Mittel (15–20 Std.)	Hoch (30–40 Std.)

beschrieben. Beide Projekte können auch unabhängig voneinander umgesetzt werden. In Tab. 4.2 sind praktische Hinweise für Lehrende und Studierende zusammengefasst.

4.1　Geomorphologische Kartierung

Bei einer geomorphologischen Kartierung sollen die Studentinnen und Studenten dazu angeregt werden, die landschaftsgenetischen Prozesse nicht nur darzustellen, sondern auch zu rekonstruieren. In einem begrenzten Raum erfassen sie die unterschiedlichen geomorphologischen Formen und bringen diese auf einer Karte in einen genetischen Zusammenhang. Die Bestimmung der Formen erfordert eine intensive Auseinandersetzung mit dem Gelände, der Geometrie, dem Substrat, Vegetation etc., während die Herleitung der Genese ein tieferes Prozessverständnis erfordert.

Eine solche Arbeit kann nicht überall umgesetzt werden. Der vom Autor gewählte Raum, ein glazial überformtes Trogtal in den Ötztaler Alpen, ist insofern interessant, da in diesem eingegrenzten Raum zahlreiche „junge" geomorphologische Strukturen bestehen (glaziale Serie), die auf einen dominanten Prozess zurückzuführen sind. Der Formenschatz wird in der glazialen Serie zusammengefasst, die verantwortlichen Prozesse sind die glaziale Erosion und Akkumulation. Auch wenn Gletschervorfelder für Kartierungsprojekte besonders geeignet sind, kann diese Methode auch in anderen Landschaftsformen durchgeführt werden.

Dünenkartierungen an der Küste eignen sich beispielsweise zur Rekonstruktion küstendynamischer Prozesse. Durch Kartierungen anthropogener Strukturen in den Wäldern des südlichen Ruhrgebiets können Erkenntnisse über die Bergbauaktivitäten gewonnen werden. Kartierungen von Auen natürlicher Flussläufe eignen sich ebenfalls sehr gut, da diese oft einen in sich geschlossenen Formenschatz abbilden.

In diesem Kapitel wird das Kartierprojekt ausschließlich am Beispiel des Exkursionsgebietes zwischen Langtalereckhütte und Hochwildehaus beschrieben. Die zwei Hütten des Deutschen Alpenvereins bieten einen idealen Ausgangspunkt für alle Aktivitäten in den Tälern des Langtal- und Gurgler Ferners. Das Vorhandensein von Unterkünften stellt tatsächlich ein erstes Auswahlkriterium für derartige Arbeitsexkursionen dar. Ein täglicher mehrstündiger An- und Abmarsch kann die Arbeit durchaus verzögern und ist nach einigen Tagen sehr ermüdend. Die Langtalereckhütte befindet sich am Eingang des Langtales. Hier wurde am Ende des 19. Jahrhunderts in mehreren Phasen das Schmelzwasser des gleichnamigen Ferners (österreichischer Begriff für Gletscher) von den Eismassen des größeren Gurgler Ferners zu einem Eisstausee aufgestaut. Die Sedimente des Sees befinden sich noch heute in Form auffälliger Terrassen am Eingang des Langtals. Sie bieten eine spannende Abwechslung zu den anderen glazialen Formen. Lässt man den Eingang des Langtals hinter sich, steigt man in ca. 1,5 h hinauf zum Hochwildehaus. Die Hütte liegt in Sichtweite zum großen Gurgler Ferner, dessen Eisrand in weiteren 30 Gehminuten erreicht werden kann. Hier befinden sich neben zahlreichen Akkumulationsformen (Moränen unterschiedlicher Vorstoßphasen) auch idealtypische Rundhöcker mit Gletscherschrammen, die erst seit wenigen Jahren eisfrei sind. Abb. 4.1 zeigt eine der zahlreichen Seitenmoränen unterhalb der Langtalereckhütte. Diese naturräumlichen Bedingungen für eine Kartierung des glazialmorphologischen Formenschatzes sind für den Ostalpenraum einmalig.

Wahl des Exkursionsraumes
Wie bereits zu Beginn des Kapitels erwähnt, können vergleichbare Kartierprojekte nur an besonderen Standorten umgesetzt werden. In der Wahl des Exkursionsgebietes liegt deshalb auch die größte Herausforderung für die Exkursionsleitung. Die Anforderungen: ein möglichst kleiner Exkursionsraum mit einer hohen Dichte unterschiedlicher geomorphologischer Formen und gute Zugangs- und Übernachtungsmöglichkeiten. Zwar ist der Arbeitsaufwand des eigentlichen Kartierprojektes für die Exkursionsleitung gering, die Auswahl der Region erfordert hingegen Ortskenntnis und (für dieses Beispiel) Erfahrung im Hochgebirge.

Das Arbeitsmaterial beschränkt sich auf eine bzw. mehrere geeignete Karten. In diesem Fall eignen sich am besten DAV-Karten im Maßstab 1:25.000. Zur Bearbeitung werden die Kartiergebiete in zweifacher Vergrößerung mehrfach kopiert. Die vergrößerten Kopien stellen Gletschervorfelder meist ausreichend detailliert dar, sodass auch eine Verortung der einzelnen Formen gewährleistet ist. Da die Formen zunächst händisch in die Arbeitskarten eingetragen werden,

Abb. 4.1 Student an einer Seitenmoräne unterhalb der Langtalereckhütte (A. Baumeister)

ist es notwendig, dass man sich im Gelände ausreichend orientieren kann. Die Erfahrung zeigt aber, dass dies mit dem empfohlenen Kartenmaterial problemlos möglich ist. Zur Absicherung und für eine spätere Übertragung der Ergebnisse in ein GIS wird zusätzlich ein GPS-Gerät benötigt. Weiteres Arbeitsmaterial ist nicht notwendig.

4.1.1 Explorationsphase

Vor Beginn der Arbeit muss zunächst der Arbeitsauftrag klar definiert werden. In der Sicherung und Einschränkung des Arbeitsumfangs besteht im Verlauf des Projekts die Hauptaufgabe der/des Lehrenden. Die Erfahrung zeigt, dass hier oft die größten Unsicherheiten bei den Studierenden bestehen. Was muss bei der Kartierung berücksichtigt werden? Wie detailliert muss man vorgehen? Wo genau beginnt und endet das Arbeitsgebiet? Hinzu kommen Unsicherheiten in Bezug auf die korrekte Interpretation der Geländeformen und ihrer Genese. Hier kommt es bei dieser Form der Arbeitsexkursion darauf an, dass die Lehrenden die Studentinnen und Studenten in angemessener Form begleiten und unterstützen. Die eigentliche Geländearbeit wird weiterhin ausschließlich von den Studierenden durchgeführt.

> **Beispiel**
>
> Der Arbeitsauftrag:
>
> Erstellung einer glazialmorphologischen Karte als Grundlage für eine detaillierte Beschreibung der quartären Landschaftsgenese.
>
> Wichtig! Folgende Fragen müssen standortabhängig unbedingt vorher beantwortet werden:
>
> Was muss bei der Kartierung berücksichtigt werden? Wie detailliert muss man vorgehen? Wo genau beginnt und endet das Arbeitsgebiet?

Diese selbstständige Tätigkeit der Studierenden setzt voraus, dass sie mit den glazialen Formen und den Prozessen vertraut sind und diese auch von anderen Formen im Hochgebirgsrelief unterscheiden können. So kann es schnell passieren, dass beispielsweise gravitativ entstandene Geröllfelder mit Seitenmoränen verwechselt werden. Hier darf der Dozent/die Dozentin nicht alleine auf das theoretische Wissen der Studentinnen und Studenten vertrauen, welche die glaziale Serie oft nur aus Lehrbüchern kennen. Deshalb ist die Auffrischung der Prozesse und der daraus resultierenden Strukturen eine zentrale Aufgabe des bzw. der Lehrenden, die unbedingt zu Beginn der Exkursion stattfinden muss. Hierfür eignet sich ein Einführungsseminar mit anschließendem Geländegang.

> **Beispiel**
>
> Das Alpine Forschungszentrum in Obergurgl ist der ideale Ausgangspunkt für eine Exkursion ins Hochgebirge. Hier stehen eine Bibliothek, ein kleines Labor, zahlreiche Exponate und Hörsäle zur Verfügung. Die ideale Infrastruktur wird durch zwei Trogtäler ergänzt, die über einen Lift auf die „Hohe Mut" (ein glazial überformter Sattel) schnell und ohne viel Anstrengung erreicht werden kann. Nach einem Tag im Hörsaal, der sowohl der Wiederholung der Theorie als auch der Akklimatisierung dient (darf bei Exkursionen im Hochgebirge nicht vergessen werden), folgt ein erster Geländetag. Das Rotmoos- und Gaisbergtal zeigen zwar zahlreiche glaziale Abtragungs- und Akkumulationsformen, beide Täler liegen aber nicht im Kartiergebiet. Die Studierenden können ihr theoretisches Wissen in der Landschaft anwenden, ohne dass sich dabei Überschneidungen mit der eigentlichen Arbeit ergeben.

4.1.2 Geomorphologische Kartierung – Konstruktionsphase

Vor der eigentlichen Kartierarbeit werden die Studierenden in die Verwendung des GPS (Global Positioning System)-Geräts eingeführt. Weitere Grundlagen sind nicht notwendig. Die Aufnahmetechnik, die verwendeten Signaturen und die Formbestimmung im Gelände werden von den Exkursionsteilnehmerinnen und -teilnehmern eigenverantwortlich umgesetzt. Vorgaben werden oft unreflektiert übernommen, während die eigene Gestaltung die Auseinandersetzung mit dem

Thema fördert. Arbeitsschritte werden diskutiert, sodass Lösungen selbst erarbeitet werden. Eine Aufgabe der oder des Lehrenden besteht darin, die Studentinnen und Studenten dazu anzuregen, alle Arbeitsschritte ausreichend zu dokumentieren. Nur mit einer geeigneten Dokumentation können Arbeitsschritte anschließend rekonstruiert werden. Eine Diskussion der Tagesergebnisse erfolgt jeden Abend gemeinsam. Nach Tagesabschluss der Geländearbeit muss ausreichend Zeit für den gemeinsamen Informationsaustausch und die Besprechung möglicher Probleme bleiben. Auch hierfür ist eine ausreichende Dokumentation notwendig. Nicht eindeutig bestimmbare Sonder- oder Mischformen können so gemeinsam besprochen werden.

Ein wichtiger Teil der Arbeit findet anschließend am Computer statt. Die Erfahrung zeigt, dass diese Arbeitsphase sinnvollerweise ebenfalls vor Ort und nicht am heimischen Computer durchgeführt wird. Die Geländearbeit ist so immer noch präsent und offengebliebenen Fragen oder Probleme können direkt geklärt werden. Die aufgenommenen Formen müssen in einem GIS (Geographischen Informationssystem) digitalisiert werden. Auch diesen Arbeitsschritt müssen sich die Studentinnen und Studenten vorher gut überlegen. Die Erfahrung zeigt, dass sich die Herangehensweisen unterscheiden. Die meisten Studierenden verwenden die GPS-Standorte, um die Formen mithilfe der Geländeaufzeichnungen (Arbeitskarten) zu digitalisieren. Ein weiterer Einsatz ist die ausschließliche Verwendung der Geländeaufzeichnungen. Wurden die Arbeitskarten gewissenhaft aufgenommen, werden diese gescannt und georeferenziert. So können die Aufzeichnungen unmittelbar digitalisiert werden. Eine Kontrolle des Standortes kann mithilfe der GPS-Punkte durchgeführt werden. Diese Arbeit soll nach Möglichkeit gemeinsam durchgeführt werden. Die Studentinnen und Studenten können sich über ihre unterschiedlichen Arbeitsansätze austauschen und finden auf diesem Weg meist die sinnvollste Herangehensweise. Der/die Lehrende sollte auch an dieser Stelle den Prozess nur beratend begleiten. Es kommt bei der Bearbeitung oft zu technischen Problemen, weshalb die Erfahrung einer Lehrperson durchaus gefragt ist. Um die Wahl der Signaturen und den Aufbau der Karte zu vereinfachen, können zu Beginn der Veranstaltung Beispiele anderer ggf. auch amtlicher topographischer und geomorphologischer Karten gezeigt und besprochen werden.

Die abschließende Prüfungsleistung besteht aus einer Karte, inklusive einer entsprechenden Erläuterung. Diese sollte um eine Dokumentation der Arbeitsschritte ergänzt werden. Dies hilft den Lehrenden dabei, die Ergebnisse besser nachvollziehen zu können, dient den Studierenden aber auch zur Festigung der erlernten Arbeitsschritte.

Beispiel

Abb. 4.2 zeigt die Zusammenfassung eines Kartierprojektes, bei dem die Entwicklung der Gletscher im Fokus stand. Die Studentinnen und Studenten sollten zunächst alle Moränenzüge im Exkursionsgebiet kartieren. Deren zeitliche Einordnung geschah vor Ort zunächst durch historische Karten und weitere wissenschaftliche Quellen. Anschließend wurden die GPS-Daten der Moränenzüge

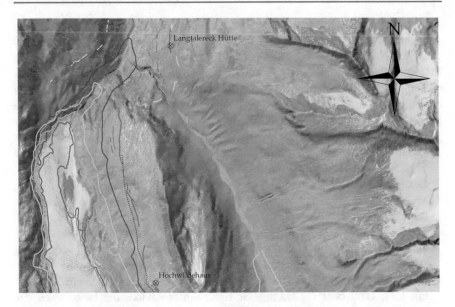

Abb. 4.2 Ausschnitt einer Karte mit historischen Gletscherständen des Gurgler- und Langtal Ferners (A. Baumeister)

dann in ein GIS importiert. Die zeitliche Zuordnung wurde kontrolliert, indem die historischen Karten eingescannt und ebenfalls in das GIS-Projekt importiert wurden. Hier mussten diese zunächst georeferenziert, also lagegenau korrekt übereinandergelegt werden. Landmarken wie Gipfel oder Hütten, die auf der Karte mit einer eigenen Signatur dargestellt sind, vereinfachen diesen Arbeitsschritt. Erst jetzt konnten die historischen Gletscherstände, die in anderen wissenschaftlichen Karten auch schon genauer datiert wurden, mit den aufgenommenen Moränenzügen verglichen werden. Da diese zeitlich nicht immer mit den eigenen Geländeaufnahmen übereinstimmten, wurden die Gletscherstände der verwendeten historischen Karten zusätzlich digitalisiert. So entstand in Zusammenarbeit mit den Studentinnen und Studenten die bisher umfangreichste Dokumentation des Rückzugs der zwei Gletscher. Die Karte wird weiterhin aktualisiert und hängt heute als Poster im Empfangsbereich der Alpinen Forschungsstelle Obergurgl.

4.2   Entwicklung wissenschaftlicher Lehrpfade

Eine sinnvolle Ergänzung der Kartierungsarbeiten ist die Verarbeitung der Ergebnisse in einem Themenpfad, der die gewonnenen Erkenntnisse für interessierte Laien, Schülergruppen etc. zugänglich machen soll. Die Entwicklung der Themenwege ist zum einen eine Weiterentwicklung der bisher beschriebenen geomorphologischen Kartierarbeit (Streifinger 2010). Zum anderen kann diese, weniger kartographische und mehr konzeptionelle Arbeit, auch unabhängig von dem in

Abschn. 4.1 beschriebenen Projekt durchgeführt werden. Die Aufgabenstellung geht zudem einen Schritt weiter, und stellt eine Fortsetzung der landschafts-genetischen Kartierung dar. Während die Hauptaufgabe bei der Kartierung die Erfassung des geomorphologischen Formenschatzes ist, fokussiert sich die Frage-stellung bei der Entwicklung von Lehrpfaden auf die didaktisch sinnvolle Ver-mittlung der Landschaftsgenese. Die Bearbeitung dieser Fragestellung durch die Lernenden hat zahlreiche positive Effekte:

1. Die entwickelten Karten und Erläuterungen werden der Öffentlichkeit in einer didaktisch angemessenen Form zur Verfügung gestellt.
2. Das Projektgebiet kann durch das erarbeitete Material einen touristischen Mehrwert und eine zusätzliche Bedeutung für den Schutz alpiner Naturland-schaften erlangen.
3. Die fachlichen Kompetenzen der Studentinnen und Studenten werden während einer didaktischen Aufbereitung deutlich erweitert. Die verständliche Vermittlung von Wissen an Fachfremde erfordert ein lückenloses Prozessverständnis.
4. Die Studentinnen und Studenten erlangen weitere Fähigkeiten im Umgang mit GIS, GPS oder Gestaltungs-Software. Insbesondere die Frage nach der Präsentationsform setzt die Auseinandersetzung mit anderen Medienformaten (Podcasts, Web-Kartographie etc.) voraus.

Auch in diesem Fall gestaltet sich die Suche nach einem geeigneten Projektgebiet in der Vorbereitungsphase kompliziert. Die Voraussetzungen an den Exkursions-raum sind hingegen deutlich flexibler als bei reinen Kartierprojekten. Ein Vorteil ist, dass mehrere Lehrpfade mit unterschiedlichen thematischen Schwerpunkten gleichzeitig entwickelt werden können. Am Beispiel Obergurgl wurden nicht nur die Ergebnisse der geomorphologischen Kartierung als Grundlage für einen Lehr-pfad genommen. Auch andere Standorte mit anderen fachlichen Schwerpunkten (Geologie, Archäologie oder Botanik) wurden zu einem Pfad zusammengefügt. So waren auch Studentinnen und Studenten mit anderen fachlichen Interessen in der Lage sich in Kleingruppen intensiver mit ihrem favorisierten Thema auseinander-zusetzen. Das Gurgler Tal stellt auch in diesem Fall ein ideales Exkursionsgebiet dar. Es besteht bereits ein vielfältiges Netz an gut dokumentierten Wanderwegen. Dazu haben die zahlreichen Forschungsprojekte in der Region zu zahlreichen Pub-likationen geführt, die wiederum an unterschiedliche Standorte gebunden sind.

Beispiel

Abb. 4.3 zeigt eine Zusammenfassung aller fachlich relevanten Standorte im Exkursionsgebiet, unterteilt in die jeweiligen Fachgebiete. Dies erforderte zunächst eine umfangreiche Literaturarbeit, die nicht erst vor Ort, sondern bereits während der Exkursionsplanung im Seminarraum durchgeführt wurde. Die fachlichen Schwerpunkte wurden bereits im Vorfeld unter den Studenten

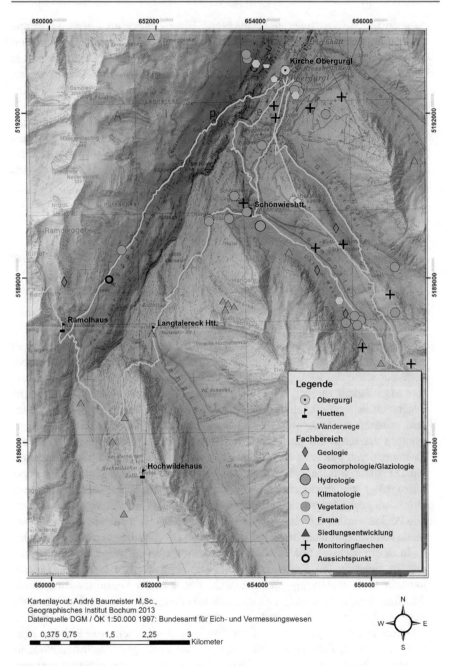

Abb. 4.3 Zusammenfassung aller fachlich relevanten Standorte im Exkursionsgebiet (A. Baumeister)

je nach Interessensschwerpunkt aufgeteilt. Hierzu wurde eine georeferenzierte Literaturdatenbank angelegt, bei der jeder Publikation gleichzeitig ein Standort (soweit vorhanden) zugewiesen wurde. Die daraus entstandene Karte diente als Grundlage für die späteren Lehrpfad-Konzepte. Die in Abschn. 4.1 beschriebene Kartierung ersetzt den Teil der Literatur- und Standortsuche. Die für einen Lehrpfad notwendigen Wissensgrundlagen wurden in diesem Fall selbst erarbeitet.

Nach der Literaturrecherche und der Verortung der bereits beschriebenen Standorte konnten bereits erste Konzepte entwickelt werden. Ein Ergebnis war der bereits erwähnte Gletscherlehrpfad, der eine Einführung in die pleistozäne Entwicklungsgeschichte des Gurgler Tals geben sollte. Hierfür mussten folgende Fragen geklärt werden:

1. Wo beginnt der Lehrpfad?
2. Soll es sich um eine ein- oder mehrtägige Wanderung handeln?
3. Welche Standorte sind vorhanden? Welche Standorte werden gewählt?
4. Gibt es ggf. weitere Standorte im Gelände, die in der Literatur nicht genauer beschrieben werden (siehe Abschn. 4.1)?
5. Existiert bereits ein Wegenetz, welches die Einzelstandorte miteinander verbindet?

Diese Fragen dienten zur Erstellung eines ersten Konzepts der unterschiedlichen Kleingruppen, welches in niedergeschriebener Form (inkl. Karte, Literaturverzeichnis etc.) mit auf die Exkursion genommen wurde. Die Exkursion selbst hatte vor allem das Ziel, die Konzepte und die bereits entwickelten Routen auf ihre Machbarkeit zu überprüfen. Im Fall der geomorphologischen Kartierungen begann an dieser Stelle ein zweiter Exkursionsteil. Während dieses Exkursionsteils mussten die Studentinnen und Studenten der unterschiedlichen Themengruppen zunächst den gewählten Wanderweg auf seine Begehbarkeit prüfen, Zeiten notieren und erste Sichtungen der Standorte vornehmen. In einem zweiten Durchlauf wurden Wegkorrekturen umgesetzt, weitere geeignete Standorte hinzugefügt und dokumentiert. Am Beispiel des Gletscherlehrpfades wurden besonders geeignete glaziale Formen ausgewählt und fotografisch dokumentiert. Die Punkte wurden mittels GPS markiert. Die ersten Konzeptentwürfe der Lehrpfade konnten durch die im Gelände gewonnen Erkenntnisse korrigiert werden.

In einem nächsten Schritt wurden die Korrekturen der Wegnetze und Standorte in einer finalen Karte dargestellt. Die ausgewählten Lehrpfadstandorte mussten nun, unabhängig von der Wahl der späteren Vermittlungsmediums, detailliert beschrieben und in einen Zusammenhang gebracht werden. Die textliche Aufbereitung sollte bereits so umgesetzt werden, dass sie den finalen Ansprüchen an das gewünschte Lehrpfadmaterial entspricht. Ein Einführungstext zum Thema, Texte und Abbildungen zu den jeweiligen Standorten mussten so geschrieben werden, dass sie für den Laien verständlich, nicht zu umfangreich und trotzdem wissenschaftlich fundiert sind.

Als Ergänzung wurden die produzierten Texte zu einem Audiolehrpfad transformiert. Das Problem hierbei lag bei der Bereitstellung der Audiodateien. Ohne eine geeignete kartenbasierte App, über die auch Zusatzmaterial zur Verfügung gestellt werden kann, ist auch ein Audiolehrpfad schwer umsetzbar. Diese technischen Formen der Umsetzung würden ein eigenes Seminar füllen. Eine Zusammenfassung der einzelnen Arbeitsschritte bietet Abb. 4.4.

Bei der Wahl des Präsentationsmediums liegt die Aufgabe des/der Lehrenden hauptsächlich darin, die Durchführbarkeit der vorgeschlagenen Medien zu hinterfragen. Während Apps oder webbasierte GIS-Lösungen häufig vorgeschlagen werden, sind diese Ansätze im zeitlichen Rahmen eines Seminars meist nicht zu realisieren. Der Fokus soll auf dem Konzept und der didaktischen Arbeit liegen, weshalb aufwendige technische Lösungen oft nicht realisiert werden können. Die Erfahrung zeigt, dass der anfängliche Enthusiasmus nach der Feldarbeit schnell nachlässt. Der Fokus wurde nicht zuletzt deshalb auf die Produktion von professionellem Printmaterial (z. B. Faltblätter) gelegt, dass gedruckt oder digital über beliebige Websites zur Verfügung gestellt werden kann.

Fazit

Die Kombination aus Kartierungsarbeiten und einer anschließenden didaktischen Aufbereitung der Ergebnisse bietet viel Potenzial in der Lehre. Die selbstständige Arbeit im Gelände fördert die Auseinandersetzung mit der Landschaft und der – im Falle einer geomorphologischen Kartierung – Genese. Ein Perspektivwechsel vom Lernenden zum Lehrenden, der durch die abschließende Aufbereitung in Lehrpfaden erreicht wird, führt dazu, dass die Studentinnen und Studenten sich noch einmal intensiver mit dem Thema beschäftigen (Neeb 2010). Hierdurch wird eine Festigung des Wissens gezielt gefördert. Vergleichbare Projekte können auch in Form von Tagesprojekten auf großen Exkursionen umgesetzt werden.

Abb. 4.4 Fließdiagramm der in diesem Kapitel beschriebenen Arbeitsschritte (A. Baumeister)

Literatur

Neeb, Kerstin. 2010. *Exkursionen zwischen Instruktion und Konstruktion. Potenzial und Grenzen einer kognitivistischen und konstruktivistischen Exkursionsdidaktik für die Schule.* Gießen.

Streifinger, Michael. 2010. *Praxisbeispiel einer geodidaktischen Exkursion zur Optimierung des glazialmorphologischen Verständnisses im Untersuchungsgebiet Hoher Kranzberg/Mittenwald/Wallgau. Empirische Untersuchung zur Exkursionsdidaktik.* München.

Stolz, Christian, und Benjamin Feiler. 2018. *Exkursionsdidaktik. Ein fächerübergreifender Praxisratgeber für Schule, Hochschule und Erwachsenenbildung.* München: Eugen Ulmer.

Alpine Landschaft als Lernort (Riedingtal, Salzburger Land)

5

Physisch-geographische Geländemethoden als Teil von Exkursionen

Herbert Weingartner, Sandra Münzel, Matthias Marbach und Angela Hof

▶ Im Zentrum der vorgestellten Lehrveranstaltung steht die Beantwortung konkreter physisch-geographischer und landschaftsökologischer Fragestellungen durch selbstständige Anwendung geographischer Arbeitsweisen im Gelände. Didaktische Leitprinzipien dabei sind Lernen mit allen Sinnen, Teamfähigkeit und Teilnehmerintegration. Die unmittelbare Auseinandersetzung mit dem Lerngegenstand, ein systematisierter Lernprozess und festgelegte Lerninhalte sind strukturelle Hauptelemente der Durchführung. Gleichzeitig werden eine starke Mitwirkung und Aktivität der Studierenden gefördert.

Die Festlegung auf eine klimatische und hydrologische Methodik sowie die integrierende landschaftsökologische Betrachtung liegen in der Stellung der Lehrveranstaltung im Studienplan sowie in den günstigen lokalen und regionalen Möglichkeiten begründet.

Die im vorliegenden Fall vorhandenen organisatorischen Rahmenbedingungen, nämlich die Existenz einer Forschungseinrichtung mit Übernachtungsmöglichkeit,

H. Weingartner (✉) · M. Marbach · A. Hof
Fachbereich Geographie und Geologie, Universität Salzburg, Salzburg, Österreich
E-Mail: herbert.weingartner@sbg.ac.at

S. Münzel
Campus Golm, AG Geographie und Naturrisikenforschung, Universität Potsdam, Potsdam, Deutschland
E-Mail: smuenzel@uni-potsdam.de

M. Marbach
E-Mail: matthias.marbach@sbg.ac.at

A. Hof
E-Mail: Angela.hof@sbg.ac.at

© Springer-Verlag GmbH Deutschland, ein Teil von Springer Nature 2020
A. Seckelmann und A. Hof (Hrsg.), *Exkursionen und Exkursionsdidaktik in der Hochschullehre*, https://doi.org/10.1007/978-3-662-61031-2_5

die gute Erreichbarkeit sowie eine vorhandene Forschungsinfrastruktur (Klima-
messeinrichtungen), erleichtern die Planung und Durchführung eines Geländepraktikums erheblich.

Gleichzeitig ist der vorliegende Raumausschnitt ein repräsentatives Beispiel für ein glazial geprägtes inneralpines Hochtal, das im Laufe der Geschichte
durch verschiedenartige menschliche Nutzungen sein aktuelles landschaftliches
Erscheinungsbild erhalten hat. Besondere Prägung hat das alpine Hochtal durch
die Jahrhunderte lange almwirtschaftliche Nutzung erfahren, die auch die Basis
für den aktuellen naturnahen Wandertourismus in der Region darstellt.

Damit eignet sich das Exkursionsgebiet, das sich als Naturpark ein gleich-
rangiges Miteinander von Schutz, Erholung, Bildung und Regionalentwicklung
zum Ziel gesteckt hat, in besonderer Weise als Lernort.

Die große Vielfalt landschaftsprägender Elemente und die hohe Biodiversität
verleihen diesem Raumausschnitt auch eine besondere ästhetische Qualität, die die
Erreichung der Lehrveranstaltungsziele im Gelände unterstützt.

5.1   Einleitung

Das übergeordnete Ziel, Exkursionen zu Forschungsstationen mit verschiedenen
Feldmethoden und einem Geländepraktikum zu verbinden, ist die Aufnahme
und Analyse physisch-geographischer und landschaftsökologischer Daten im
mikro- und mesoskaligen Betrachtungsmaßstab. Dazu werden Daten gewonnen,
um landschaftliche Kompartimente bzw. Teilsysteme wie Klima, Relief,
Gestein, Wasser, Bios, Boden und Flächennutzung zu erfassen. Dies erfolgt mit
dem übergeordneten Lernziel, Prozesse des räumlichen Energie-, Stoff- und
Informationsaustausches zu veranschaulichen und zu verstehen. Diese Zielsetzung berücksichtigt, dass bei Untersuchungen von Landschaften als dynamische Systeme die landschaftlichen Strukturen und Prozesse auf verschiedenen
räumlichen und zeitlichen Ebenen charakterisiert und verstanden werden müssen
(Steinhardt et al. 2012). Das Besondere an der hier vorgestellten Lehrveranstaltung
ist der immersive Wissenserwerb darüber, wie das Klima- und Hydrosystem die
Landschaft in einem inneralpinen Tal steuert. Eingebettet in eine viertägige
Exkursion zur Seppalm (Stützpunkt Almforschung Naturpark Riedingtal) im österreichischen Bundesland Salzburg, werden Erfassungs- und Analysemethoden in
der Klima- und Hydrogeographie auf das Landschaftssystem des Riedingtals in
Kleingruppen aus drei Perspektiven angewandt. Geplant und durchgeführt werden geographisch relevante Messverfahren im Gelände und dann unter der Fragestellung der prozessual-funktionalen Verknüpfungen der Teilsysteme ausgewertet.
Jede Studierendengruppe arbeitet dabei tageweise in jeder der folgenden topischen
(standortbedingten) Landschaftseinheiten: erstens Ökotope, Flächennutzung und
Höhenstufen; zweitens Gerinnemorphologie, Abfluss- und Durchflussbestimmung
und drittens Hydrochemie verschiedener Gewässertypen.

5.1.1 Übersicht über die Stellung im Bachelorstudiengang und die Lehr- und Lernziele

Dem Modul „Methoden der Physischen Geographie" (Bachelorstudiengang Geographie an der Universität Salzburg) ist die Lehrveranstaltung „Erfassungs- und Analysemethoden: Klima-/Hydrogeographie" zugeordnet. Sie besteht aus 2 Übungen:

1. Der Übung, die als Exkursion mit Geländepraktikum in der alpinen Forschungsstation im Riedingtal durchgeführt und im vorliegenden Beitrag beschrieben wird: „Übung Erfassungsmethoden Klima-/Hydrogeographie" (4 ECTS).
2. Der Übung „Analysemethoden Klima-/Hydrogeographie" (2 ECTS), die als Vor- und Nacharbeit im Labor und Computerraum an der Universität Salzburg abgehalten wird.

Die Exkursion mit Geländepraktikum wird in Kooperation mit der Universität Potsdam (Institut für Umweltwissenschaften und Geographie) durchgeführt. Im Rahmen der beiden Übungen werden wichtige Methoden im Gelände erläutert und in Kleingruppen selbstständig Datenmaterial gewonnen, interpretiert und präsentiert (Tab. 5.1).

Die übergeordneten Lehr- und Lernziele des Moduls sind:

* Die Studierenden erwerben Wissen über Klima und Wasser als Landschaftselemente bzw. als Bestandteile der Landschaft in Interaktion mit der menschlichen Nutzung.
* Sie verstehen verschiedene Messprinzipien klimatologischer und hydrologischer Methoden.

Tab. 5.1 Übersicht zum Konzept des Geländepraktikums

Zielgruppe	Bachelorstudierende Geographie
Gruppengröße	5 bis 25 Studierende pro Geländepraktikum
Kontext	Empfohlen wird die Teilnahme ab dem 3. Semester, da entsprechende Grundkenntnisse im Bereich der Physischen Geographie als Voraussetzung gelten
Studienleistung	Erfassung von Daten im Gelände und deren Analyse
Prüfungsleistung	Präsentation der ersten Ergebnisse am letzten Tag des Geländepraktikums und aktive Mitarbeit der Teilnehmer/innen während der Übung im Gelände (Gewichtung 30 %); schriftliche Ausarbeitung (Gewichtung 50 %); Poster Erstellung (Gewichtung 20 %)
Kosten	ca. 55 € pro Person bei vier Übernachtungen in der Forschungsstation, Eigenverpflegung (Kosten hier nicht angegeben); Fahrtkosten ab Salzburg (Treibstoff und Maut) in Höhe von ca. 30 € pro Fahrzeug; An- und Abreise erfolgt in Eigenregie
Aufwand	Pro ECTS-Punkt für Studierende 25 Std.; für Lehrende ca. 16 Std

- Sie können diese Messungen selbstständig durchführen.
- Sie haben Basiskenntnisse in der Datenauswertung und -analyse.
- Sie haben die Fähigkeit, die erhobenen Daten in einem räumlichen Zusammenhang zu interpretieren. Die Studierenden kennen Vor- und Nachteile der unterschiedlichen Methoden zur Analyse von Klima- und Wasserdaten.
- Sie haben die Fähigkeit, geeignete Methoden und deren Kombinationen für spezifische Fragestellungen der Physischen Geographie und Landschaftsökologie zu verwenden.
- Die Studierenden kennen die Prozesse der empirischen Datenaufnahme im Gelände (Organisation, Planung und Durchführung der Geländearbeiten) und können Machbarkeit, Aufwand bzw. Kosten/Nutzen spezifischer Geländearbeiten einschätzen.

Die Modulvariante „Klima- und Hydrogeographie" vermittelt wichtige methodische Kompetenzen und widmet sich einer übergeordneten Fragestellung im Bereich Klimageographie, Hydrogeographie und Landschaftsökologie. Abgesehen von den verschiedenen Aufnahmeverfahren kommt der Analyse der Beziehungen von Klima und Wasser zu den anderen Geofaktoren sowie zur menschlichen Nutzung eine besondere Bedeutung zu. Ziele und Untersuchungsgebiete der Datenerfassung wechseln und widmen sich unterschiedlichen Fragestellungen aus dem Bereich der Physischen Geographie und der Landschaftsökologie.

5.1.2 Lerntheoretische Einordnung

Die bei der Exkursion mit Geländepraktikum in der alpinen Forschungsstation im Riedingtal gewählte methodisch-lerntheoretische Herangehensweise lässt sich als handlungsorientierte Arbeitsexkursion einordnen (Ohl und Neeb 2012; Stolz und Feiler 2018). Im Vordergrund steht die Bearbeitung vorgegebener Fragestellungen, die sich in der vereinfacht formulierten Forschungsfrage subsummieren lassen: Wie steuern das Klima- und das Hydrosystem das Landschaftssystem eines inneralpinen Tales? Diese Forschungsfrage strukturiert und systematisiert den Lernprozess, wobei in der Durchführung sowohl kognitive als auch konstruktivistische Herangehensweisen von den Studierenden verlangt werden. Auf kognitiver Ebene wird einerseits das in physisch-geographischen Vorlesungen vermittelte Fachwissen aufgegriffen und vor Ort auf konkrete Standorte übertragen. Dabei müssen die prozessual-funktionalen Verknüpfungen der Teilsysteme gedanklich rekonstruiert werden, die den aktualistischen Zustand und die Genese jedes Teilsystems mitbestimmen. Andererseits werden kognitive Konflikte erlebt, weil die vor Ort gemessenen und erfassten Daten äußerst selten lehrbuchartig ausfallen. Konstruktion von Wissen und Eigenbeteiligung kommen bei der hier in den folgenden Abschnitten detailliert beschriebenen Lehrstrategie am deutlichsten bei der Durchführung der Messungen und der Gruppenarbeit zur Auswertung und Interpretation der Daten zum Tragen.

5.2 Konzept, Aufbau und Ablauf der Exkursion mit Geländepraktikum

Als Unterkunft bei den Forschungsarbeiten im Gelände des Almgebiets im Riedingtal dient die Seppalm (1486 m Seehöhe) im Naturpark Riedingtal. In Kleingruppen wird durch die Studierenden selbstständig Datenmaterial gewonnen, interpretiert und präsentiert. Die übergeordnete physisch-geographische Fragestellung lautet: Wie wirken Klima und Wasser als Geofaktoren bzw. als Bestandteile der Landschaft in Interaktion mit der menschlichen Nutzung im inneralpinen Riedingtal und durch welche übergeordneten Faktoren wird ihr Wirken beeinflusst?

Das Riedingtal ist ein durch Gletscher überformtes Trogtal, dessen Einzugsgebiet mit seinem geologisch-geomorphologischen Aufbau durch zwei sehr unterschiedliche tektonische Einheiten und damit durch sehr verschieden erosionsanfällige Gesteinsarten gekennzeichnet ist, nämlich Dolomit und andere Kalkgesteine sowie kristalline Gesteine, Schiefer und Phyllite (Häusler 1995).

Während sich im Bereich der Dolomitgesteine markante Bergkuppen, schroffe Formen und Hänge herausbilden, sind die weicheren Schiefer verwitterungs- und erosionsanfälliger (Kraxberger und Taferner 2014). Verkarstungsformen wie Höhlen und Dolinen, aber auch erweiterte Klüfte und Karren prägen den Gebirgsköper, bestimmen die hydrologische Situation und schaffen ein vielfältiges Landschaftsbild. Die Mergel- und Schieferschichten bilden in den stockwerksartig mit Dolomit verzahnten Gesteinsschichten häufig wasserstauende Grenzschichten, aus denen bei ausreichendem Abfluss das durch Klüfte im Gesteinskörper des Dolomits (Wetterstein-Dolomit und Dolomitmarmor) transportierte und gesammelte Niederschlagswasser austritt und sich durch imposante Wasserfälle in das Tal des Riedingsbaches ergießt. Die hydrologische Situation des Riedingtals wird wesentlich vom Hinteren Riedingbach und Hinteren Zederhausbach bestimmt. Beide Bäche werden von zahlreichen Seitenbächen gespeist und fließen größtenteils unverbaut zu Tal. Im Bereich der Schliereralm wird ein Teil des Wassers in einem Stausee (ca. 7 ha Staufläche) zurückgehalten und von hier aus unterirdisch zum Kraftwerk der Salzburg AG im Ort Zederhaus geleitet. Eine besondere Rolle spielt der Vordere Riedingbach (zw. Weißeck und Riedingspitz), der ein kleines Einzugsgebiet vorwiegend aus Wetterstein-Dolomit hat. Der Niederschlag versickert in dem stark zerklüfteten Gebirgskörper, sodass das Gewässer zeitweise trockenfällt, bei Starkniederschlägen jedoch binnen kürzester Zeit stark anschwillt und einen hohen Abfluss aufweist, der in der Lage ist, binnen kürzester Zeit große Massen an Geschiebe (Schotter, Kiese, Sande) zu transportieren. Deshalb wurde vor dem Eintritt in den Stausee auch ein Retentionsbecken errichtet. Spuren dieser Erosionsereignisse finden sich im gesamten Talraum, der immer wieder von Hochwasser geprägt wird und eine hohe Geschiebedynamik aufweist (Michor und Ragger 2001, S. 24).

Der „Naturpark Riedingtal" liegt im Südosten des österreichischen Bundeslandes Salzburg, in der Gemeinde Zederhaus und umfasst eine Fläche von rund 26 km^2. Der geringe Flächenanteil des Dauersiedlungsraumes (6,5 %) und der

Anteil der Almen (58,9 % der Gemeindefläche) unterstreicht die periphere Lage im Gebirgsraum und die historisch gewachsene kleinbäuerliche Struktur, die auf Lehensnahme von Land und Vieh der Grundherren (Grundeigentümer) im Gegenzug von Abgaben und unbezahlter Arbeit beruhte. Die großen Viehbestände erforderten entsprechende Futtermengen und vor allem Winterfuttervorräte, die nur durch Ausweitung der Wiesen und Weiden über die Tallage hinaus und somit in die Hanglagen produziert werden konnten. Viehauf- und abtrieb zur Weide in den Sommermonaten und Mahd der Bergwiesen sind daher untrennbar mit der Landwirtschaft in diesen alpinen Tälern verknüpft und prägen insbesondere die Vegetation und Landnutzung entlang des Höhengradienten im Riedingtal (Michor und Ragger 2001, S. 16 f.). Die natürliche und nutzungsabhängige Vielfalt der Landschaft spiegelt sich auch in der Vielzahl der Biotoptypen wider. Im Naturpark wurden 36 verschiedene Biotoptypen erfasst. Flächenmäßig dominieren die alpinen Rasengesellschaften, deutlich vor nivalen Biotoptypen, Latschenbeständen und Zwergstrauchgesellschaften (Michor und Ragger 2001, S. 48).

5.2.1 Gruppeneinteilung und zeitlicher Ablauf

Nachdem die Anreise am Vortag des Geländepraktikums individuell erfolgt, findet am ersten Tag des Geländepraktikums eine Einteilung in drei Arbeitsgruppen statt. Die Teilnehmer jeder Gruppe arbeiten jeweils über die gesamte Zeit zusammen. Die beteiligten drei Lehrenden übernehmen täglich jeweils morgens eine neue Gruppe, sodass für jeden Übungsteil und jede Gruppe ein ganzer Geländetag zur Verfügung steht.

5.2.2 Übungsteil 1: Ökotope, Flächennutzung und Höhenstufen

In diesem Teil der Übung werden auf einer Tagesexkursion die regionalen Ökotope und die Flächennutzung in der hochmontanen, subalpinen und alpinen Höhenstufe vorgestellt und die Datenerfassung mittels Mikroklimasensoren in repräsentativen Ökotopen von den Studierenden geplant. Ökotope sind elementare ökologische Raumeinheiten der Landschaft und haben eine homogene abiotische und biotische Struktur, mit zugehörigen energie-, luft-, wasser- und stoffhaushaltlichen und prozessual-funktionalen Eigenschaften, die bei der landschaftsökologischen System- und Raumanalyse in Kulturlandschaften an konkreten jeweiligen Standorten über die Vegetation und Landnutzung abgegrenzt werden (Gerold 2011). Da die übergeordneten Themenschwerpunkte die regionale Physische Geographie und die Mensch-Umwelt Interaktion im Gebirge sind, werden die klimatologischen Dauermessstellen der Forschungsstation aus methodologischen und inhaltlichen Gründen in die Datenerfassung und Datenanalyse des Geländepraktikums integriert.

Beim Geländetag steht die Standortansprache und Standortwahl für die Erfassung klimatologischer Parameter mit Handmessgeräten und Mikroklimamesssensoren im Vordergrund (Tab. 5.2). Die Studierenden bekommen den Arbeitsauftrag, sich an der Reichweite lateraler ökologischer Prozesse, insbesondere des Bodenwasserhaushaltes und mikroklimatischer Prozesse wie Kaltluftbildung zu orientieren und entsprechend der Schichtung der Vegetation geeignete Messstellen für die Erfassung des Bestandsklimas mit Handmessgeräten und Mikroklimamesssensoren auszuwählen. Die unterschiedlichen Messgeräte liefern klimatologische Daten und Zeitreihen, die sowohl das Klima entlang des Höhengradienten im Almgebiet Riedingtal abbilden (klimatologische Messstellen) als auch kurze Zeitreihen zum Bestandsklima bzw. Geländeklima (Mikroklimamesssensoren) und aktualistische Messwerte zum Mikroklima des Ökotops erfassen (Handmessgeräte). Dieses klimatologische Datenmaterial wird in Kleingruppen durch die Studierenden selbstständig gewonnen, interpretiert und präsentiert. Für die Datenanalyse durch die Studierenden lauten die Arbeitsaufträge: Darstellung der Tagesamplituden von

Tab. 5.2 Aufbau und Inhalte des Übungsteils 1

Ziele und Kompetenzen	Messgeräte und Methoden	Datenerfassung	Datenanalyse
Kennenlernen der Funktion automatisierter Klima-Messeinrichtungen Upscaling-Strategien vom Punkt- zum Gebietsniederschlag	Drei klimatologische Messstellen, die im Umfeld der Forschungsstation seit 2010 eingerichtet sind	Automatisiert (Lufttemperatur, rel. Luftfeuchtigkeit, Bodentemperatur, Windrichtung und -geschwindigkeit, Niederschlag); Auslesen über Laptop/PC	Zeitreihenanalyse, Maximal- und Minimalwerte, Mittelwerte etc. Gebietsniederschlagsberechnungen mittels Thiessen-Polygonen-Verfahren und Isohyetenmethode
Selbstständige Klimadatenerfassung im Gelände Analyse und Präsentation der Daten	Mikroklimamesssensoren	Automatisiert über Sensoren und Datenlogger; Auslesen über mobile Endgeräte mittels Bluetooth und App	Zeitreihenanalyse, Maximal- und Minimalwerte, Mittelwerte etc.
Selbstständige Klimadatenerfassung im Gelände Analyse und Präsentation der Daten	Klimatologische Handmessgeräte	Manuelle Messungen	Erfassung von geländeklimatischen Messwerten
Wechselbeziehungen zwischen Klima- und übrigen Geofaktoren (Boden, Vegetation, Relief) werden erkannt	Standortansprache	Flächenhafte Erfassung der Landschaftsstruktur anhand der Merkmale: Relief, Landnutzung und Vegetation	Qualitative Darstellung wechselseitiger Beziehungen

Lufttemperatur und Luftfeuchtigkeit, Feststellung von Extremwerten, Vergleich der Messwerte zwischen den einzelnen Messstationen, Interpretation der einzelnen Werte und Tagesgänge vor dem Hintergrund der verschiedenen Ökotope, der Höhenzonen sowie der aktuellen Wettersituation.

5.2.3   Übungsteil 2: Gerinnemorphologie, Abfluss und Durchfluss

Aufgrund der geologischen und geomorphologischen Gegebenheiten und des nahezu unverbauten Gewässerlaufes, ist die hydrologische Situation im Riedingtal eng mit dem Niederschlagsregime gekoppelt, sodass sich das Abflussregime und die Geschiebedynamik im Gerinne modellartig und kausal unter kurzem theoretischen Rückgriff auf Vorlesungsinhalte im Gelände darstellen lassen. Im „Hinteren Riedingbach" sind temporäre fest installierte Abflussmesssysteme (Drucksonde, automatischer Wasserprobennehmer mit Multisonde, Ultrasonic Doppler Instrument) vorhanden. Die Daten dieser Instrumente werden mit den selbst erhobenen Daten der Studierenden für die Datenanalyse herangezogen und vertiefend bei den Analysemethoden abgehandelt. Bei im Zeitraum weniger Jahre wiederkehrenden Hochwasserereignissen wird das ganze Tal binnen ein bis zwei Stunden überflutet. Die jeweils jüngsten Hochwasserereignisse werden anhand von Hochwassermarken den Studierenden im Gelände aufgezeigt und es wird gemeinsam ein geeigneter Standort bestimmt, an dem die Datenerfassung und die Messungen durchgeführt werden. Aktualistisch wird dieses Landschaftssystem beim Geländepraktikum durch eine Querschnittsvermessung des Gerinnes (Bachbettes) sowie Abfluss- und Durchflussmessung erfasst. Dabei kommen drei Methoden der Durchflussmessung zur Anwendung: eine Tracermethode (Salzmessung), eine Flügelmessung (Abb. 5.1) und drittens eine Abschätzung des Hochwasserdurchflusses durch die Gerinnevermessung und aktualistische Abflussmessung (Abb. 5.2). Durch die Anwendung der unterschiedlichen Aufnahmemethoden kann ein sehr umfangreicher Methodenvergleich durchgeführt werden. Die Studierenden haben die Möglichkeit selbstständig zu lernen, welche Methode bei den gegebenen Umständen idealerweise zur Anwendung kommen soll. Die Auswertung der Messdaten erfolgt einerseits direkt im Gelände durch die Software und den angeschlossenen Gelände-Laptop, um die Kalibrierung und Anpassung des Messsystems an die gegebene Situation zu ermöglichen (Abb. 5.2) und andererseits in der anschließenden Übung zur Datenanalyse, wo mittels Geräte- und Auswertesoftware die Erkenntnisse zur Querschnittsvermessung, Abfluss- und Durchflussmessung synoptisch verknüpft werden im Hinblick auf Abflussregime und die Geschiebedynamik im Gerinne (Tab. 5.3).

Abb. 5.1 Messung der Strömungsgeschwindigkeit mit einem Messflügel (Foto: Angela Hof)

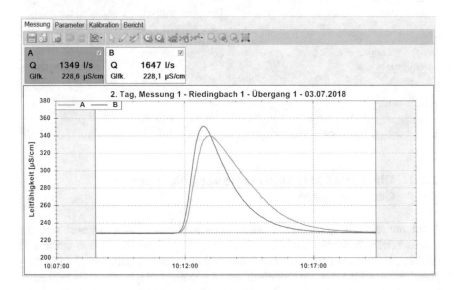

Abb. 5.2 Durchflussermittlung mit Datenübertragung und Datenaufzeichnung am Gelände-Laptop (M. Marbach)

Tab. 5.3 Aufbau und Inhalte des Übungsteils 2

Ziele und Kompetenzen	Messgeräte und Methoden	Datenerfassung	Datenanalyse
Kennenlernen der Funktion automatisch fest installierter hydrologischer Messeinrichtungen und ihrer Handhabung	Wasserprobennehmer (Sampler) mit Sondenanschluss Frei konfigurierbare Messeinrichtung mit Fernübertragung Ultrasonic Doppler Instrument für Messung der Fließgeschwindigkeit und Wassertiefe	Wasserproben Wassertrübung Leitfähigkeit Fließgeschwindigkeit Wassertiefe	Statistische Regressions- und Korrelationsanalyse zur Erstellung einer Eichkurve, sogenannte „Rating Curve" Hochrechnung und Bilanzierung des Schwebstoffaustrags auf der Basis der erstellten Eichkurve Durchflussermittlung
Selbständige Querschnitterhebung eines Gerinnes und Aufnahme des Gerinnequerschnittes bei einem Hochwasserereignis und Messung der Strömungsgeschwindigkeit	Laser Entfernungsmesser, Nivellierstange, 100 m Maßband, Strömungs-Messsensor mit Handmessgerät	Gerinnequerschnitt und Wassertiefe, aufgeteilt in einzelne Sektionen Strömungsgeschwindigkeit in den Sektionen bei 20 % und 80 % Wassertiefe	Darstellung und Analyse der aufgenommenen Gerinneprofile und der Pegelmessungen Durchflussermittlung
Durchflussermittlung mit der Salzverdünnungsmethode Kennenlernen der Geräte Selbstständige Messung, Auswertung und Interpretation	Leitfähigkeitssonden, Feld-PC mit Aufnahmesoftware, Material zur Befestigung der Messsonden im Messquerschnitt, Salz in ausreichender Menge, Gefäße (50 l Tonne) und Stab zum Anrühren der Salzlösung, Materialien zum Herstellen der Kalibrierlösung	Leitfähigkeit an verschiedenen Messpunkten im Gerinnequerschnitt, Automatische Datenübertragung und Datenaufzeichnung am Feld-PC	Kalibrierung und Anpassung des Messsystems an die gegebene Situation, Datenanalyse mittels Geräte- und Auswertesoftware Durchflussermittlung

5.2.4 Übungsteil 3: Hydrochemie verschiedener Gewässertypen

Nicht nur die Fließgewässer, sondern auch zahlreiche Seen, Tümpel und der bereits erwähnte Stausee zur Stromerzeugung prägen das Riedingtal, worin sich die pleistozän vorgeprägte, alpine Tallandschaft widerspiegelt. Vor dem Hintergrund der geschilderten hydrologischen und geomorphologischen Gegebenheiten, bietet die Gewässerchemie in besonderer Weise Möglichkeiten zur Umsetzung von Lehr- und Lernzielen, indem Wasser als Indikator für Landschaftszustände untersucht wird.

Diese Arbeitsrichtung beschäftigt sich mit den physikalischen und chemischen Eigenschaften des Wassers und seiner Inhaltsstoffe. Das Erkennen und Verstehen der Interaktionen der Landschaftskompartimente mit dem Wasserkörper ist zentraler Bestandteil dieses Übungsteils. Die Studierenden sollen das Vorkommen, die Eigenschaften und das Verhalten von Wasserinhaltsstoffen in natürlichen Systemen sowie deren Veränderungen durch das Wasser verstehen.

Ziel ist die Beschaffenheits- und Gütebewertung stehender und fließender Gewässer einschließlich des Niederschlagswassers sowie die Beurteilung ihrer Belastung durch Last- und Schadstoffe. Bei der Arbeit in diesem Übungsteil hat sich eine etwa zweistündige theoretische Einführung und Wiederholung von einfachen naturwissenschaftlichen Grundlagen als sinnvoll erwiesen (vgl. Hütter 1994; Pohling 2015), bevor die Studierenden mit der Wasserprobenentnahme beginnen. Dieser erste Arbeitsschritt erfolgt in seminaristischer Form.

Im Gelände werden die Studierenden selbst aktiv. Die Beprobung unterschiedlicher Gewässertypen erfolgt am Zufluss des Stausees (Riedingbach), im Stausee selbst sowie am Abfluss des Stausees (Riedingbach). Als weitere Standorte dienen ein Nieder- sowie ein Hochmoor und eine Quelle sowie, wenn möglich, das aktuelle Niederschlagswasser.

Die Datenerfassung wird auf Basis organoleptischer (=mit den Sinnen prüfend) und elektrometrischer (=elektrisch messend) Methoden direkt am Standort der Probennahme vorgenommen. Wesentliches Lernziel ist die Verknüpfung der direkt erfassten Zustandsgrößen mit den Ursachen und ökosystemaren Prozessen, die am Standort gegeben sind sowie den Interaktionen mit den Parametern, die auf den jeweiligen Standort wirken (Baur 1987; Klee 1998). Bei der Herleitung der Interpretation der Ergebnisse, die im Dialog der Studierenden untereinander und mit der Lehrkraft erfolgt, werden die Standorte und die Umgebung des beprobten Gewässers mit einbezogen (Abb. 5.3). In gemeinsamen Diskussionen wird ein Bezug zu den Zustandsgrößen, z. B. dem Sauerstoffgehalt, der Leitfähigkeit, dem pH-Wert, der Farbe, den Partikeln und dem Geruch hergestellt. Durch die Auswertung der Daten von drei aufeinanderfolgenden Tagen soll neben räumlichen Unterschieden auch die zeitliche Dynamik erfasst und interpretiert werden. Der Kenntnisgewinn liegt darin, dass ein einzelner Wert für sich allein keine Aussagekraft hat, sondern in Zusammenhang mit anderen Faktoren und in Abhängigkeit von Jahres- und Tageszeit betrachtet werden muss.

Mit diesem relativ einfachen Methodenspektrum können Fragen des Sauerstoffhaushaltes der Gewässer, die durch chemische Wasserinhaltsstoffe geförderten Versalzungs-, Verschlammungs- und Eutrophierungserscheinungen sowie biologische und bakteriologische Stoffwechselvorgänge geklärt werden. Auf dem Weg zwischen den verschiedenen Gewässertypen können des Weiteren landschaftsökologische Zusammenhänge diskutiert werden. Neben der Bestimmung von Gesteinen und deren Lagerungsverhältnissen können auch Verkarstungsprozesse, Höhenstufen der Vegetation, Stickstoffeinträge von Almvieh oder Eutrophierungsprozesse anschaulich demonstriert werden. Interaktionen zwischen Gestein, Relief, Vegetation, menschlicher Nutzung und dem Wasser werden deutlich.

Abb. 5.3 Herleitung
und Interpretation der
Wasserprobenentnahme im
Gelände im Dialog zwischen
Studierenden und Lehrenden
(Foto: Oswald Blumenstein)

Beispiel für Aufgabenstellungen im Gelände
Aufgabenstellung:

Vergleichen sie die hydrochemischen Eigenschaften zweier Moortypen
(Niedermoor sowie Hochmoor) und diskutieren sie mögliche raumzeitliche
Faktoren, welche die Ursache von auftretenden Unterschieden sein können!

Lernziele und Kompetenzen:

Die Studierenden kennen die wichtigsten abiotischen Faktoren und ökologische Prozesse, die Gewässer beeinflussen.

Die Studierenden sind in der Lage, Arbeitsmethoden der Gewässerchemie anzuwenden und Wasserproben fachgerecht zu entnehmen sowie im
Gelände zu analysieren.

Die Studierenden sind in der Lage in einer Gruppe zusammenzuarbeiten
und gemeinsam eine Fragestellung zu bearbeiten. Sie können Erkenntnisse aus
verschiedenen Fachgebieten kombinieren und die Daten kritisch diskutieren.

Methoden der Datenerfassung:

An den ausgewählten Standorten sollten die Wasserproben mehrfach zu
verschiedenen Zeitpunkten (Tageszeit oder Tag) bestimmt werden, um den

Einfluss des Wetters (Niederschlag, Wärmestrahlung, Wind), der Vegetation (Photosynthese, organischer Abbau) oder auch den menschlichen Einfluss identifizieren zu können.

Für die Bestimmung wasserchemischer Eigenschaften kommen sowohl die eigenen Sinne (organoleptisch) als auch Messgeräte (elektrometrisch) zum Einsatz:

- elektrometrisch: Bestimmung der Leitfähigkeit, des pH-Wertes, des Sauerstoffgehaltes, der Temperatur
- benötigt Geräte: WTW-Koffer mit pH-Sonde, Leitfähigkeitssonde und Sauerstoffsonde
- organoleptisch: Bestimmung des Geruchs, der Färbung, der Partikelgröße und -farbe, der Trübung, der Transparenz
- benötigt Geräte: durchsichtiges Glas mit Deckel, weißes und schwarzes Papier

Auswertung:
Bei beiden Mooren handelt es sich um stehende Gewässer. Bereits in der Messung der Temperatur sind jedoch deutliche Unterschiede erkennbar. Der maßgebliche Unterschied zwischen den beiden Moortypen besteht in dem Ursprung des Wassers. Während das Hochmoor durch Niederschlagswasser gespeist wird, ist die Quelle des Niedermoors der Riedingbach. Diese Differenzen werden auch in den elektrometrisch gemessenen Zustandsgrößen deutlich. Die Leitfähigkeit und der pH-Wert des Wassers im Niedermoor weisen deutlich höhere Werte auf. Der Unterschied im Sauerstoffgehalt ist auf die differenzierte Zersetzungsaktivität der Organismen zurückzuführen. Ein Vergleich der gemessenen Zustandsgrößen der Moore mit denen des Niederschlagswassers und des Riedingbachs ist aus didaktischer Perspektive wertvoll.

5.3 Studien- und Prüfungsleistung

Wie schon in Abschn. 5.1.1 erwähnt, sind die Erfassungsmethoden direkt mit den Analysemethoden verknüpft, wobei die Lehrveranstaltungen aber einzeln benotet werden. Die Erfassungsmethoden bauen direkt auf den Lehrinhalten der Analysemethoden auf bzw. auch umgekehrt. Die hier beschriebene Übung ist eine Lehrveranstaltung mit immanentem Prüfungscharakter. Hier erfolgt die Beurteilung nicht aufgrund eines einzigen Prüfungsaktes am Ende der Lehrveranstaltung, sondern aufgrund mehrerer Teilleistungen der Teilnehmerinnen und Teilnehmer während der Lehrveranstaltung. Im Kontext der hier vorgestellten Lehrveranstaltung werden die in Tab. 5.4 aufgelisteten Bewertungskriterien auf die Präsentation der Zwischenergebnisse am letzten Geländetag und die schriftliche Ausarbeitung

Tab. 5.4 Gliederung und dazugehörige Bewertungskriterien der Präsentation der Zwischenergebnisse am letzten Geländetag und der schriftlichen Ausarbeitung

Gliederungspunkt	Bewertungskriterien
Formal: Deckblatt	Einhaltung vorgegebener Kriterien (Umfang, Deckblatt, Zitierregeln etc.)
Inhalt: Vorüberlegungen, physisch-geographische Fragestellung und Zielsetzung und Methoden(Kombination) zur Datenerfassung und Datenanalyse	Gliederungslogik, inhaltliche Darstellung
Daten in einem räumlichen und zeitlichen Zusammenhang interpretieren	Stringenz der Erkenntnisse
Erstellung eines Posters	Relevanz der Aussagen, Text-Grafik-Verhältnis, Struktur und Lesefluss

angelegt. Bei der Bewertung wird darauf Wert gelegt, dass die in den einzelnen Modulen der Analysemethoden erlernten Techniken auch zur Anwendung kommen (Datenaufnahme, Dateninterpretation, statistische Auswertungen, graphische Datendarstellung etc.).

Zusammenfassung

Die hier beschriebene Exkursion mit Geländepraktikum ist eine handlungsorientierte Arbeitsexkursion (Ohl und Neeb 2012; Stolz und Feiler 2018), die den Exkursionsraum im Wesentlichen als Wirkungsgefüge natürlicher und anthropogener Faktoren versteht und somit dem Container-Raum-Prinzip folgt (Wardenga 2002). Gleichzeitig liegt der Arbeitsexkursion ein in der Physischen Geographie, Landschaftsökologie und vor allem der Geomorphologie etabliertes theoretisches Systemverständnis zugrunde (Egner und Elverfeldt 2009; Elverfeldt 2012), welches den Lernprozess systematisiert und strukturiert. Bezogen auf den Kompetenzerwerb in den Bereichen Fachwissen, Erkenntnisgewinnung/Methoden, Kommunikation, Beurteilung/Bewertung und Handlung (vgl. Deutsche Gesellschaft für Geographie e. V. 2014) werden die Lernenden durch die Handlungsorientierung kompetenzorientiert unterrichtet. Die Struktur des Lernprozesses und die Auseinandersetzung mit den einzelnen Fragestellungen erfordert, dass die Studierenden ihr Handeln selbständig steuern in Hinblick auf Planung, Durchführung und Kontrolle bzw. Reflexion der Zielerreichung und Verinnerlichung der Abläufe im Handlungsrepertoire. „Handeln bedeutet in der Hochschuldidaktik die aktive Aneignung von Wissen, Fertigkeiten und Fähigkeiten seitens der Studierenden" (Reiber 2006). Die Arbeit in Kleingruppen, die alle drei Teilmodule des Geländepraktikums nacheinander durchlaufen und die Gestaltung der Aufgabenstellungen garantiert, dass die Lehrveranstaltung nur gemeinsam und durch Nutzung geteilter Ressourcen (Messgeräte, Aufnahmebögen, Arbeitsmittel) erfolgreich absolviert werden kann. Insbesondere, dass die einzelnen Gruppen auf die Übergabe der Daten durch die jeweilige andere Gruppe angewiesen sind und der gesamte Datensatz für die Präsentation der Zwischenergebnisse und die Verschriftlichung bzw. Erstellung des Posters herangezogen werden muss, schafft die Notwendigkeit, die Gruppenarbeit selbstorganisiert und effektiv zu gestalten (vgl. Winteler 2012).

Literatur

Baur, Werner H. 1987. *Gewässergüte bestimmen und beurteilen. Prakt. Anleitung für Gewässerwarte u. alle an d. Qualität unserer Gewässer interessierten Kreise*, 2. Aufl. Hamburg: Parey.

Deutsche Gesellschaft für Geographie e. V. Hrsg. 2014. *Bildungsstandards im Fach Geographie für den Mittleren Schulabschluss. Mit Aufgabenbeispielen*, 8. Aufl. Bonn: Selbstverlag Deutsche Gesellschaft für Geographie (DGfG).

Egner, Heike, und Kirsten von Elverfeldt. 2009. A bridge over troubled waters? Systems theory and dialogue in geography. *Area* 41 (3): 319–328.

Elverfeldt von, Kirsten. 2012. *Systemtheorie in der Geomorphologie. Problemfelder, erkenntnistheoretische Konsequenzen und praktische Implikationen. Erdkundliches Wissen*, Bd. 151. Stuttgart: Franz Steiner.

Gerold, Gerhard. 2011. Landschaftsökologische Datenerfassung. In *Geographie Physische Geographie und Humangeographie*. Hrsg. H. Gebhardt, R. Glaser, U. Radtke, und P. Reuber, 615–621. München: Springer Spektrum.

Häusler, Hermann. 1995. *Muhr 1:50.000. Geologische Karte der Republik Österreich 1:50.000; Nr. 156*. Wien: Geologische Bundesanstalt (GBA).

Hütter, Leonhard A. 1994. *Wasser und Wasseruntersuchung. Methodik, Theorie und Praxis chemischer, chemisch-physikalischer, biologischer und bakteriologischer Untersuchungsverfahren*, 6. Aufl., Laborbücher. Frankfurt a. M.: Salle.

Klee, Otto. 1998. *Wasser untersuchen. Einfache Analysenmethoden und Beurteilungskriterien*, Bd. 42, 3. Aufl., Biologische Arbeitsbücher. Wiesbaden: Quelle & Meyer.

Kraxberger, Stefan, und Damian Taferner. 2014. Bodenerosion im vorderen Lungauer Riedingtal am Beispiel von Gruber-, Jakober-, und Zaunerkar. In *Landschaft und nachhaltige Entwicklung. Almregion Bayerisch-Salzburger Kalkalpen*, Bd. 5, Hrsg. Herbert Weingartner, 111–129. Salzburg: Selbstverl. der Arbeitsgruppe Landschaft u. Nachhaltige Entwicklung.

Michor, Klaus, und Christian Ragger. 2001. *Naturpark Riedingtal – „Leben in den Bergen". Erhaltungs- und Gestaltungsplan*. Studie im Auftrag der Gemeinde Zederhaus. Lienz.

Ohl, Ulrike, und Kerstin Neeb. 2012. Exkursionsdidaktik. Methodenvielfalt im Spektrum von Kognitivismus und Konstruktivismus. In *Geographiedidaktik. Theorie, Themen, Forschung*, Hrsg. J. Haversath, 259–288, Das Geographische Seminar. Braunschweig: Bildungshaus Schulbuchverlage.

Pohling, Rolf. 2015. *Chemische Reaktionen in der Wasseranalyse*. Berlin: Springer Spektrum.

Reiber, Karin. 2006. Wissen – Können – Handeln. Ein Kompetenzmodell für lernorientiertes Lehren. In: Tübinger Beiträge zur Hochschuldidaktik, Band 2/1.

Steinhardt, U., O. Blumenstein, und H. Barsch. 2012. *Lehrbuch der Landschaftsökologie*. 2. überarbeitete Auflage, S. 295. Elsevier, Spektrum Akademischer Verlag: Heidelberg, Berlin.

Stolz, Christian, und Benjamin Feiler. 2018. *Exkursionsdidaktik. Ein fächerübergreifender Praxisratgeber für Schule, Hochschule und Erwachsenenbildung*, Bd. 4945, Utb Pädagogik, Didaktik. Stuttgart: Eugen Ulmer.

Wardenga, Ute. 2002. Alte und neue Raumkonzepte für den Geographieunterricht. *Geographie heute* 23 (200): 8–11.

Winteler, Adi. 2012. *Professionell lehren und lernen. Ein Praxisbuch*, 4. Aufl. Darmstadt: WBG (Wissenschaftliche Buchgesellschaft).

Wildnisbildung – ein Exkursionskonzept im Rahmen einer Bildung für nachhaltige Entwicklung

6

Fabian Mohs und Anne-Kathrin Lindau

▶ Die Belastung globaler Ökosysteme wird mit dem Konzept der planetaren Grenzen, innerhalb welcher menschliche Aktivität nicht zu irreversiblen und unkontrollierbaren Zustandsänderungen führt, eindrücklich beschrieben (Rockström et al. 2009). Diese Grenzen sind durch den angestiegenen menschlichen Einfluss im Bereich des Klimawandels, des Stickstoff- und Phosphorkreislaufes, der Landnutzung und des Biodiversitätsverlusts bereits überschritten (Rockström 2015). Für künftige Generationen wird die Funktionalität der Biosphäre riskiert. Neben der Übernutzung globaler Senken und Ressourcen ist insbesondere die globale Ungleichheit Gegenstand des Nachhaltigkeitsdiskurses. Nachhaltige Entwicklung als Versuch, die Bedürfnisse heutiger Generationen zu befriedigen, ohne die Möglichkeiten zukünftiger Generationen einzuschränken, soll intra- und intergenerationelle Gerechtigkeit ermöglichen.

Die Sustainable Development Goals (SDGs), welche 2015 von der Generalversammlung der Vereinten Nationen verabschiedet wurden, dienen als Leitperspektive für eine nachhaltige Entwicklung (Vereinte Nationen 2015). Neben wirtschaftlichen Zielen (z. B. nachhaltige/r Produktion und Konsum) beinhalten

F. Mohs (✉)
Didaktik der Geographie, Martin-Luther-Universität Halle-Wittenberg, Halle (Saale), Deutschland
E-Mail: fabian.mohs@geo.uni-halle.de

A.-K. Lindau
Geographiedidaktik und Bildung für nachhaltige Entwicklung, Katholische Universität Eichstätt-Ingolstadt, Eichstätt, Deutschland
E-Mail: anne.lindau@ku.de

© Springer-Verlag GmbH Deutschland, ein Teil von Springer Nature 2020
A. Seckelmann und A. Hof (Hrsg.), *Exkursionen und Exkursionsdidaktik in der Hochschullehre*, https://doi.org/10.1007/978-3-662-61031-2_6

diese auch soziale (z. B. Bekämpfung von Armut, Hunger, Ungleichheit) und ökologische Zielformulierungen (z. B. Schutz von Leben an Land, im Wasser und
Klimaschutz). Zur Erreichung der Nachhaltigkeitsziele wird einer qualitativ hochwertigen Bildung (SDG 4.7), im Sinne einer Bildung für nachhaltige Entwicklung,
ein zentraler Stellenwert beigemessen.

Auf der Suche nach geeigneten Konzepten zur Umsetzung einer Bildung für
nachhaltige Entwicklung im Hochschulbereich erweist sich das Konzept der
Wildnisbildung als geeigneter Ansatz, da es sowohl aus fachlicher als auch aus
bildungstheoretischer Sicht die Anforderungen an geeignete Lehr- und Lernsettings zu erfüllen scheint. Für die Besonderheiten des vorgestellten Konzeptes
lassen sich sowohl inhaltlich-thematische, räumliche als auch organisatorisch-
kooperative Aspekte anführen.

Das Konzept der Wildnisbildung knüpft auf inhaltlicher Ebene am aktuell viel
diskutierten Thema Wildnis an, das im öffentlichen, naturschutzfachlichen und
naturschutzpolitischen Diskurs u. a. im Kontext der Kernprobleme des Globalen
Wandels (insbesondere Biodiversitätsverlust und Klimawandel) sowie im Rahmen
einer nachhaltigen Entwicklung diskutiert wird (Jessel 2011; Deutsche UNESCO-
Kommission e. V. 2015; Sachverständigenrat für Umweltfragen 2016). Die natur-
schutzpolitische Bedeutung der Thematik zeigt sich nicht nur auf nationaler
Ebene in der Nationalen Strategie zur biologischen Vielfalt der Bundesregierung
(Bundesministerium für Umwelt, Naturschutz und Reaktorsicherheit 2007), sondern auch auf europäischer Ebene mit der Entschließung des Europaparlamentes
zu Wildnis in Europa (Europaparlament 2009) und vor dem Hintergrund der europäischen Biodiversitätsstrategie (Europäische Union 2011). Eine Thematisierung
von Wildnis in Lehr- und Lernprozessen wird zudem als lohnenswert erachtet, da
sie „spannende und vernetzte Fragestellungen für eine Bildung für nachhaltige
Entwicklung" (Deutsche UNESCO-Kommission e. V. 2015, S. 15) bietet, die
„Menschen zur Partizipation an einer nachhaltigen Entwicklung" (Schrüfer und
Schockemöhle 2013, S. 32) befähigen soll.

Eine Besonderheit des vorgestellten Konzeptes sind die Vielzahl und Vielfalt
der genutzten Lehr- und Lernorte. Grundsätzlich ist jede Fläche für die Gestaltung
von Wildnisbildung geeignet, auf der wilde bzw. verwildernde Natur (z. B. spon-
tane Vegetation) zu finden ist. Dazu gehören beispielsweise: Großschutzgebiete
wie Nationalparke, bebaute oder unbebaute Brachflächen, Wohngebietsflächen
mit großflächigem Abstandsgrün, ehemalige Bergbaugebiete und Truppenübungs-
plätze, Auwälder sowie (Stadt-)Wälder, Parkanlagen und Gärten.

Sinnvoll für die Realisierung des Wildnisbildungskonzeptes ist die Kooperation
von verschiedenen Bildungseinrichtungen, die mit differenzierten fachlichen und
bildungskonzeptionellen Perspektiven eine qualitative Verbesserung des Bildungs-
angebotes ermöglichen können (Buch und Keil 2013; Langenhorst et al. 2014;
Wendt 2015).

6.1   Konzeption des Studienmoduls „Wildnisbildung"

Im Folgenden wird die Konzeption des wahlobligatorischen Studienmoduls, „Wildnisbildung", das am Institut für Geowissenschaften und Geographie der Martin-Luther-Universität Halle-Wittenberg angeboten wird, vorgestellt (Tab. 6.1).

6.1.1   Lehr-lerntheoretische Rahmung

Das Konzept der Wildnisbildung im Bereich der Hochschuldidaktik orientiert sich an den Zielen und Inhalten einer national und international geforderten Bildung für nachhaltige Entwicklung mit dem Ziel einer „Großen Transformation", indem es sich auf drei von fünf der prioritären Handlungsfelder des UNESCO-Weltaktionsprogrammes „Bildung für nachhaltige Entwicklung" (Deutsche UNESCO-Kommission e. V. 2014) fokussiert:

- Ganzheitliche Transformation von Lehr- und Lernumgebungen: Die Nachhaltigkeitsprinzipien einer Bildung für nachhaltige Entwicklung sollen in sämtlichen Bildungs- und Ausbildungskontexten verankert werden,
- Kompetenzentwicklung bei Lehrenden sowie Multiplikatorinnen und Multiplikatoren,
- Stärkung und Mobilisierung der Jugend: Es sollen weitere Maßnahmen im Kontext einer Bildung für nachhaltige Entwicklung für Jugendliche entwickelt werden.

Insbesondere die Transformation von Lehr- und Lernumgebungen spielt in der Wildnisbildung eine herausragende Rolle, da der veränderte Lehr- und Lernort auf wilden und verwildernden Flächen neue Impulse für den individuellen Bildungsprozess geben kann. In seiner Theorie der transformatorischen Bildungsprozesse beschreibt Koller (2012), dass Bildungsprozesse über die reine Wissensaneignung hinaus gehen und mit einer Veränderung des Welt- und Selbstverhältnisses einhergehen. In diesem Zusammenhang sei es notwendig, Lernanlässe zu schaffen, die

Tab. 6.1   Übersicht zum Konzept

Zielgruppe	Studierende des Lehramtes an Gymnasien, Sekundar- und Förderschulen in den Fächern Geographie, Biologie und Sachunterricht Bachelor- und Masterstudierende Geographie
Gruppengröße	10 Studierende pro Jahr
Kontext	Wildnisbildung im Rahmen einer Bildung für nachhaltige Entwicklung
Studienleistung	Führen eines Wildnisportfolios
Prüfungsleistung	Schriftlicher Beleg (Exkursionsentwurf für eine Wildnisbildungseinheit inklusive der Reflexion der Durchführung der Bildungsmaßnahme)
Kosten	ca. 150 €

auch Krisenerfahrungen für die Lernenden beinhalten, denn nur dadurch könne das individuelle Welt- und Selbstverständnis in Frage gestellt werden. Der Lerngegenstand Wildnis sowie der Lernort der wilden und verwildernden Natur bieten durch das emotionale Erleben Anlässe, den eigenen Lebensstil auch hinsichtlich der globalen und systemischen Dimensionen zu reflektieren und im besten Falle zu einer Transformation des Welt- und Selbstverständnisses im Sinne von nachhaltigkeitsorientierten Alternativen zum bisherigen Handlungsfeld beizutragen. Das von Senninger (2000) entwickelte Lernzonenmodell beschreibt die Bedeutsamkeit von herausfordernden Lernorten für den individuellen Lernprozess (Abb. 6.1). Durch das Verlassen der eigenen Komfortzone können Anlässe für eine kritische Auseinandersetzung mit der alltäglichen Lebensweise geschaffen werden, die durch den Verzicht auf Komfort gefördert und provoziert werden. Dem Lernprozess in der „Wildnis" sind allerdings Grenzen gesetzt, wenn sich die Lernenden in der jeweiligen Situation überfordert fühlen und die an sie gestellten Herausforderungen nicht mehr bewältigen können.

Das konzipierte Modul für Wildnisbildung ist zudem nicht nur für zukünftige Lehrkräfte geeignet, sondern ermöglicht auch eine Professionalisierung außerschulischer Umweltbildnerinnen und Umweltbildner sowie sonstiger Multiplikatorinnen und Multiplikatoren für eine Bildung für nachhaltige Entwicklung in fachlichen, didaktischen und pädagogischen Bereichen. Die speziellen Lernorte der Wildnisbildung sowie der Verzicht auf Komfort ermöglichen vielfache Ansatzpunkte für eine ganzheitliche und multiperspektivische Kompetenz- und Persönlichkeitsentwicklung. Durch die Idee des Wildnisbildungskonzeptes können junge Multiplikatorinnen und Multiplikatoren sowie deren zukünftige Zielgruppen für die Entwicklung eigener innovativer Ansätze einer Bildung für nachhaltige Entwicklung sowie für Maßnahmen nachhaltiger Entwicklung motiviert und gestärkt werden.

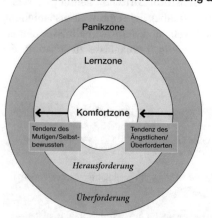

Lernmodell zur Wildnisbildung als Ort des bewussten Verzichts

Panikzone

Lernzone

← Komfortzone ←

Tendenz des Mutigen/Selbstbewussten

Tendenz des Ängstlichen/Überforderten

Herausforderung

Überforderung

Komfortzone (alltäglich gewohnter Lebensbereich):
- ohne bedeutende Herausforderungen
- geprägt von Sicherheit, Geborgenheit, Ordnung, Bequemlichkeit, Wohlstand, Entspannung und Genuss
- Bewusstsein der eigenen Stärken und Fähigkeiten und Zeigen eines selbstsicheren und routinierten Verhaltens

Lernzone (Lernort als Herausforderung):
- gekennzeichnet durch Verzicht, Abenteuer, Unbekanntes, Unsicherheit, Problem, Herausforderung, Unerwartetes und Risiko
- bisher keine Erfahrung, Ungleichgewicht
- Lernen durch Mut und Überwindung möglich

Panikzone (Lernort als Überforderung):
- Bewältigung der Herausforderung und des Verzichts nicht möglich
- gekennzeichnet von Panik, Angst und Unsicherheit

Abb. 6.1 Lernmodell zur Wildnisbildung als Ort des bewussten Verzichts. (Verändert nach Senninger 2000, S. 26)

6.1.2   Ziele und Zielgruppen

Die Fachgruppe Didaktik der Geographie der Martin-Luther-Universität Halle-Wittenberg versteht Wildnisbildung als ganzheitlichen und systemischen Ansatz, der „sich in das Konzept der Bildung für nachhaltige Entwicklung integrieren lässt" (Lindau 2015, S. 30). Ausgehend vom intensiven Erleben wilder bzw. verwildernder Natur zielt Wildnisbildung darauf ab, das eigene Handeln und Verhalten im Raum sowie das individuelle und gesellschaftliche Verhältnis von Mensch und Natur (Langenhorst 2016) vor dem Hintergrund der Dimensionen des Leitbildes der nachhaltigen Entwicklung (Umwelt, Soziales, Wirtschaft, Politik) (Schreiber 2016) kritisch zu hinterfragen. Von dieser Reflexion ausgehend, soll ein Transfer auf das alltägliche Handeln erfolgen. Wegen seiner Ziele, Funktionen und Inhalte nimmt insbesondere das Fach Geographie eine wichtige Rolle für eine Bildung für nachhaltige Entwicklung in Schule und Hochschule ein (Deutsche Gesellschaft für Geographie 2017). Da Wildnisbildung die „Aspekte der Bildung für nachhaltige Entwicklung innovativ integriert" (Lindau 2015, S. 31 f.), eignet sich das Konzept für den Geographieunterricht. Das Erkennen und die kritische Auseinandersetzung mit Ursache-Wirkungs-Beziehungen im Mensch-Umwelt-System, das heißt zwischen humangeographischen und naturgeographischen (Sub-)Systemen, auf verschiedenen Maßstabebenen ist sowohl Kern der Geographie (Deutsche Gesellschaft für Geographie 2017) als auch Ziel von Wildnisbildung. Aber auch andere Fächer, wie Biologie, Ethik, Sozialkunde, Religion, Wirtschaft, Hauswirtschaft, Kunst, Musik und Literatur oder der Sachunterricht der Grundschule lassen sich mit dem Konzept der Wildnisbildung verbinden.

Der Ansatz der Wildnisbildung in Form eines wahlobligatorischen Moduls wurde in die Studienprogramme des Lehramts für Gymnasien, Sekundarschulen und Förderschulen im Fach Geographie sowie in die Bachelor- und Masterstudiengänge Geographie integriert, um Studierende des Faches Geographie für ihre zukünftige Tätigkeit im Kontext einer Bildung für nachhaltige Entwicklung zu befähigen. Weiterhin steht das Modul „Wildnisbildung" Studierenden anderer Studienfächer (z. B. Biologie und Sachunterricht) offen. Die Studierenden haben somit im Verlauf ihres Studiums die Möglichkeit, das Konzept der Wildnisbildung im Rahmen einer Bildung für nachhaltige Entwicklung kennenzulernen und zu erleben sowie Wildnisbildung mit Kommilitoninnen und Kommilitonen und ihren zukünftigen Bildungszielgruppen (z. B. Schülerinnen und Schüler) zu erleben, zu gestalten und zu reflektieren. Für Studierende des Bachelor- und Masterstudiengangs empfiehlt sich das Modul, wenn die zukünftige Berufsausrichtung im Bereich der außerschulischen Bildung erfolgen soll. In jedem Jahr kann somit einer Gruppe von zehn Studierenden die Möglichkeit gegeben werden, das Modul „Wildnisbildung" zu absolvieren.

6.1.3 Aufbau des Moduls „Wildnisbildung"

Das Modul „Wildnisbildung" gliedert sich in vier Teilmodule, die unterschiedliche Teilziele verfolgen. Das Modul erstreckt sich über drei Semester, wobei der Gesamtzeitraum ein gutes Jahr umfasst. Als Lehr- und Lernort fungieren in Abhängigkeit vom Teilmodul verschiedene verwildernde Gebiete. Die Teilziele sowie die zeitlichen und räumlichen Rahmenbedingungen des Wildnisbildungsmoduls sind in Tab. 6.2 dargestellt.

Tab. 6.2 Aufbau des Wildnisbildungsmoduls

Teilmodul 1 – Wildnisbildung als Teil einer Bildung für nachhaltige Entwicklung		
Ziele und Kompetenzen	*Zeitliche Rahmenbedingungen*	*Räumliche Rahmenbedingungen*
Verstehen der Konzepte Wildnisbildung und Bildung für nachhaltige Entwicklung	Zeitraum: Vorlesungszeit des jeweiligen Sommersemesters Umfang: 3 Seminare zu je 90 min	Urbane Wildnisbildungsfläche (Nähe zum Universitätsstandort)
Transfer von der Theorie zur Praxis		
Teilmodul 2 – Wildnis und Wildnisbildung in Großschutzgebieten		
Ziele und Kompetenzen	*Zeitliche Rahmenbedingungen*	*Räumliche Rahmenbedingungen*
Erleben und Verstehen von Wildnis und Wildnisbildung	Zeitraum: Vorlesungsfreie Zeit im selben Sommersemester Umfang: 3 Tage (2 Übernachtungen)	Wildniscamp des Nationalpark-Besucherzentrums Torf-Haus im Nationalpark Harz
Perspektivwechsel vom Erleben zum Gestalten – Transfer in den Nahraum		
Teilmodul 3 – Wildnis und Wildnisbildung im Nahraum I		
Ziele und Kompetenzen	*Zeitliche Rahmenbedingungen*	*Räumliche Rahmenbedingungen*
Gestalten und Reflektieren von Wildnisbildung in der Seminargruppe (geschützter Raum)	Zeitraum: Nachfolgendes Wintersemester Umfang: 5 Seminare zu je 90 min	Urbane Wildnisbildungsfläche (Nähe zum Universitätsstandort) sowie selbstgewählte wilde bzw. verwildernde Flächen in oder in der Nähe von Siedlungsbereichen
Transfer vom Lernenden zum Lehrenden		
Teilmodul 4 – Wildnis und Wildnisbildung im Nahraum II		
Ziele und Kompetenzen	*Zeitliche Rahmenbedingungen*	*Räumliche Rahmenbedingungen*
Gestalten und Reflektieren von Wildnisbildung und Wechsel der Zielgruppe	Zeitraum: Nachfolgendes Sommersemester Umfang: 4 Seminare zu je 90 min	Selbstgewählte wilde bzw. verwildernde Fläche in oder in der Nähe von Siedlungsbereichen

Nach erfolgreichem Abschluss des Moduls erhalten die Studierenden fünf Leistungspunkte (Credit Points, ECTS-Punkte). Im Folgenden werden die Teilmodule des Wildnisbildungsmoduls detailliert vorgestellt.

Im Rahmen des Wildnisbildungsmoduls erfolgt eine langjährige Zusammenarbeit mit dem Nationalpark-Besucherzentrum TorfHaus des Nationalparks Harz, welches als außeruniversitärer Bildungsträger fungiert und das dort errichtete Wildniscamp (Halves und Heydenreich 2014) als Lehr- und Lernort zur Verfügung stellt. Ein Mitarbeiter des Natur- und Wildnisbildungsbereiches des Nationalpark-Besucherzentrums begleitet die Dozierenden und Studierenden der Martin-Luther-Universität Halle-Wittenberg und ist vorrangig für die Gestaltung der Lehr- und Lernprozesse während des Aufenthaltes im Nationalpark Harz verantwortlich. Darüber hinaus erfolgt zur Umsetzung des vierten Teilmoduls eine Zusammenarbeit mit einer halleschen Schule.

6.1.3.1 Teilmodul 1 – Wildnisbildung als Teil einer Bildung für nachhaltige Entwicklung: Verstehen der Konzepte Wildnisbildung und Bildung für nachhaltige Entwicklung

Ziele des Teilmoduls 1
Die Studierenden ...

- können die Konzepte Wildnisbildung und Bildung für nachhaltige Entwicklung beschreiben und vergleichen.
- können Wildnis als kulturelles Konstrukt beschreiben und Möglichkeiten einer Thematisierung im Rahmen einer Bildung für nachhaltige Entwicklung erläutern.

Realisierung
Teilmodul 1 umfasst neben zwei 90-minütigen fachlichen Seminaren, die Wildnis, Wildnisbildung und Bildung für nachhaltige Entwicklung thematisieren, ein ebenfalls 90-minütiges Vorbereitungsseminar zum Wildniscamp im Nationalpark Harz, welches in Teilmodul 2 stattfindet. Die Seminare finden auf einer Wildnisbildungsfläche in unmittelbarer Umgebung des naturwissenschaftlichen Universitätscampus' statt. Auf der verwilderten Fläche selbst existieren ein Unterstand, der eine weitgehend witterungsunabhängige Realisierung von Lehrveranstaltungen ermöglicht (Abb. 6.2) sowie ein Gemeinschaftsplatz, der Raum für etwa zwölf Personen bietet. Neben der unmittelbaren Nähe zum Universitätsstandort wurde die Fläche gewählt, um einen niedrigschwelligen Einstieg in die Thematik zu gewährleisten, die Studierenden sukzessive an Wildnisbildung heranzuführen und somit Überforderungen, die möglicherweise mit einem Aufenthalt in wilder bzw. verwildernder Natur einhergehen können, zu vermeiden.

Die fachlichen Seminare fokussieren zunächst die Vorstellungen der Studierenden zu Wildnis und Wildnisbildung. Dazu erfolgen eine Verbalisierung und ein gemeinsamer Austausch der individuellen Vorstellungen. Anschließend wird

Abb. 6.2 Unterstand auf der Wildnisbildungsfläche der Martin-Luther-Universität Halle-Wittenberg (Foto: Sebastian Berbalk)

der Begriff Wildnis fachlich geklärt und im Spannungsfeld der naturschutzfachlichen, naturschutzpolitischen und kulturwissenschaftlichen Diskussion verortet (u. a. Kangler 2018; Kowarik 2017; Bundesministerium für Umwelt, Naturschutz, Bau und Reaktorsicherheit 2015). Der kulturelle Konstruktcharakter von Wildnis wird herausgearbeitet und das Konzept der Wildnisbildung in seiner (historischen) Entwicklung und mit seinen Zielen thematisiert sowie von der Wildnispädagogik abgegrenzt. Zusätzlich erfolgt die Einbindung und Vernetzung des Konzepts der Bildung für nachhaltige Entwicklung. Die Studierenden überlegen daran anknüpfend in Kleingruppen, wie Wildnis als Thema im Rahmen einer Bildung für nachhaltige Entwicklung aufgegriffen werden kann und stellen ihre Ergebnisse in einer Seminardiskussion vor. Die fachliche Klärung von Wildnis, Wildnisbildung und Bildung für nachhaltige Entwicklung ergänzen die Studierenden durch ein Literaturstudium.

In einem weiteren Seminar wird das gemeinsame Wildniscamp im Nationalpark Harz vorbereitet. Dabei stehen neben organisatorischen Aspekten und Ausrüstungsfragen (Was nehme ich ins Wildniscamp mit?) auch Überlegungen zur Verpflegung während des Wildniscamps im Vordergrund. Die Studierenden planen dabei den Lebensmitteleinkauf für das dreitägige Wildniscamp unter Nachhaltigkeitsaspekten (Ernährungsbedürfnisse und verschiedene Ernährungsstile, Ressourcenverbrauch, Abfallerzeugung durch Verpackungsmaterial, Herkunft der

Lebensmittel, Verarbeitungsgrad etc.). Dabei ergeben sich häufig intensive Diskussionen (z. B. Was und wie viel (ver–)brauche ich wirklich? Warum kaufen wir regionale und saisonale Produkte und/oder Bio-Produkte?).

Transfer von der Theorie zur Praxis
Der Übergang zwischen dem ersten und zweiten Teilmodul ist durch einen Transfer von vorrangig theoretischen Betrachtungen in Teilmodul 1 zu überwiegend praktischen Erlebnissen und Erfahrungen in Teilmodul 2 charakterisiert.

6.1.3.2 Teilmodul 2 – Wildnis und Wildnisbildung in Großschutzgebieten: Erleben und Verstehen von Wildnis und Wildnisbildung

Ziele des Teilmoduls 2
Die Studierenden …

- erleben Wildnis und Wildnisbildung in einem Großschutzgebiet am Beispiel des Nationalparks Harz.
- können sich kritisch mit dem Konzept der Wildnisbildung des Nationalparks Harz im Kontext einer Bildung für nachhaltige Entwicklung auseinandersetzen.
- können die Übertragungsmöglichkeiten von Wildnisbildung auf die zukünftigen Bildungszielgruppen (z. B. Schülerinnen und Schüler) und den Nahraum diskutieren.

Realisierung
Das Wildniscamp im Nationalpark Harz stellt Teilmodul 2 dar und findet im September des gleichen Sommersemesters wie Teilmodul 1 statt. Das Wildniscamp verfügt über einen Gemeinschaftsplatz, Schlafareale für je vier bis fünf Personen, einen Waschplatz und einen Toilettenplatz (Abb. 6.3, 6.4, 6.5 und 6.6). Durchgeführt werden die Wildniscamps in Kooperation von Mitarbeitern des Nationalparks Harz und Dozierenden der Universität.

Der etwa drei Kilometer lange Weg ins Wildniscamp wird von den Studierenden mithilfe von Karte und Kompass ermittelt. Eine Brücke auf einem Wanderweg dient als Ort für ein Übergangsritual von der „Zivilisation" in die „Wildnis des Nationalparks". Vor der Überquerung dieser Brücke werden nach vorheriger Absprache zivilisatorische Gegenstände (Uhren, Schlüssel, Portemonnaies, Smartphones etc.) abgegeben und sicher verwahrt. Zum einen wird dadurch eine mögliche Ablenkung verringert. Zum anderen wird den Teilnehmenden die Möglichkeit gegeben, ihr Leben in den folgenden Tagen „am natürlichen Tagesverlauf (z. B. Morgen- und Abenddämmerung) zu orientieren" (Lindau 2015, S. 37) und auf Zeiten, die durch den alltäglichen, zivilisatorischen Tagesablauf vorgegeben sind, zu verzichten und sich an ihren eigenen Bedürfnissen (z. B. Schlaf) zu orientieren. Sämtliche Lebensmittel werden während der Anreise von

Abb. 6.3 Gemeinschaftsplatz im Wildniscamp im Nationalpark Harz (Foto: Daniela Hottenroth)

Abb. 6.4 Schlafareale im Wildniscamp Harz (Foto: Sebastian Berbalk)

den Studierenden in Form eines gemeinsamen Einkaufes besorgt und müssen ins Wildniscamp getragen werden. Nach der Ankunft im Wildniscamp erfolgt die Einrichtung von Gemeinschafts- und Schlafstätten, die mithilfe von Tarp-Planen und Seilen errichtet werden. Das Schlafen selbst erfolgt in Schlafsäcken, die auf Isomatten liegen und in beschichtete Biwaksäcke gelegt werden. Die Gemeinschaftsstätte dient als Ort der Zubereitung von Speisen über einer Feuerstelle und als Gesprächs- und Aufenthaltsort. Während des Aufenthaltes im Wildniscamp erfolgt eine tiefergreifende Auseinandersetzung mit Wildnis und Wildnisbildung. In persönlichen und gemeinsamen Reflexionen wird über Wildnis, Wildnisbildung und den eigenen Lebensstil im Rahmen einer Bildung für nachhaltige Entwicklung nachgedacht. Ergänzt werden die beschriebenen metareflexiven Phasen durch verschiedene Wildnisbildungsaktivitäten und -methoden. Dazu gehören beispielsweise Wahrnehmungs- und Bestimmungsübungen, gemeinsame und individuelle Erkundungen und Wanderungen aber auch Schleich- und Suchübungen zur fokussierten Eigenwahrnehmung im Raum und kleinere Spiele in der wilden bzw. verwildernden Natur (Abb. 6.7). Darüber hinaus sind auch das Feuermachen mit verschiedenen Methoden (z. B. Schlageisen, Magnesiumstab oder die „One-Match-Fire"-Methode zum Entzünden eines Feuers mit nur einem Streichholz (Abb. 6.8)) und das Filtern von Wasser Bestandteil des Wildniscamps.

Abb. 6.5 Waschplatz im Wildniscamp (Foto: Fabian Mohs)

Abb. 6.6 Toilettenplatz im
Wildniscamp (Foto: Fabian
Mohs)

Gerahmt werden die Aktivitäten durch Reflexionen, die einen Bezug zum
eigenen Lebens- und Konsumstil im Kontext einer Bildung für nachhaltige Entwicklung herstellen. So wird beispielsweise der Ansatz des therapeutischen
Nichtstuns aufgegriffen, der an die Forderung, nicht verändernd in die Natur ein-
zugreifen und diese als Gast zu erleben (Trommer 2014), anknüpft. Zudem denken die Teilnehmenden über den „Leave-No-Trace"- (McGivney 2003) und den
„Minimal-Impact"-Ansatz (Hampton und Cole 2003) nach, die darauf abzielen,
möglichst wenig Spuren in der wilden bzw. verwildernden Natur zu hinterlassen.
Durch den bewussten Verzicht auf alltägliche Dinge während der Zeit im Wild-
niscamp werden Reflexionsprozesse angestoßen, die häufig von einer kritischen
Betrachtung der individuellen Bedürfnisse zu einer systemischen und globalen
Betrachtungsweise des eigenen Lebens- und Konsumstils führen.

Abb. 6.7   Orientierung mithilfe von Karte und Kompass (Foto Sebastian Berbalk)

Abb. 6.8   „One-Match-Fire"-Methode (Foto: Sebastian Berbalk)

Transfer in den Nahraum und Perspektivwechsel vom Erleben zum Gestalten
Der Übergang vom zweiten zum dritten Teilmodul ist auf räumlicher Ebene durch
einen Transfer in den Nahraum gekennzeichnet. Während Teilmodul 2 im Nationalpark Harz als Großschutzgebiet stattfindet, erfolgt in Teilmodul 3 ein örtlicher
Wechsel in den Nahraum Halle (Saale) und seine Umgebung. Außerdem erfolgt ein
erster Perspektivwechsel auf der Seite der Studierenden: Vom vorrangig passivem
Erleben von Wildnis und Wildnisbildung zum ersten aktiven Gestalten von Wildnisbildung in Form einer Wildnisbildungseinheit im Rahmen einer Kurzexkursion.

6.1.3.3 Teilmodul 3 – Wildnis und Wildnisbildung im Nahraum I: Gestaltung und Reflexion von Wildnisbildung

Ziele des Teilmoduls 3
Die Studierenden ...

- können sich mit Wildnis und Verwilderung im Siedlungsbereich auseinandersetzen.
- können eine Lerneinheit zu Wildnis und Verwilderung außerhalb von Großschutzgebieten im Kontext einer Bildung für nachhaltige Entwicklung planen,
  durchführen und auswerten.

Realisierung
Teilmodul 3 findet im sich anschließenden Wintersemester in Form von fünf
90-minütigen Seminaren statt. Das erste Seminar dient der Auswertung von Teilmodul 2, wobei die eigenen Eindrücke zu Wildnis und Wildnisbildung im Wildniscamp des Nationalparks Harz gemeinsam reflektiert werden. Im zweiten Seminar
werden die fachlichen Grundlagen zu Wildnis und Verwilderung außerhalb von
Großschutzgebieten gelegt. An dieses Seminar anknüpfend, erhalten die Studierenden den Auftrag, wilde bzw. verwildernde Flächen im Nahraum (Stadtgebiet
Halle und Umgebung) zu suchen und zu erkunden. Das dritte Seminar dient der
Planung einer kurzen Wildnisbildungseinheit (ca. 30 min) in Kleingruppen (zwei
bis drei Studierende pro Gruppe), die auf der universitären Wildnisbildungsfläche
durchgeführt wird. Alternativ können die geplanten Lerneinheiten auf einer selbstgewählten wilden bzw. verwildernden Fläche im Nahraum durchgeführt werden.
Die Studierenden sammeln somit erste Erfahrungen in der Gestaltung von Wildnisbildung im Nahraum.

Transfer vom Lernenden zum Lehrenden
Der Übergang vom dritten zum vierten Teilmodul ist durch einen Transfer vom
Lernenden zum Lehrenden charakterisiert. Während die Studierenden in Teilmodul 3 erste Erfahrungen mit der Gestaltung kleinerer Wildnisbildungseinheiten
sammeln konnten, gestalten sie in Teilmodul 4 eine zweitägige Wildnisbildungsexkursion für ihre zukünftigen Bildungszielgruppen, z. B. Schülerinnen und Schüler im schulischen und außerschulischen bzw. auch außerunterrichtlichen Kontext.

6.1.3.4 Teilmodul 4 – Wildnis und Wildnisbildung im Nahraum II: Gestaltung und Reflexion von Wildnisbildung und Wechsel der Zielgruppe

Ziele des Teilmoduls 4
Die Studierenden …

- können eine zweitägige Wildnisbildungsexkursion (Fokus: Bildung für nachhaltige Entwicklung) für Lernende (z. B. Schülerinnen und Schüler) planen, durchführen und auswerten.
- können ihre eigene Kompetenzentwicklung als Wildnisbildnerin bzw. Wildnisbildner sowie die Umsetzbarkeit von Wildnisbildung mit Lernenden im Nahraum reflektieren.

Realisierung
Teilmodul 4 findet im sich anschließenden Sommersemester statt und umfasst vier 90-minütige Seminare. Im ersten Seminar werden die eigenen Erfahrungen zur Gestaltung von Wildnisbildung im Nahraum außerhalb von Großschutzgebieten reflektiert. Das zweite und dritte Seminar dienen der gemeinsamen Planung einer zweitägigen Wildnisbildungsexkursion mit Schülerinnen und Schülern auf einer selbstgewählten wilden bzw. verwildernden Fläche. Nach einer Vorbereitungsphase führen die Studierenden die Wildnisbildungsexkursion mit den Schülerinnen und Schülern durch. Im letzten Seminar des Moduls erfolgen eine gemeinsame Auswertung der Wildnisbildungsexkursion, eine Reflexion des gesamten Wildnisbildungsmoduls sowie eine Einordnung in eine Bildung für nachhaltige Entwicklung.

6.1.4 Studien- und Prüfungsleistung

6.1.4.1 Studienleistung – Das Wildnisportfolio
Während des gesamten Wildnisbildungsmoduls führen die Studierenden ein Wildnisportfolio (Abb. 6.9 und 6.10). In diesem Portfolio, das als Sammelmappe und Dokumentation der eigenen Entwicklung bzw. Professionalisierung verstanden werden kann, werden verschiedene Ergebnisse festgehalten (z. B. Fotos, Zeichnungen, Beschreibungen von Methoden, Gedichte, Geschichten). Das Herzstück der Portfolioarbeit ist allerdings die Reflexion (Häcker 2002). Dabei wird über die eigene Vorstellung von Wildnis und Wildnisbildung, aber auch Bildung für nachhaltige Entwicklung sowie die eigene Kompetenzentwicklung und Professionalisierung als Wildnisbildnerin bzw. Wildnisbildner schriftlich reflektiert. Die Portfolioarbeit der Studierenden erfolgt zum Teil offen, wobei sie die Schwerpunkte der Dokumentation und Reflexion nach Interesse wählen können, zum Teil werden konkrete Frage- bzw. Aufgabenstellungen als Stimuli von den Dozierenden an die Studierenden gerichtet.

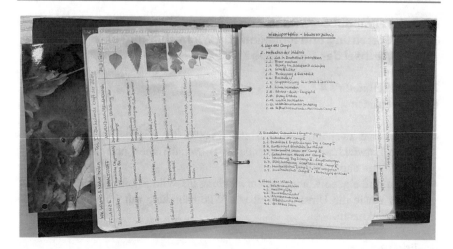

Abb. 6.9 Auszug aus einem Wildnis-Portfolio (Foto: Fabian Mohs)

Abb. 6.10 Studierende bei der Arbeit mit dem Wildnis-Portfolio (Foto: Anne-Kathrin Lindau)

6.1.4.2 Prüfungsleistung – Schriftlicher Beleg

Außerdem fertigen die Studierenden einen zu benotenden schriftlichen Beleg zum Wildnisbildungsmodul an. Dieser enthält die vollständig geplante und reflektierte Wildnisbildungseinheit sowie eine Reflexion zum Wildnisbildungsmodul unter dem Fokus der eigenen Kompetenzentwicklung als Wildnisbildnerin bzw. Wildnisbildner und der Umsetzbarkeit mit den Lernenden im Nahraum. Die Gliederungspunkte des schriftlichen Belegs sowie die dazugehörigen Bewertungskriterien sind in Tab. 6.3 dargestellt.

Tab. 6.3 Gliederungspunkte und dazugehörige Bewertungskriterien des schriftlichen Belegs

Gliederungspunkt	Bewertungskriterien
Deckblatt mit Name(n), Datum und Zeitdauer der Exkursion, Thema der Exkursion	• Vollständigkeit • Formale und inhaltliche Korrektheit
Vorüberlegungen zur Lerngruppe (Lernvoraussetzungen der Schülerinnen und Schüler)	• Erläuterungen: – zu individuellen Voraussetzungen (Heterogenität) der Lerngruppe (z. B. Lernende mit Behinderungen, Migrationshintergrund und damit verbundenen Defiziten in der Beherrschung der deutschen Sprache, Leistungsstärke der Lerngruppe) – zu räumlichen Voraussetzungen (z. B. Ausstattung der genutzten wilden bzw. verwildernden Fläche, Entfernung der Fläche zur Schule) – zu zeitlichen Voraussetzungen (z. B. Zeit zum Erreichen der genutzten wilden bzw. verwildernden Fläche, Tageszeit) • begründete Ableitung von Konsequenzen, die sich aus den o. g. Erläuterungen ergeben
Einordnung der Exkursion in existierende Curricula (z. B. Fachlehrplan Geographie, Bildungsstandards Geographie)	• Begründete Einordnung der zu erwerbenden Kompetenzen und Wissensbestände in den Fachlehrplan und die Bildungsstandards • Aufzeigen von Anknüpfungspunkten zu bisher erworbenen Kompetenzen und Wissensbeständen • Ausweisung fächerübergreifender oder -verbindender Aspekte
Zu erwerbende Kompetenzen, Sachstrukturanalyse und didaktische Reduktion	• Korrekte Formulierung von Hauptkompetenzen und abschnittsbezogenen Kompetenzen • Fachwissenschaftliche Abhandlung des Exkursionsthemas mit fachwissenschaftlichen Quellen im Rahmen der Sachstrukturanalyse • Herabsetzung der fachwissenschaftlichen Abhandlung gemäß Alter und Leistungsfähigkeit der Lerngruppe im Rahmen der didaktischen Reduktion
Begründung der getroffenen didaktischen Entscheidungen	• Aufzeigen der Gegenwarts- und Zukunftsbedeutsamkeit des Exkursionsthemas (Fach-, Schüler-, Gesellschaftsrelevanz) • Aufzeigen der Exemplarität des genutzten wilden bzw. verwildernden Raumes und des Exkursionsthemas • Bezugnahme auf die für die Exkursion relevanten Basiskonzepte (u. a. des Geographieunterrichts)
Begründung der getroffenen methodischen Entscheidungen	• Begründung der gewählten Aktions- und Sozialformen • Begründung der gewählten Methoden und Medien

(Fortsetzung)

Tab. 6.3 (Fortsetzung)

Gliederungspunkt	Bewertungskriterien
Verlaufsplanung der Exkursion	• Inhaltlich und formal korrekte sowie vollständige, tabellarische Verlaufsplanung der Exkursion mit Ausführungen: – zum zeitlichen Verlauf der Exkursion – zu abschnittsbezogenen Kompetenzen – zu didaktisch reduzierten Exkursionsinhalten – zu didaktischen Funktionen der Exkursionsabschnitte (z. B. Motivation, Erarbeitung, Sicherung, Festigung und Transfer) – zu methodischen Aspekten (z. B. Aktions- und Sozialformen, fachspezifische Methoden der Erkenntnisgewinnung) sowie • zur Mediennutzung und zu benötigten Materialien
Reflexion der Exkursion	• Reflexion ausgehend von Hauptkompetenzen der Exkursion, Einbezug der abschnittsbezogenen Kompetenzen und Ziele der einzelnen Exkursionsabschnitte und begründetes Fazit, ob und inwieweit die Kompetenzen erworben und die gesetzten Ziele erreicht wurden • Vergleich der Exkursionsplanung mit dem tatsächlichen Verlauf der Exkursion • Eignung der eingesetzten Methoden und Medien zum Kompetenzerwerb und Erreichung der Ziele • Beachtung der Ebenen der Reflexion (Bräuer 2014): Beschreiben/Dokumentieren, Analysieren/Interpretieren, Bewerten/Beurteilen, Planen von (Handlungs-)Alternativen und Entwicklung von Verbesserungsvorschlägen mit jeweils dazugehöriger Begründung

6.2 Praktische Hinweise zur Umsetzung von Wildnisbildung

6.2.1 Checkliste zur Durchführung von Wildniscamps

Da es je nach Witterung auch für Dozierende eine Herausforderung sein kann, mehrere Tage am Stück draußen zu sein und unter freiem Himmel zu schlafen, empfiehlt es sich, eine Exkursion in Form eines Wildniscamps bereits in einer vertrauten Gruppe (Kolleginnen und Kollegen, Bekannten- oder Familienkreis) selber als teilnehmende Person zu erleben, bevor eine anleitende Position während einer Exkursion mit Studierenden eingenommen wird.

Der für Wildnisbildungsaktivitäten genutzte Raum sollte den Durchführenden hinreichend bekannt sein, um auf eventuelle Fragen und unvorhergesehene Umstände möglichst gut vorbereitet zu sein. Häufig werden Lehr- und Lernorte genutzt, die für Fahrzeuge (z. B. Rettungswagen) schwer erreichbar sind. Es ist daher ratsam, bereits im Vorfeld der Exkursion mögliche Rettungswege zu sichten und Kolleginnen und Kollegen über den Standort zu informieren. Kenntnisse in Erster Hilfe (insbesondere im Outdoor-Bereich) sind unerlässlich. Es hat sich gezeigt, dass ein Team von zwei Lehrpersonen optimal geeignet ist, um mehrtägige Exkursionen in Form von Wildniscamps durchzuführen. Dazu bietet sich eine Kooperation mit wildnisbildungsaffinen Partnern außerhalb der Hochschule an; z. B. mit Mitarbeiterinnen und Mitarbeitern in Nationalparken.

Hinweise zur praktischen Durchführung eines Wildniscamps

Zur praktischen Durchführung einer mehrtägigen Exkursion in Form eines Wildniscamps kann folgende, mehrjährig erprobte Checkliste eine Hilfestellung sein:

- Schlafsack
- Isomatte
- Biwak-Sack
- Tarp-Planen (z. B. einfache Abdeck- oder Gewebeplanen aus dem Baumarkt)
- verschiedene Schnüre und Bänder
- Rucksack mit Regenschutz
- Wanderschuhe (ggf. Wechselschuhe)
- wetterfeste Kleidung (Wechselkleidung) (optimal: „Zwiebelprinzip")
- ausreichend trockene Socken
- Insekten- und Sonnenschutz
- Zeckenzange
- Taschenlampe (optimal: Stirnlampe)
- Outdoor-Trinkflasche
- feuerfeste Töpfe und/oder Pfannen
- Besteck, Tasse, Teller, Brettchen, kleine Schüssel
- Outdoor-Messer
- Handbeil
- Feuerholz
- Geschirrtuch und Abwaschlappen
- Stifte, Papier, feste Unterlage
- Kompass, Karte, (Becher-)Lupe, Fernglas
- Bestimmungsliteratur (Tiere, Pflanzen, Gesteine)
- Kescher
- Erste-Hilfe-Ausrüstung (Outdoor)

Praxistipp: Die Kleidung tageweise in Tüten verpacken – falls der Rucksack oder einzelne Kleidungsstücke nass werden, ist nicht gleich alles feucht.

Auch wenn für eine Grundausrüstung zur Durchführung mehrtägiger Exkursionen in Form von Wildniscamps zahlreiche Materialien nötig sind, sollte sonstiges Lehr- und Lernequipment auf das Nötigste reduziert werden. Da die Grundgedanken des bewussten Verzichts (Suffizienz) eine Basis des Konzeptes der Wildnisbildung darstellen (Langenhorst 2016), empfiehlt es sich, das Fassungsvermögen des eigenen Rucksacks als limitierenden Faktor anzunehmen. Dieser „Zivilisations-Rucksack" (Erxleben und Weigand 2013, S. 11) kann dabei bereits metaphorisch für diese Grundgedanken der Wildnisbildung im Rahmen einer Bildung für nachhaltige Entwicklung stehen.

6.2.2 Begleitmaterial zur Wildnisbildung

Im Verlauf des Studienmoduls werden von den Studierenden Wildnisbildungseinheiten entwickelt und erprobt. Wildnisbildungseinheiten können als Lerneinheiten verstanden werden, die Wildnis und Verwilderung als Themen im Rahmen einer Bildung für nachhaltige Entwicklung aufgreifen (als Beispiele seien an dieser Stelle die Lerneinheiten „Waldwildnis als Klimaretter?" oder „Wild oder gerade? Auswirkungen von Flussbegradigungen" genannt). Die entwickelten und erprobten Wildnisbildungseinheiten werden in einer Online-Datenbank zur Wildnisbildung der Didaktik der Geographie der Martin-Luther-Universität Halle-Wittenberg gesammelt (Abb. 6.11). Die Studierenden und sonstige an Wildnisbildung Interessierte haben somit die Möglichkeit, sich Ideen und Anregungen zur eigenen Gestaltung solcher Lerneinheiten zu holen. Die Wildnisbildungseinheiten können unter folgendem Link abgerufen werden: https://blogs.urz.uni-halle. de/wildenachbarschaftgeo/ (Stand: 23.05.2019).

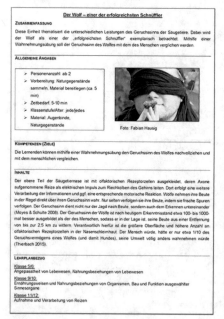

Abb. 6.11 Beispielhafte Wildnisbildungseinheit „Wölfe – Die erfolgreichsten Schnüffler"

Zusammenfassung

Wildnisbildung als Exkursionskonzept im Rahmen einer national wie international für alle Bildungsbereiche geforderten Bildung für nachhaltige Entwicklung greift ein aktuelles Thema der naturschutzfachlichen und naturschutzpolitischen Diskussion auf. Wilde und verwildernde Räume fungieren als innovative, vielfältige und vielzählige Lehr- und Lernorte außerhalb der eigentlichen Bildungsinstitution. Ein besonderes Potenzial des Exkursionskonzeptes stellt die konstruktive und als sehr gewinnbringend erachtete Kooperation verschiedener schulischer, hochschulischer und außeruniversitärer Bildungspartner dar. Zudem ermöglicht dieses wahlobligatorische Studienmodul eine Professionalisierung von angehenden Multiplikatorinnen und Multiplikatoren einer Bildung für nachhaltige Entwicklung. Einschränkend ist zu sagen, dass die Teilnahme am Modul und die Gestaltung von Wildnisbildung sowohl bei Studierenden als auch bei Dozierenden eine gewisse Affinität für wilde und verwildernde Natur voraussetzt. Weiterhin wirkt sich die die Bereitschaft, die eigene Komfortzone zu verlassen, günstig auf den Modulerfolg aus. Diese Bereitschaft bezieht sich zum einen auf die eigenen Bedürfnisse und Ansprüche, die im Rahmen des Bildungsprozesses bewusst auf ein individuelles Minimum reduziert werden (Verzicht). Zum anderen auf eine Abkehr vom traditionellen Lehrenden-Lernenden-Verhältnis, das insbesondere während des mehrtägigen Wildniscamps durch eine große Nähe zu und Zusammenarbeit mit den Studierenden gekennzeichnet ist (z. B. gemeinsame Zubereitung der Nahrung, nebeneinander unter freiem Himmel schlafen). Zudem ist das vorgestellte Konzept zum jetzigen Zeitpunkt erfahrungsbasierter Natur. Es existieren keine Studien, die die Wirksamkeit der Maßnahmen gerade im Rahmen der Professionalisierung von Multiplikatorinnen und Multiplikatoren einer Bildung für nachhaltige Entwicklung belegen. Auch die Lernwirksamkeit wilder und verwildernder Natur ist bisher nur in ersten Ansätzen erforscht (u. a. Langenhorst 2016). Ein zukünftiges Forschungsdesiderat sind daher Wirksamkeitsstudien von Wildnisbildung im Kontext einer Bildung für nachhaltige Entwicklung. Diese sollten sich sowohl auf Konzeptveränderungen bei den Lernenden durch Wildnisbildungsaktivitäten beziehen als auch auf die Eignung der im Rahmen der Wildnisbildung genutzten Lehr- und Lernräume in der wilden bzw. verwildernden Natur.

Literatur

Bräuer, Gerd. (2014). *Das Portfolio als Reflexionsmedium für Lehrende und Studierende*. Stuttgart: UTB.

Buch, Corinne, und Peter Keil. 2013. *Industrienatur. Arbeitsmaterielien für Unterricht und Umweltbildung auf Industriebrachen im Ruhrgebiet: mit CD*. Oberhausen: Biologische Station Westliches Ruhrgebiet.

Bundesministerium für Umwelt, Naturschutz und Reaktorsicherheit. 2007. *Nationale Strategie zur Biologischen Vielfalt*. Online verfügbar unter https://www.bfn.de/fileadmin/BfN/biologische-vielfalt/Dokumente/broschuere_biolog_vielfalt_strategie_bf.pdf. Zugegriffen: 20. Jan. 2020.

Bundesministerium für Umwelt, Naturschutz, Bau und Reaktorsicherheit. 2015. Naturschutz-Offensive 2020: Für biologische Vielfalt. http://www.bfn.de/fileadmin/MDB/documents/themen/landwirtschaft/nationale_strategie.pdf. Zugegriffen: 15. Jan. 2017.

Deutsche Gesellschaft für Geographie. 2017. *Bildungsstandards Geographie für den mittleren Schulabschluss*, 9. Aufl. Bonn: Selbstverlag Deutsche Gesellschaft für Geographie (DGfG).

Deutsche UNESCO-Kommission e. V. 2014. *UNESCO Roadmap zur Umsetzung des Weltaktionsprogramms „Bildung für nachhaltige Entwicklung"*. Bonn: Dt. UNESCO-Kommision.

Deutsche UNESCO-Kommission e. V., Hrsg. 2015. *Querbeet. Biologische Vielfalt und Bildung für nachhaltige Entwicklung – Anregungen für die Praxis*. Bonn.

Erxleben, Anja, und Sebastian Weigand. 2013. Verwildern praktisch erfahren: Schulklassen-Projekt „Waldscout – Expedition in die Wildnis". *Erleben und Lernen* 13 (1): 11–13.

Europäische Union. 2011. Die Biodiversitätsstrategie der EU bis 2020. http://ec.europa.eu/environment/nature/info/pubs/docs/brochures/2020%20Biod%20brochure_de.pdf. Zugegriffen: 26. Nov. 2017.

Europaparlament. 2009. Wildnis in Europa: Entschließung des Europäischen Parlaments vom 3. Februar 2009 zu der Wildnis in Europa (2008/2210(INI)). S. 6_TA(2009)0034. http://www.europarl.europa.eu/sides/getDoc.do?pubRef=-//EP//NONSGML+TA+P6-TA-2009-0034+0+DOC+PDF+V0//DE. Zugegriffen: 27. Apr. 2017.

Häcker, Thomas. 2002. Der Portfolioansatz – die Wiederentdeckung des Lernsubjekts? *Die Deutsche Schule* 94 (2): 204–2016.

Halves, Jens, und Maret Heydenreich. 2014. Wildnis macht stark – Wildnisbildung im Nationalpark Harz. In *Wildnisbildung: Neue Perspektiven für Grossschutzgebiete*, Bd. 4, Hrsg. Berthold Langenhorst, Armin Lude, und Alexander Bittner, 141–156. DBU-Umweltkommunikation. München: Ökom.

Hampton, Bruce, und David Cole. 2003. *NOLS soft paths. How to enjoy the wilderness without harming it*, 3. Aufl. Mechanicsburg, PA: Stackpole Books.

Jessel, Beate. 2011. Nachhaltig wild: Wildnis als Bestandteil einer nachhaltigen Entwicklung. In *Wildniskonferenz 2010*, 29–32. Wildniskonferenz 2010, Potsdam. 17.-18.05.2010.

Kangler, Gisela. 2018. *Der Diskurs um ‚Wildnis'. Von mythischen Wäldern, malerischen Orten und dynamischer Natur*. Bielefeld: Transcript-Verlag.

Koller, Hans-Christoph. 2012. *Bildung anders denken. Einführung in die Theorie transformatorischer Bildungsprozesse*. Stuttgart: Kohlhammer.

Kowarik, Ingo. 2017. Stadtnatur und Wildnis. *Geographische Rundschau* 5:10–15.

Langenhorst, Berthold. 2016. Wildnisbildung und nachhaltige Entwicklung. Dissertation, Verlag Dr. Kovač.

Langenhorst, Berthold, Armin Lude, und Alexander Bittner, Hrsg. 2014. *Wildnisbildung. Neue Perspektiven für Grossschutzgebiete.*, Bd. 4. DBU-Umweltkommunikation. München: Ökom.

Lindau, Anne-Kathrin. 2015. Das Projekt „Wildnis macht stark" – Wildnisbildung in der universitären Geographielehrerbildung. In *Wildnis macht stark*, 1. Aufl, Hrsg. Peter-Ulrich Wendt, 30–45. Marburg: Schüren Verlag GmbH.

McGivney, Annette. 2003. *Leave no trace. A guide to the new wilderness ethic*. Seattle, WA: Mountaineers Books.

Rockström, Johan. 2015. Bounding the planetary future: Why we need a great transition. Great transition initiative. https://www.greattransition.org/publication/bounding-the-planetary-future-why-we-need-a-great-transition. Zugegriffen: 25. Febr. 2019.

Rockström, Johan, Will Steffen, Kevin Noone, F. Asa Persson, Stuart Chapin, Eric F. Lambin, Timothy M. Lenton, Marten Scheffer, Carl Folke, Hans Joachim Schellnhuber, Björn Nykvist, Cynthia A. de Wit, Terry Hughes, Sander van der Leeuw, Henning Rodhe, Sverker Sörlin, Peter K. Snyder, Robert Costanza, Uno Svedin, Malin Falkenmark, Louise Karlberg, Robert W. Corell, Victoria J. Fabry, James Hansen, Brian Walker, Diana Liverman, Katherine

Richardson, Paul Crutzen, und Jonathan A. Foley. 2009. A safe operating space for humanity. *Nature* 461 (7263): 472–475.

Sachverständigenrat für Umweltfragen. 2016. Umweltgutachten 2016: Impulse für eine integrative Umweltpolitik. https://www.umweltrat.de/SharedDocs/Downloads/DE/01_Umweltgutachten/2016_Umweltgutachten_HD.pdf?__blob=publicationFile. Zugegriffen: 24. Apr. 2017.

Schreiber, Jörg-Robert. 2016. Kompetenzen, Themen, Anforderungen, Unterrichtsgestaltung und Curricula. In *Orientierungsrahmen für den Lernbereich Globale Entwicklung im Rahmen einer Bildung für nachhaltige Entwicklung*, Hrsg. Engagement Global, 84–110, 2. Aufl. Berlin: Cornelsen Verlag.

Schrüfer, Gabriele, und Johanna Schockemöhle. 2013. Bildung für nachhaltige Entwicklung. In *Wörterbuch der Geographiedidaktik: Begriffe von A – Z*, Hrsg. D. Böhn und G. Obermaier, 32–33. Braunschweig: Westermann.

Senninger, Tom. 2000. *Abenteuer leiten – in Abenteuern lernen: Methodenset zur Planung und Leitung kooperativer Lerngemeinschaften für Training und Teamentwicklung in Schule, Jugendarbeit und Betrieb.* Münster: Ökotopia.

Trommer, Gerhard. 2014. Durch Wildnis – Freigefühl mit Rucksack. In *Wildnisbildung: Neue Perspektiven für Grossschutzgebiete*, Bd. 4, Hrsg. Berthold Langenhorst, Armin Lude, und Alexander Bittner, 13–58. DBU-Umweltkommunikation. München: Ökom.

Vereinte Nationen. 2015. Transforming our world: The 2030 agenda for sustainable development. https://sustainabledevelopment.un.org/content/documents/21252030%20Agenda%20for%20 Sustainable%20Development%20web.pdf. Zugegriffen: 25. Febr. 2019.

Wendt, Peter-Ulrich, Hrsg. 2015. *Wildnis macht stark*, 1. Aufl. Marburg: Schüren Verlag GmbH.

Das Würzburger Modell der Lehr-Lern-Exkursion

7

Exkursionsdidaktik jenseits des Elfenbeinturms: Lehramtsstudierende führen Mehrtagesexkursionen mit Schülerinnen und Schülern durch

Thomas Amend und Daniel Wirth

▶ Häufiger Kritikpunkt an der universitären Lehramtsausbildung ist ein geringer Praxisbezug bei gleichzeitiger theoretischer Überfrachtung. Bezogen auf die Exkursionsdidaktik kann festgestellt werden, dass das rein theoriegeleitete Befassen mit Exkursionen zwar einen Überblick über verschiedene Exkursionsarten und -methoden liefern kann, eine Erprobung in der Praxis erfahren die meisten Lehramtsstudierenden vor dem ersten Staatexamen jedoch selten. Hier setzt das Würzburger Modell der Lehr-Lern-Exkursion an[1]. Ausgehend von exkursionstheoretischen Inhalten, konzipieren Studierende eine mehrtägige Schülerexkursion, welche sie gemeinsam mit Schülerinnen und Schülern vorbereiten, durchführen und evaluieren. Erprobt ist das Konzept mit Schülerinnen und Schülern der dritten bis elften Jahrgangsstufe aller Schularten. Der gesamte Prozess wird durch Dozierende der Didaktik der Geographie sowie durch erfahrene Lehrkräfte begleitet. In diesem Beitrag werden das Konzept in seinen drei Phasen vorgestellt, Ziele erörtert, mögliche Themen genannt sowie als „Best-Practice-Beispiel" Hinweise und Tipps zur Lehr-Lern-Exkursion veranschaulicht.

---

[1]Das Konzept der Lehr-Lern-Exkursion wurde von Dr. Helmer Vogel, ehemals AkadDir in der Didaktik der Geographie Ende der 1990er-Jahre entwickelt, erprobt und in die Würzburger Lehre eingeführt. Die Autoren dieses Beitrages haben das Konzept der Exkursion gemeinsam mit Helmer Vogel durchgeführt, übernommen und weiterentwickelt.

T. Amend (✉) · D. Wirth
Didaktik der Geographie, Universität Würzburg, Würzburg, Deutschland
E-Mail: thomas.amend@uni-wuerzburg.de

© Springer-Verlag GmbH Deutschland, ein Teil von Springer Nature 2020
A. Seckelmann und A. Hof (Hrsg.), *Exkursionen und Exkursionsdidaktik in der Hochschullehre*, https://doi.org/10.1007/978-3-662-61031-2_7

7.1   Aufbau und Mehrwert der Lehr-Lern-Exkursion

Die Grundidee des hier vorgestellten Modells ist, dass in weiten Phasen der Exkursion Lehramtsstudierende die Rolle der Lehrperson übernehmen, aber gleichzeitig nach dem Prinzip „Lernen durch Lehren" auch Lernende bleiben. So lehren sie Schülerinnen und Schüler Inhalte, Fach- und Unterrichtsmethoden und erwerben zeitgleich didaktische, organisatorische und rechtliche Kompetenzen. Durch den Umgang mit Schülerinnen und Schülern und Reflexionen mit Lehrenden (begleitende Lehrkraft der Schule und Dozierende/r der Universität) lernen sie darüber hinaus pädagogische Herausforderungen zu bewältigen. Die Schülerinnen und Schüler ihrerseits profitieren fachlich, methodisch und pädagogisch von der hohen Betreuungsdichte und schlüpfen ihrerseits ebenfalls durch die Übernahme von Expertenthemen in die Rolle von Lehrenden.

Die empfohlenen Rahmenbedingungen der Lehr-Lern-Exkursion sind in Tab. 7.1 zusammengestellt.

Lehr-Lern-Exkursionen sind in allen Schularten und Jahrgangsstufen möglich und stellen eine sog. „Win-Win-Situation" für die Teilnehmenden dar. Zu den Beteiligten zählen Schülerinnen und Schüler, Studierende, Dozierende der Universität sowie auch mindestens eine Lehrkraft der mitwirkenden Schule.

Tab. 7.1 Rahmenbedingungen von Lehr-Lern-Exkursionen

Zielgruppe	Lehramtsstudierende Geographie aller Schularten ab dem 3. Semester
Gruppengröße	8–16
Kontext	Kooperation Geographiedidaktik und Schulpraxis
Studienleistung	• Aktive Teilnahme am Vorbereitungsseminar mit Übernahme eines Fachthemas in Expertengruppen (drei bis fünf Schülerinnen und Schüler sowie ein bis drei Studierende) • Inhaltliche, organisatorische und methodische Vorbereitung der Exkursion • Interaktion mit Schülerinnen und Schülern in der Vorbereitung bei Schulbesuchen, Bildung von Expertengruppen nach Interesse und Betreuung der Schülerinnen und Schüler • Unterstützung der Schülerinnen und Schüler bei der Erarbeitung von Fachthemen • Beiträge zum Feldbuch erstellen oder Schülerinnen und Schüler hierbei unterstützen • Verantwortung für die „eigene Expertengruppe" während der Exkursion übernehmen und Schülerinnen und Schüler bei der Durchführung der Schülerbeiträge unterstützen • Eigenverantwortliche Durchführung von Reflexionen • Unterstützung in der Vorbereitung von Präsentationen in den Expertengruppen • Schriftliche Exkursionsreflexion

Schülerinnen und Schüler

Schülerinnen und Schüler erkunden unter Hilfestellung oder Anleitung von Lehramtsstudierenden einen Raum aus multiplen Perspektiven durch den Einsatz vielfältiger geographischer Fachmethoden. Dabei werden alle Kompetenzbereiche (Fachwissen, räumliche Orientierung, Erkenntnisgewinnung/Methoden, Kommunikation, Beurteilung/Bewerten und Handlung) berücksichtigt. Ein weiteres Ziel ist, dass Schülerinnen und Schüler partiell auch die Rolle der Lehrperson übernehmen und als Expertinnen und Experten zu einzelnen Themengebieten fungieren.

Studierende

Studierende erhalten umfassenden Einblick in die Aufgaben einer Lehrperson im Kontext geographischer Exkursionen. Sie bereiten die Exkursion theoriebasiert vor, führen diese gemeinsam mit Schülerinnen und Schülern durch und bereiten diese anschließend nach. In jeder Phase stellen sie sich fachlichen, didaktischen, methodischen, pädagogischen, rechtlichen und organisatorischen Herausforderungen. Zudem erarbeiten sich die Studierenden im Vorfeld der Exkursion umfangreiche Fachkenntnisse über den Exkursionsraum.

Begleitende schulische Lehrkraft

Die begleitende Lehrkraft erhält Einblicke in aktuelle exkursionsdidaktische Forschungserkenntnisse. Diese können in den alltäglichen Unterricht einfließen und in weitere Schulen multipliziert werden. Während der Durchführungsphase kann sich die begleitende Lehrkraft inhaltlich und organisatorisch zurücknehmen und auf ihre pädagogischen Aufgaben konzentrieren. Sie gibt den Studierenden fundierte Rückmeldungen zu deren Verhalten, zum Umgang mit Schülerinnen und Schülern und berichtet aus der Unterrichtspraxis.

Dozierende der Universität

Für die Dozierenden ist der enge und intensive Kontakt zu Lehrkräften und Schülerinnen und Schülern ein wesentlicher Baustein, um fachliches, pädagogisches und methodisches Wirken mit der Schulrealität abzugleichen. Die Dozierenden erhalten somit aktuelle Einblicke in schulische Rahmenbedingungen und Prozesse, die sie für eine zeitgemäße Ausbildung der Studierenden an der Universität dringend benötigen.

7.2 Drei-Phasen-Modell der Lehr-Lern-Exkursion

7.2.1 Vorbereitung

Vor der Vorbereitungsphase der Studierenden werden Exkursionsziel sowie Unterkunft bereits festgelegt, im Optimalfall durch die Schülerinnen und Schüler selbst. Dies ist aus organisatorischen Gründen (viele Unterkünfte verlangen eine Buchung weit über ein Kalenderjahr im Voraus) nötig. Auch die Schulleitung und die Elternschaft mögen über das Vorhaben frühzeitig informiert werden.

Als organisatorischer Rahmen für die Lehr-Lern-Exkursion dient ein ein- oder zweisemestriges Vorbereitungsseminar, welches im zeitlichen Umfang von insgesamt zwei Semesterwochenstunden entweder im wöchentlichen Rhythmus oder in Blöcken durchgeführt wird. In der Regel nehmen zwischen 8 und 16 Studierende teil, in Abhängigkeit von der Größe der Exkursionsklasse/n (max. zwei Klassen sind möglich).

Zunächst nähern sich die Studierenden dem Exkursionsraum durch themenspezifische Recherche (mögliche Themen siehe Kap. 3) auf fachwissenschaftlichem Niveau, welche sie in Präsentationen teilen. In dieser Phase ist es wichtig, bereits Verknüpfungen zwischen verschiedenen Inhalten herzustellen (z. B. die Zusammenhänge zwischen Klima und Vegetation/Landwirtschaft zu erkennen), damit in der Durchführungsphase die Inhalte im Rahmen einer Synthese in Bezug gesetzt werden können.

Nach einer Vertiefung des Wissens zur Exkursionsdidaktik wählen die Studierenden, in Abhängigkeit von der Gruppengröße, alleine oder mit einem Partner ein Thema, welches sie in den folgenden Sitzungen für die Exkursion didaktisch rekonstruieren und methodisch aufbereiten. Es wird angestrebt, ein breites Spektrum lehrplanrelevanter Themen abzudecken.

Zu einem frühen Zeitpunkt des Seminars besuchen die Studierenden nun die Schulklasse. Bei diesem, in der Regel zwei bis vier Schulstunden dauernden, ersten Treffen geht es neben dem gegenseitigen Kennenlernen, dem Zuordnen der Schülerinnen und Schüler in thematische Expertengruppen, um die erste Sondierung der Inhalte, Standorte und Aktivitäten vor Ort zum jeweiligen Thema. Dabei eruieren die Studierenden Vorwissen, Präkonzepte und Erwartungen der Schülerinnen und Schüler. Neben den Schulbesuchen erfolgt die Kommunikation der Schülerinnen und Schüler mit den Studierenden mittels Videochats, Telefonkonferenzen und auf einer E-Learning-Plattform. Sollte die räumliche Distanz zwischen Universität und Exkursionsklasse zu groß für einen halbtägigen Besuch sein, erfolgt die Kommunikation ausschließlich auf digitalem Weg.

In der folgenden Zeit bereiten sich die Schülerinnen und Schüler inhaltlich und organisatorisch durch Recherchen in verschiedenen Quellen (Fach- und Reiseliteratur aus Bibliotheken, Internet, Zeitungstexte etc.) vor. Der Rechercheprozess wird meist in den regulären Geographieunterricht integriert und durch die Lehrkraft begleitet. Hierbei wird „nebenbei" der Aufbau von Medienkompetenz gefördert. Die Studierenden begleiten diesen Prozess intensiv durch dialogische Kommunikation.

Parallel zur Vorbereitungsarbeit der Schülerinnen und Schüler reflektieren die Studierenden im Seminar an der Universität die genannten Eindrücke und passen das Exkursionskonzept gegebenenfalls in Absprache mit den Lehrenden an. Planen Studierende – wider besseren Wissens, aber ihre eigenen Schulerfahrungen tradierend – eine Exkursionsform mit geringem Grad an Aktivität und Selbstbestimmung, ist mitunter eine Intervention durch die Dozierenden nötig.

Den Studierenden wird in dieser Phase bereits bewusst, wie viel (inhaltliche, organisatorische und pädagogische) Verantwortung sie durch ihre Rollenübernahme tragen. Der nächste Schritt im Rahmen des Vorbereitungsseminars ist das Erstellen eines konkreten Zeitplans für die Exkursion.

In einem weiteren Treffen mit der Exkursionsklasse werden unter Bezugnahme auf die Schülerrecherchen die Expertenvorträge der Schülerinnen und Schüler für die Exkursion fachlich und methodisch präzisiert sowie weitere organisatorische Details (benötigtes Material, Ablauf der Kurzvorträge vor Ort etc.) besprochen. Die Expertengruppenarbeit bereits im Vorfeld der Exkursion fördert zudem die Studierenden-Schülerinnen und Schüler-Beziehung und stärkt die Studierenden in ihrer Rolle als Lehrende. Dazu kommen die durch die Studierenden oder Schülerinnen und Schüler zu erstellenden vielfältigen Materialien, welche in einem Feldbuch (siehe Beitrag Amend Kap. 11 des Bandes) gebunden werden. Die Erstellung eines Feldbuchs für Lehr-Lern-Exkursionen durch Schülerinnen und Schüler und/ oder Studierende sowie die Arbeit mit diesem während der Exkursion, stellen eine Erweiterung des ursprünglichen Veranstaltungsmodells dar.

7.2.2 Durchführung

Während der gesamten Durchführungsphase arbeiten die Studierenden gemeinsam mit der Exkursionsklasse im Zielgebiet. Sie begleiten, leisten Hilfestellung, organisieren, wirken pädagogisch. Kurz: Sie sind die Lehrkraft für die Schülerinnen und Schüler (hauptsächlich für ihre Expertengruppe). Die begleitende Lehrperson der Exkursionsklasse kann sich also in vielen Belangen zurückziehen, wobei die pädagogische Verantwortung (Aufsichtspflicht etc.) natürlich bei ihr verbleibt. Das Handeln der Studierenden wird von den Dozierenden sowie von der Lehrkraft aktiv beobachtet.

Für die Schülerinnen und Schüler besteht der große Mehrwert dieses Exkursionskonzeptes in der höheren Betreuungsdichte im Vergleich zu regulären Schulexkursionen mit zwei Lehrpersonen je Klasse. Dadurch wird auch das Spektrum möglicher Inhalte und angewandter Methoden deutlich erweitert und erlebnispädagogische Aktivitäten lassen sich so leichter in den Ablauf integrieren.

Die Studierenden sollen neben der fachlichen Durchdringung der Exkursionsinhalte auch auf verschiedene pädagogische Belange eingehen – und hierbei lernen, mitunter spontan entscheiden und reagieren zu müssen.

Am Ende eines jeden Exkursionstages wird ein Feedback der Schülerinnen und Schüler eingeholt. Dies stellt die Grundlage für die gemeinsame Abendrunde dar, in der Studierende, Dozierende/r und Lehrkraft gemeinsam den Exkursionsverlauf analysieren und auf Grundlage theoretischer Überlegungen und praktischer Erfahrungen der begleitenden Lehrkraft Handlungsalternativen diskutieren. Thematisch kann sich diese Runde zum Beispiel auf die Evaluation einer bestimmten Methode oder auf pädagogische Auffälligkeiten einzelner Schülerinnen und Schüler beziehen – fachdidaktische und schulpädagogische Inhalte werden somit sehr stark verknüpft betrachtet.

Die Exkursion schließt i. d. R. mit Schülerpräsentationen der Expertengruppen, in der die erarbeiteten Ergebnisse vorgestellt werden. Dieser Teil der Exkursion zeigt den Studierenden meist eindrücklich den Lohn ihrer Anstrengungen auf.

7.2.3 Nachbereitung

Für die Nachbereitung der Exkursion stehen mehrere Alternativen zur Verfügung. Eine Möglichkeit ist, dass die Studierenden mit einem gewissen zeitlichen Abstand erneut die Exkursionsklasse besuchen und die Inhalte mit den Schülerinnen und Schülern nachbereiten. Einen festen Bestandteil der Nachbereitungsphase stellt die gemeinsame Präsentation der Exkursionsergebnisse vor Eltern oder einer breiteren Öffentlichkeit, z. B. bei externen Partnern, wie dem Deutschen Alpenverein, dar.

Im universitären Kontext findet eine Evaluation der Exkursion im Seminar statt. Leitfragen sind hierbei:

- Haben sich die didaktischen Vorannahmen (z. B. Schülerinteresse, Vorwissen, Präkonzepte) bestätigt?
- Haben sich die eingesetzten Methoden bewährt?
- Wie ist die Organisation der Exkursion zu bewerten?
- Welche inhaltlichen, methodischen und organisatorischen Alternativen sind bei einer zukünftigen Durchführung sinnvoll?
- Wie ist die eigene didaktische und pädagogische Professionalität („Performanz") zu bewerten?
- Wie ist die Relevanz der Veranstaltung (Seminar und Exkursion) für das eigene Lehramtsstudium zu bewerten?

Die Studierenden verfassen Exkursionsreflexionen, in denen sie ihren eigenen Beitrag zur Exkursion kritisch darstellen und diskutieren.

7.3 Praktische Hinweise zur Umsetzung

Grundlegend für das hier vorgestellte Modell der Lehr-Lern-Exkursion ist, dass der jeweilige Fachdidaktikbereich der Universität in engem Kontakt zu Schulen steht, mit denen sich das Konzept gemeinsam durchführen lässt. Mit den dort tätigen Lehrkräften sind die Kosten abzusprechen.

Wichtig und transparent zu kommunizieren ist, dass der Zeitaufwand sowohl für die Lehrenden als auch die Studierenden in den verschiedenen Phasen der Exkursion unterschiedlich hoch ist. Besonders arbeitsintensiv sind die Vorbereitungs- und Durchführungsphase, während die Nachbereitung weniger aufwendig ist.

Wesentliche Informationen hierzu sind in Tab. 7.2 zusammengestellt.

Tab. 7.2   Überblick über Voraussetzungen und Aufwand aus Lehrenden- und Studierendensicht

	Lehrende	Studierende
Voraussetzungen	Enger Kontakt zu Lehrkräften im Schuldienst Exkursionserfahrungen mit Schülerinnen und Schülern sowie mit Studierenden	Fachliche Kompetenzen mindestens auf Höhe der Basismodule Bereitschaft und Fähigkeit zur inhaltlichen und pädagogischen Verantwortungsübernahme
Kosten	Je nach Exkursionsziel, i. d. R. zwischen 300–400 €/fünf Tage inkl. Anreise, Eintritte, Unterkunft mit HP im Einzelzimmer in Hostels oder Jugendherbergen	Je nach Exkursionsziel, i. d. R. zwischen 250–300 €/fünf Tage inkl. Anreise, Eintritte, Unterkunft mit HP im Mehrbettzimmer in Hostels oder Jugendherbergen
Vorbereitungsaufwand	• Etwa 60 h • Gesamtkoordination Dozierende/r-Lehrkräfte-Studierende-Schülerinnen und Schüler • Zahlreiche im Vorfeld und während des Vorbereitungsseminars zu klärende organisatorische Aspekte • Durchführung des Vorbereitungsseminars • Beratung von Studierenden	Etwa 60 h Übernahme vielfältiger fachlicher, didaktischer, methodischer, organisatorischer und pädagogischer Aufgaben in der Arbeit mit Schülerinnen und Schülern Fachbeitrag/Referat während des Vorbereitungsseminars
Durchführungsaufwand	Bei einer fünftägigen Exkursion etwa 55 h Vielfältige organisatorische und beratende Aufgaben auf der Exkursion	Bei einer fünftägigen Exkursion etwa 60 h, je nach Verhältnis Schülerinnen und Schüler – Studierende „Rund-um-die-Uhr-Betreuung" der Schülerinnen und Schüler durch die Studierenden • Durchführung abendlicher Reflexionsrunden etc.
Nachbereitungsaufwand	Etwa 10 h Korrektur der schriftlichen Reflexionen Exkursionsabrechnung Teilnahme an der Abschlusspräsentation	Etwa 10 h Unterstützung der Schülerinnen und Schüler bei der Vorbereitung einer Abschlusspräsentation und Teilnahme an dieser Mündliche und schriftliche Reflexion der Lehr-Lern-Exkursion

7.4 Best Practice-Beispiele

Im Folgenden werden drei Beispiele durchgeführter Lehr-Lern-Exkursionen kurz vorgestellt

7.4.1 Gymnasium 11. Jahrgangsstufe: Gletscherexkursion

Die Gletscherexkursion zum Vernagtferner ist fester Bestandteil des Exkursionsprogramms der Würzburger Geographiedidaktik. Im Juli 2017 wurden z. B. zwei Lehr-Lern-Exkursionen in aufeinanderfolgenden Wochen (jeweils fünf Tage) ins Ötztal mit „P-Seminaren" (11. Jahrgangsstufe) zweier unterschiedlicher Gymnasien durchgeführt. Auf diesen Lehr-Lern-Exkursionen wurden je 16 Schülerinnen und Schüler von einer Gruppe aus je acht Studierenden begleitet.

Inhaltlich erfolgte eine dem Exkursionsgebiet entsprechende Schwerpunktsetzung mit folgenden Themenbereichen im Vorbereitungsseminar und infolgedessen auf der Exkursion:

- Geologie und Geomorphologie im Hochgebirge (Schwerpunkt: glaziale Prozesse und Formen)
- Klima und Klimawandel in den Alpen (Gletscherschmelze und deren Auswirkungen, Erkundung einer Messstation)
- Tourismus im Alpenraum (Sommer- und Wintertourismus)
- Flora und Fauna im Hochgebirge (typische Vertreter, Höhenstufung)

Die Schülerinnen und Schüler erarbeiteten forschend-entdeckend in Expertengruppen unter Betreuung der Studierenden inhaltliche Schwerpunkte ihrer Themenbereiche vor Ort. Ein externer Experte (Glaziologe) begleitete die Exkursionsgruppen für jeweils eineinhalb Tage und ermöglichte z. B. die Überquerung eines Teilbereichs des Vernagtferners (Abb. 7.1). Das Hinzuziehen von Experten vor Ort ist fester Bestandteil von Lehr-Lern-Exkursionen, um Informationen aus erster Hand zu bekommen und Zugang zu Standorten zu erlangen, welche sonst z. B. wegen Sicherheitsrisiken oder Sperrung für die Öffentlichkeit nicht zugänglich wären.

Die Übernachtung kann auf mehreren Berghütten erfolgen, wie z. B. der Vernagthütte (Würzburger Haus) oder der Hochjochhospiz-Berghütte. An den Abenden arbeiteten die einzelnen Gruppen die Erkundungsergebnisse des Tages in Präsentationen auf. Am letzten Abend wurden diese auf der Berghütte präsentiert und bewertet. Darüber hinaus erfolgte einige Monate später, nach weiterer Überarbeitung der Präsentationen, ein öffentlicher Vortrag der Schülerinnen und Schüler beim Deutschen Alpenverein in Würzburg.

Abb. 7.1 Schülerinnen und Schüler und Studierende erkunden gemeinsam Teile des Vernagtferners. (Foto: Th. Amend)

7.4.2 Mittelschule 8. Klasse: Dresden, Elbsandsteingebirge, Lausitz

Die Lehr-Lern-Exkursion nach Dresden und Umland ist eine ebenfalls bereits mehrfach durchgeführte und bewährte Exkursion. Im Jahr 2018 erfolgte z. B. eine Fahrt mit zwei Mittelschulklassen und 16 Studierenden, 2019 wurde eine Exkursion mit einer 11. Klasse eines Gymnasiums und 12 Studierenden durchgeführt. Die Besonderheit hierbei war eine ca. dreivierteljährliche Begleitung der Schülerinnen und Schüler (P-Seminar) durch die Studierenden mit regelmäßigen Treffen zur Vorbereitung der Exkursion. Die Studierenden und auch die Schülerinnen und Schüler sind hierbei sehr stark in die Planung der Exkursion miteinbezogen worden. Durch die lange Vorlaufzeit konnten z. B. Expertentermine vor Ort vollständig durch die Lernenden unter Unterstützung der Studierenden vereinbart werden. Ein Feldbuch zur Exkursion wurde ebenfalls von den Schülerinnen und Schülern unter Moderation der Studierenden erstellt.

Rückblickend hat sich diese Weiterentwicklung der Lehr-Lern-Exkursion bewährt. Daher ist davon auszugehen, dass auch zukünftig häufiger eine Begleitung der Exkursionsklasse über einen längeren Zeitraum als ein Semester erfolgen wird.

Für die Lehr-Lern-Exkursion nach Dresden haben sich folgende Themenschwerpunkte als sehr gewinnbringend und motivierend herauskristallisiert:

Abb. 7.2 Ausblick auf Braunkohletagebau „Fenster zum Tagebau", Welzow (Foto: Th. Amend)

- Stadtgeographie und -entwicklung (Dresden Altstadt und Neustadt)
- Tourismus (Dresden, Elbsandsteingebirge, Spreewald)
- Geologie und Geomorphologie (Entstehung Elbsandsteingebirge, Flussmorphologie Elbe)
- Rohstoffe und Energie (Braunkohletagebau, Erkundung des Besucherbergwerks „F 60") (Abb. 7.2)
- Biosphärenreservat Spreewald (Ökologie, Tourismus)
- Ost und West (Leben in der ehemaligen DDR, Erkundung von Mödlareuth)

7.4.3   Grundschule 4. Klasse: Oberammergau

Die Lehr-Lern-Exkursion nach Oberammergau wurde 2018 mit 22 Grundschülern einer vierten Klasse, zehn Studierenden, einer begleitenden Klassenlehrkraft sowie einem Dozenten durchgeführt.

Im Vorbereitungsseminar (siehe Abschn. 7.2.1) wurden durch die Studierenden folgende Themen vorbereitet und entsprechende Expertengruppen gebildet:

- Geologie und Geomorphologie (Entstehung der Alpen, Gletscher, Alpenvorland)
- Klima und Vegetation (Wetterbeobachtung, regionaltypische Pflanzengesellschaften)
- Naturgefahren (Vulnerabilität und Gegenmaßnahmen)

- (Massen-)Tourismus in den Alpen (Sommer, Winter, Sonderformen)
- Landwirtschaft und Siedlungsformen im Alpenraum (Landschafts- und Siedlungswandel)
- Brauchtum und Geschichte im Bayerischen Oberland (Traditionen, Kirchen, Lüftlmalerei, Holzschnitzerei, Bedeutung Ludwig II für den Raum)

Als übergreifende Kompetenz wurde die Orientierung (Orientierung ohne Hilfsmittel und mit Karte, Kompass, GPS) in sämtlichen Gruppen umgesetzt.

Wie man der Zeitplanung entnehmen kann, gab es auf der Exkursion Phasen, in welchen die gesamte Exkursionsklasse an einem Standort war (Abb. 7.3). Hier kam es zur temporären Arbeit in den Expertengruppen, zum Beispiel um Fachmethoden wie Touristeninterviews oder Gesteinsbestimmungen durchzuführen. Das erworbene Wissen der Expertengruppen wurde dann wieder im Plenum geteilt.

	So 10.	Mo 11.	Di 12.	Mi 13.	Do 14.	Fr 15.
07:30		Wecken	Wecken	Wecken	Wecken	Wecken
08:00		Frühstück	Frühstück	Frühstück	Frühstück	Frühstück
08:30						
09:00						
09:30		Stadtrallye				
10:00		Ober-				
10:30		ammergau		Fahrt nach		
11:00				Garmisch-		
11:30	Anreise		Wanderung	Parten-	Wanderung	
12:00	(Treffen: 9:10Uhr	Mittagessen	Schloss	kirchen	Ettal, Laaber	Abreise
12:30	Hbf Würzburg im		Linderhof,	(Partnach-		(Rückkehr 16:16
13:00	Eingangsbereich,		Rückfahrt mit	Klamm +		Uhr WÜ Hbf)
13:30	Abfahrt 9:42 Uhr)	Freizeit	ÖPNV	Stadt-		
14:00				erkundung)		
14:30						
15:00						
15:30		Arbeit in den				
16:00		Gruppen (in			Schwimm-	
16:30	Zimmer	der JuHe oder			bad	
17:00	beziehen,	außerhalb)	Freizeit	Freizeit		
17:30	Freizeit					
18:00	Abendessen	Abendessen	Abendessen	Abendessen	Abendessen	
18:30						
19:00		Arbeit in den			Arbeit i.d. Gr.	
19:30	Arbeit in den	Gruppen	Arbeit in den	Arbeit in den	Präsentatio-	
20:00	Gruppen		Gruppen	Gruppen	nen der	
20:30		Nacht-			Gruppen	
21:00	SuS auf Zimmer	wanderung	SuS auf Zimmer	SuS auf Zimmer		
21:30	Nachtruhe		Nachtruhe	Nachtruhe	Nachtruhe	
22:00	Reflexion	Nachtruhe	Reflexion	Reflexion	Reflexion	
22:30		Reflexion				
23:00						

Abb. 7.3 Zeitplan Lehr-Lern-Exkursion nach Oberammergau mit einer Grundschulklasse (D. Wirth)

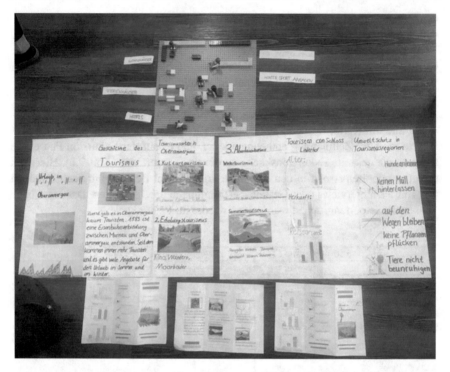

Abb. 7.4 Präsentationsergebnis der Expertengruppe „Tourismus" (D. Wirth)

Am späten Nachmittag und Abend gab es z. B. auch Vertiefungsphasen, in denen die Expertengruppen an separaten Standorten unterwegs waren, um die Abschlusspräsentationen vorzubereiteten (Abb. 7.4).

Neben der inhaltlichen Arbeit in den Expertengruppen wurden auch erlebnis-pädagogische Elemente in die Aktivitäten eingewoben. Zu erwähnen ist, dass im Grundschulbereich immer wieder Phasen der Entspannung und Erholung ein-gebaut werden, da die Schülerinnen und Schüler in diesem Alter sonst überfordert werden können. Die Erfahrung zeigt jedoch, dass die tatsächliche Lernzeit auf einer Lehr-Lern-Exkursion ungleich höher als die des „regulären" Unterrichtes ist.

Fazit

Scheut man als Hochschuldozierende/r den recht hohen Aufwand des Modells der Lehr-Lern-Exkursion nicht, so ermöglicht man allen Beteiligten einen deutlichen Mehrwert gegenüber herkömmlichen exkursionsdidaktischen Lehrveranstaltungen. Durch die jahrelange Erfahrung der Würzburger Geo-graphiedidaktik mit diesem Modell kann auf eine Vielzahl erfolgreicher Lehr-Lern-Exkursionen mit Schülerinnen und Schülern verschiedener Schularten und Jahrgangsstufen zurückgeblickt werden. Etwa 500 Lehramtsstudierende profitierten bereits von diesem Veranstaltungsformat. Die Rückmeldungen waren und sind sehr positiv, sei es am Ende des Studiums von Studierenden oder von Lehrkräften im Schuldienst. Häufig wird hierbei die hohe Bedeutung für die Vorbereitung auf die umfangreichen Aufgaben als Lehrperson hervorgehoben.

Schulgeographen unterstellen der Hochschuldidaktik mitunter eine gewisse Praxisferne. Liefert dieses Modell nicht die Möglichkeit, den „Elfenbeinturm" zu verlassen und am Puls der Schule zu fühlen?

Das Fragenstellen als Methode der Raumerschließung – Selbstorganisierte Exkursionen von Studierenden für Studierende

Anne-Kathrin Lindau und Tom Renner

▶   Im vorliegenden Artikel wird ein Studienmodul dargestellt, welches das Fragenstellen als Strategie der Erkenntnisgewinnung während einer Exkursion innerhalb der universitären Lehre in den Fokus rückt. In diesem Zusammenhang spielen die Studierenden bei der Planung, Durchführung und Auswertung der Exkursion, die am Beispiel der nördlichen Toskana vorgestellt wird, die zentrale Rolle. So übernehmen sie die Funktion der Exkursionsleiterinnen und -leiter, indem sie in einem Vorbereitungsseminar eine mehrtägige Exkursion in Kleingruppen planen. Dabei werden in der Planung Arbeitsphasen im Plenum sowie in Kleingruppen unterschieden. Während der Exkursion übernimmt jeweils eine Gruppe von Studierenden die Verantwortung für einen Exkursionstag, während die anderen Studierenden die Rolle der Exkursionsteilnehmenden einnehmen. Die zwei Dozierenden, die das Seminar und die Exkursion begleiten, haben vorwiegend die Rolle der Beratenden inne. Integrativer Bestandteil des Moduls sind umfassende individuelle und kollektive Reflexionsphasen. Das hier vorgestellte Exkursionsbeispiel ist für Lehramtsstudierende im Fach Geographie konzipiert, lässt sich aber auch auf andere Studiengänge (z. B. Bachelor/Master Geographie) und andere Studienfächer übertragen bzw. ausweiten.

A.-K. Lindau (✉)
Geographiedidaktik und Bildung für nachhaltige Entwicklung,
Katholische Universität Eichstätt-Ingolstadt, Eichstätt, Deutschland
E-Mail: anne.lindau@ku.de

T. Renner
Didaktik der Geographie, Martin-Luther-Universität Halle-Wittenberg, Halle (Saale),
Deutschland
E-Mail: tom.renner@geo.uni-halle.de

© Springer-Verlag GmbH Deutschland, ein Teil von Springer Nature 2020
A. Seckelmann und A. Hof (Hrsg.), *Exkursionen und Exkursionsdidaktik in der Hochschullehre*, https://doi.org/10.1007/978-3-662-61031-2_8

Die Wissenschaftsdisziplin Geographie gilt als Systemwissenschaft und ist durch eine hohe Gegenwarts- und Zukunftsbedeutsamkeit sowie einen großen Bezug zur Lebenswirklichkeit gekennzeichnet. Ein zentrales Feld in der universitären Lehre stellt die Analyse von Räumen dar, indem das Zusammenwirken von natur- und humangeographischen Strukturen, Funktionen und Prozessen im Mittelpunkt der Betrachtungen steht (Gebhardt et al. 2011; DGfG 2017). Ziel ist es dabei, dass die Lernenden die Fähigkeit zur Analyse von Räumen und eine damit verbundene Raumverhaltenskompetenz entwickeln, worunter ein situationsgerechtes, problemorientiertes und nachhaltiges Handeln verstanden wird (Köck 2005; Gebhardt et al. 2011; DGfG 2017).

Exkursionen zählen zu den grundlegenden Methoden, die der Raumerkundung und -erschließung im Gelände dienen. Die verwendeten Exkursionskonzepte nehmen ein breites Spannungsfeld zwischen Instruktion und Konstruktion ein, wodurch sich die Aktivitätsformen und -anteile der Lehrenden und Lernenden stark unterscheiden (Hemmer und Uphues 2009).

Im Kontext der Wahrnehmung, Analyse und Reflexion von Räumen ist es ein Ziel von Exkursionen, Erkenntnisgewinnungsprozesse bei Lernenden anzubahnen bzw. auszulösen (Heynoldt 2016). Nach Levin (2005) sowie Niegemann und Stadler (2001) besitzt das Formulieren von Fragen in diesem Zusammenhang große Potenziale, da das Fragenstellen als wichtige Strategie im Erkenntnisgewinnungsprozess gilt. Wenn vor, während und nach Exkursionen eigene Fragen als Ergebnis der medialen oder direkten Raumannäherung basierend auf persönlichen Interessen, Kenntnissen und Fähigkeiten der Teilnehmenden entwickelt werden, können diese den individuellen Prozess der Erkenntnisgewinnung langfristig gestalten und unterstützen.

8.1   Konzeption des Studienmoduls „Regionale Geographie (Fachwissenschaft/Fachdidaktik)"

Im Folgenden wird die Konzeption des obligatorisch zu belegenden Studienmoduls „Regionale Geographie (Fachwissenschaft/Fachdidaktik)" am Beispiel einer siebentägigen Exkursion (exklusive je eines Hin- und Rückreisetages) in die nördliche Toskana dargestellt, welches am Institut für Geowissenschaften und Geographie der Martin-Luther-Universität Halle-Wittenberg angeboten wird (Tab. 8.1 und 8.2).

Tab. 8.1 Übersicht zum Konzept

Zielgruppe	Studierende des Lehramtes an Gymnasien, Sekundar- und Förderschulen im Fach Geographie, 6. Semester
Gruppengröße	14–21 Studierende pro Jahr (in sieben Kleingruppen zu je zwei bis drei Personen)
Kontext	Erkenntnisgewinnung durch eine geographische Raumanalyse im Realraum
Studienleistung	Führen eines Exkursionsportfolios
Prüfungsleistung	Schriftlicher Entwurf zur Planung eines Exkursionstages mit Reflexion der Exkursionsplanung und -durchführung
Ergebnis	Planung, Durchführung und Auswertung eines Exkursionstages sowie dessen Einbettung in das selbstentwickelte Konzept für eine Exkursionswoche

Tab. 8.2 Praktische Hinweise

Elemente	Lehrende	Studierende
Voraussetzungen	• Ortskenntnisse sind von Vorteil • Systemisches geographisches/geowissenschaftliches und hochschuldidaktisches Wissen und Können	• Grundlagenwissen zur Geographie sowie Fähigkeiten zur Raumanalyse • Erfahrungen im Planen von Lerneinheiten sind von Vorteil
Technische Voraussetzungen	• Kompetenzen im Bereich der Geländearbeit • Befähigung zum Einsatz mobiler Endgeräte zur Erkenntnisgewinnung im Gelände (z. B. GPS-Koordinaten, Tracking, Apps zur Pflanzen- und Gesteinsbestimmung) • Zugang zu Endgeräten für den Einsatz in der Lehre, deren technische Leistungsfähigkeit den jeweiligen Einsatz im Gelände erlaubt • Bereitstellung von Materialien und Geräten für die Geländearbeit • Organisation von Transport und Übernachtungen	• Grundkenntnisse im Bereich der Geländearbeit • Befähigung zum Einsatz mobiler Endgeräte
Kosten	–	ca. 500 € (inklusive Hin- und Rückreise)
Vorbereitungsaufwand	Entwicklung der Modulkonzeption: Seminar und Exkursion (ca. 30 h)	• Fragen zum Exkursionsraum entwickeln (ca. 30 min) • Vorerfahrungen zu bisherigen Exkursionen darstellen (ca. 30 min)
Durchführungsaufwand	• Durchführung des Seminars (je 30 h für Dozierende) • Konsultationsgespräche mit sieben Kleingruppen (je 45 min) • Schriftliches Feedback zu den Exkursionsentwürfen der sieben Kleingruppen zu zwei Zeitpunkten (während und nach der Planungsphase, je Entwurf 3 h) • Durchführung der Exkursion (je 9 Tage für Dozierende; inklusive je 1 Tag An- und Abreise)	• Planung eines Tages innerhalb einer siebentägigen Exkursion durch Kleingruppen (je 2–3 Studierende) im Seminar (je 30 h für Studierende) • Verschriftlichung des Exkursionsentwurfes (ca. 20 h) • Weiterentwicklung bzw. Überarbeitung des Entwurfs nach zwei Feedbacks der Dozierenden (ca. 5 h) • Durchführung des Exkursionstages in Kleingruppen (ca. 8 h)
Nachbereitungsaufwand	Bewertung der finalen Exkursionsentwürfe der sieben Kleingruppen (je 3 h)	Individuelle schriftliche Reflexion des eigenen Exkursionstages (ca. 5 h)

8.2   Ziele

Das Modul „Regionale Geographie (Fachwissenschaft/Fachdidaktik)" umfasst Zielstellungen, die sowohl auf die fachwissenschaftliche als auch auf die fachdidaktische Qualifizierung der Studierenden ausgerichtet sind. Der Fokus liegt dabei auf der Durchführung einer fragegeleiteten geographischen Raumanalyse (siehe Exkursionsleitfrage) innerhalb eines für die meisten Studierenden unbekannten Raumes, indem fachwissenschaftliche, fachdidaktische und methodische Inhalte kombiniert werden. Dazu besteht für sie ein wichtiges Teilziel darin, durch die Anwendung von Geländemethoden Erkenntnisse zu generieren. Insgesamt sollen sich die Lehramtsstudierenden hinsichtlich der Planung, Durchführung und Reflexion einer selbst gestalteten Exkursion professionalisieren, indem sie auch ihr Professionswissen in den Dimensionen Fachwissen, fachdidaktisches Wissen und pädagogisches Wissen weiterentwickeln (Shulman 1986, 1987; Bromme 1997). Grundsätzlich sind die Modulziele, die in den Rahmenvorgaben „Lehrerausbildung an deutschen Universitäten und Hochschulen" (DGfG 2010) verankert sind, auch für Bachelor- und Masterstudierende des Faches Geographie und verwandte Fachrichtungen denkbar:

Fachliche Kompetenzen:

- „die Behandlung ausgewählter regionaler Inhalte und die Beherrschung der Erkenntnis- und Arbeitsmethoden des Faches" (S. 9)
- „eine verpflichtende Auswahl exemplarischer regionalgeographischer Themen, die vor allem auch in Form von Exkursionen und Geländepraktika im Nah- und Fernraum erarbeitet werden sollen" (S. 11)

Fachdidaktische Kompetenzen:

- „Studierende in die Lage versetzen, Exkursionen als fachspezifische Methode unter Berücksichtigung schulpraktischer Gegebenheiten planen und durchführen zu können" (S. 14)

Methoden:

- „Exkursionen" (S. 12)
- „Informationsbeschaffung im Gelände sowie durch Medien" (S. 12).

8.3   Theoretische Rahmung

8.3.1   Raumkonzepte

Die Geographie ist als Wissenschaft vom Raum auf die Analyse von räumlichen Sachverhalten und Einheiten in unterschiedlichen Maßstabsebenen (z. B. Erde, Erdteile, Länder, Regionen, Orte) spezialisiert (Gebhardt et al. 2011; Leser 2011).

Diesem eher sachorientierten und klassischen Zugang stehen zahlreiche Konzepte des Raumbegriffes aus fachwissenschaftlicher und fachdidaktischer Perspektive gegenüber, die stärker einem erkenntnistheoretischen Ansatz folgen (Rhode-Jüchtern 2013). Durch den Ende der 1980er Jahre einsetzenden „Spatial Turn" erweiterte sich das bisherige Raumverständnis, indem diesem die Annahme zugrunde gelegt wurde, dass Räume das Ergebnis sozialer Beziehungen sind, welche aus dem Interesse und Handeln von Individuen oder Gruppen erfolgen (Döring und Thielmann 2009). Dieses erweiterte Raumverständnis fand durch Wardenga (2002) Eingang in die deutschsprachige geographische Diskussion, wobei die Raumkonzepte mittlerweile als Basiskonzepte der Geographie anerkannt sind und im Folgenden kurz aufgeführt werden:

1. „Raum" als Container, in dem verschiedene Sachverhalte als Wirkungsgefüge von natürlichen und anthropogenen Faktoren verstanden werden, die das Ergebnis von landschaftsgestaltenden Prozessen oder ein Prozessfeld menschlicher Handlungen sind,
2. „Raum" als System von Lagebeziehungen materieller Objekte, wobei der Schwerpunkt der Fragestellung besonders auf der Bedeutung von Standorten, Lagerelationen und Distanzen für die Schaffung geographischer Wirklichkeiten liegt,
3. „Raum" als Kategorie von Sinneswahrnehmungen und damit „Anschauungsformen", mit deren Hilfe Individuen ihre Wahrnehmungen einordnen und so Handlungen „räumlich" differenzieren,
4. „Raum" wird in der Perspektive seiner sozialen, politischen, technischen und gesellschaftlichen Konstruiertheit aufgefasst, indem danach gefragt wird, wer unter welchen Bedingungen und aus welchen Interessen wie über Räume kommuniziert und sie durch fortlaufendes Handeln produziert und reproduziert (Wardenga 2002; Rhode-Jüchtern 2011).

Insofern kann der Raumbegriff als grundlegende Basis (Wardenga 2002) sowie als „Schlüssel-, Zentral- und Leitkategorie" (Köck 2006, S. 25) der Geographie sowie des Geographieunterrichts verstanden werden. Die Abb. 8.1 zeigt die Raumkonzepte als Basiskonzepte der Geographie, die als Grundlage für die Analyse von Räumen dienen.

8.3.2 Fragen-an-den-Raum-Stellen als Methode der Erkenntnisgewinnung

Durch das Stellen von Fragen können die Lernenden ihre eigenen Interessen einbringen. Ross und Killy (1997) stellten fest, dass Lernende, die Antworten auf selbst gestellte Fragen finden, einen höheren Behaltens- und Lerneffekt von Inhalten nachweisen können (zit. nach Rademacher und Kindler 2006). So erweitern vor allem Kinder zwischen dem dritten und fünften Lebensjahr ihren Wissenshorizont, indem sie aktiv Fragen entwickeln. Durch den aktiven Prozess des

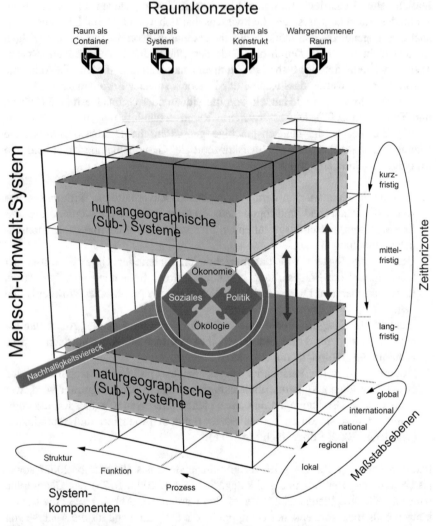

Abb. 8.1 Raum- und Basiskonzepte der Geographie (Fögele 2016, S. 73)

Fragenformulierens erfolgt die Erkenntnisgewinnung strukturiert und kann als Lernstrategie für das Lösen zukünftiger Problemstellungen erworben werden. In der empirischen Studie von Rosenshine et al. (1996) konnte nachgewiesen werden, dass das Fragenstellen für den universitären Bereich eine effektive Lernstrategie darstellt, wobei die genauen Wirkungsmechanismen noch Klärungsbedarf aufweisen (zit. nach Levin und Arnold 2004). Die Anwendung des Fragenstellens als Lernstrategie und als Instrument der Wissensaneignung und Problemlösung setzt jedoch ein Training voraus (Neber 1996; Levin und Arnold 2004). Für das Fach Geographie wurde auf die Bedeutsamkeit des Fragenstellens durch Rhode-Jüchtern (2006) mithilfe der Methode Fragen-an-den-Raum-Stellen hingewiesen, indem Fragen zur Erschließung von geographischen Räumen sowie zur Entwicklung eines geographischen Konzeptverständnisses genutzt werden. Die Methode des Fragenstellens ermöglicht eine offene und lernendenzentrierte Raumannäherung und -erschließung sowie die Thematisierung bzw. Integration von Raumkonzepten (Wardenga 2002) und Basiskonzepten (DGfG 2017). Das Formulieren von Fragen dient der Erkenntnisgewinnung, indem die Lernenden durch das Einnehmen einer Fragehaltung für einen geographischen Raum sensibilisiert werden können (Lindau und Renner 2017, 2018, 2019). Ausgelöst werden Fragen durch das Entstehen von Wissenslücken oder das Wecken von Interessen für den konkreten Raum. Dies wiederum dient Lernenden als Voraussetzung, um sich aktiv einem Fachinhalt bzw. geographischen Raum zu nähern und im besten Falle effektiv und langfristig Lernerfolge zu erzielen. Durch sogenannte epistemische Fragen entwickeln die Lernenden ihre lernstrategischen Aktivitäten zur Generierung von Erkenntnissen und Wissen über den Raum (Neber 1996; Niegemann und Stadler 2001; Levin und Arnold 2004; Rademacher und Kindler 2006). Findet die Methode Fragen-an-den-Raum-Stellen (Rhode-Jüchtern 2013) im Rahmen von geographischen Exkursionen Anwendung, so können positive Effekte für die Lernenden, einen Raum auf der Grundlage der eigenen Wahrnehmung „lesen" zu lernen sowie aus der eigenen Perspektive zu reflektieren, erwartet werden (Dickel und Glasze 2009; Rhode-Jüchtern 2013). Durch die Verknüpfung verschiedener Raumkonzepte (Wardenga 2002) mit den eigenen Beobachtungen und Vorkenntnissen erfolgt hinsichtlich der Wahrnehmung von Strukturen, Funktionen sowie Prozessen innerhalb eines Exkursionsraums eine Sensibilisierung für die Entwicklung des eigenen Systemverständnisses. Gleichzeitig spielen die Fragen nach den Ursachen und Folgen der beobachteten Raumphänomene im Kontext von Ursache-Wirkungsbeziehungen und des Mensch-Umwelt-Systems in zeitlicher und räumlicher Dimension eine bedeutende Rolle (DGfG 2017).

Zur Eignung von Fragetypen zur Raumerkundung und -erschließung
Für die Erfassung bzw. Erkundung von Exkursionsräumen, die für die Exkursionsteilnehmenden unbekannt sind, kann sich die Verwendung von Ergänzungsfragen (offene Fragen) anbieten, die mithilfe von W-Fragewörtern (z. B. Wo? Was? Wie? Warum?) gestellt werden. Durch die Verwendung der Fragewörter können eine möglichst offene Informationsgewinnung gewährleistet sowie vielfältige Raum- und Zeitdimensionen angesprochen werden, z. B. Wo? – Lage, Wohin? – Lagebeziehungen, Wann? – Zeitdimension, Warum? – Kausalitäten, Wer? – Akteurinnen und Akteure (Lindau und Renner 2018, 2019). Dagegen schränkt die

Verwendung von Entscheidungsfragen (geschlossene Fragen) die differenzierte Erschließung von Sach- und Rauminformationen ein, da auch die Antwortmuster stark reduziert (ja/nein; wahr/falsch; z. B. Gibt es ausreichend Niederschlag für das Wachstum der Pflanzen?) und somit für die Erkenntnisgewinnung weniger geeignet sind (Lindau und Renner 2017, 2019).

Das Fragenstellen der Exkursionsteilnehmenden setzt die mediale und/oder direkte Wahrnehmung des geographischen Raumes voraus und regt im Idealfall einen intensiven Erkenntnisgewinnungsprozess an, der eine vertiefte Auseinandersetzung mit dem zu analysierenden Landschaftsausschnitt integriert. Lindau und Renner (2019) zeigen, dass das Fragenstellen an den Raum zum einen die Raumbeobachtung durch die Fragenden intensiviert sowie strukturiert und zum anderen das Niveau der Fragestellungen und deren Komplexität über das Studienmodul hinweg ansteigen, was sich u. a. in der zunehmenden Berücksichtigung der verschiedenen Raum- und Basiskonzepte widerspiegelt.

8.4   Aufbau des Moduls

Das Modul „Regionale Geographie (Fachwissenschaft/Fachdidaktik)" gliedert sich in die zwei Veranstaltungsformen Seminar und Exkursion. Das Seminar umfasst 30 Stunden (zwei Semesterwochenstunden) und findet im Sommersemester zweiwöchentlich in Vier-Stunden-Blöcken mit insgesamt sieben Veranstaltungen statt. Die siebentägige Exkursion führt in die nördliche Toskana (Abb. 8.2) und beginnt ca. acht bis zehn Wochen nach dem Seminar. Weiterhin sind noch ein Hin- und Rückreisetag hinzuzuzählen, so dass der Gesamtaufenthalt auf neun Exkursionstage zu beziffern ist. Der Exkursionsraum wurde gewählt, weil er eine vielfältige Ausstattung besitzt sowie die damit zusammenhängenden Mensch-Umwelt-Beziehungen sichtbar werden (z. B. Marmorabbau (Carrara) und Mamorverwendung (Pisa, Florenz)); Flach- und Steilküste sowie Tourismus; Besiedlung und Gewinnung von landwirtschaftlichen Nutzflächen (Region um Pisa, Lago de Massaiocculi), Hochgebirge und Küstenbereich (Apuanische Alpen und Versilia am Tyrrhenischen Meer).

Das Ziel des Moduls ist es, dass die Studierenden eine selbstorganisierte Exkursion in einen für sie unbekannten geographischen Raum planen, durchführen und reflektieren. Die Tab. 8.3 gibt einen Überblick über die inhaltlichen Schwerpunkte der Seminare.

Im Seminar setzen sich die Studierenden zu Beginn mit der Entwicklung und Modellierung der professionellen Handlungskompetenz von Lehrkräften (Baumert und Kunter 2006) auseinander. Daran anschließend erarbeiten sie die Raum- und

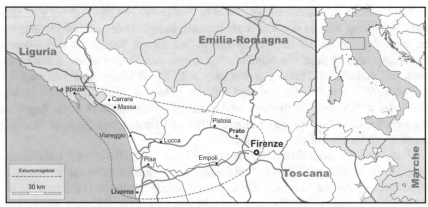

Quelle (verändert): https://d-maps.com/m/europa/italia/toscane/toscane37.pdf ; https://d-maps.com/m/europa/italia/italie/italie10.pdf

Abb. 8.2 Karte mit Exkursionsraum der nördlichen Toskana. (Autor: M. Breuer unter Verwendung von https://d-maps.com/m/europa/italia/toscane/toscane37.pdf und https://d-maps.com/m/europa/italia/italie/italie10.pdf). Die Erlaubnis der Kartennutzung und -veränderung findet sich unter folgendem Link: https://d-maps.com/conditions.php?lang=de

Tab. 8.3 Schematischer Ablauf und Inhalte der Seminare

Seminar	
1. Seminartermin	Ziele, Ablauf der Lehrveranstaltung, Seminar- und Exkursions-konzept, Portfolio und Reflexionsfähigkeit, Mental Map, Fragen an den Raum, Literaturrecherche
2. Seminartermin	Raumkonzepte und Exkursionsformen, Strategiebildung zur Exkursionsplanung
3. Seminartermin	Planen der Exkursionstage (fachliche Annäherung)
4. Seminartermin	Planen der Exkursionstage (Zielformulierung, Inhalts- und Raumauswahl)
5. Seminartermin	Planen der Exkursionstage (methodisches Vorgehen), schriftliches Feedback durch Dozierende
6. Seminartermin	Planen der Exkursionstage (methodisches Vorgehen), Konsultationen der Exkursionsgruppen durch die Dozierenden
7. Seminartermin	Planen der Exkursionstage (methodisches Vorgehen), Exkursions-konzeption und -organisation, danach schriftliches Feedback durch Dozierende

Basiskonzepte der Geographie mithilfe der Literatur von Wardenga (2002), Budke und Wienecke (2009) sowie Dickel und Glasze (2009) u. a. und beziehen diese auf exkursionsdidaktische Fragestellungen. Dazu wenden sie die Raumkonzepte in einer praktischen Übung auf dem Campusgelände (Wahrnehmung eines Geländes aus der Bodenperspektive sowie von einem Aussichtspunkt im Vergleich) an und diskutieren diese umfassend hinsichtlich geographischer Exkursionen.

Die Methode der Raumanalyse nimmt in Form einer Exkursion dabei eine zentrale Bedeutung ein, da der Raum als leitende Kategorie des Faches Geographie zu verstehen ist. In der als Blockseminar (mit sieben Terminen) organisierten Planungsphase arbeiten die Studierenden neben den theoretischen Konstrukten auch mit praktischen Planungsfragen, wie z. B. der Bildung einer Leitfrage für die gesamte Exkursion. Im weiteren Seminarverlauf organisieren die Studierenden unter fachwissenschaftlichen, -didaktischen sowie -methodischen Aspekten die sieben Exkursionstage eigenverantwortlich in Kleingruppen (je zwei oder drei Studierende für einen Exkursionstag).

Nach den theoretischen Grundlagen und der Vorstellung des Exkursionsraumes der nördlichen Toskana diskutieren die Studierenden eine ganzheitliche thematische Ausrichtung, die in einer Leitfrage mündet. Dazu und für die Absprachen zwischen den Exkursionstagen debattieren die Gruppen immer wieder im Plenum, nachdem sie separiert voneinander Recherchen betreiben und planen. Die Exkursion zielt dabei auf eine Erkenntnisgewinnung im Realraum und die Reflexion darüber ab.

Die Toskana-Exkursion 2017: Exkursionsleitfrage und Tagesthemen der Studierenden
Die folgenden Orte sowie Leitfragen bzw. Problemstellungen wurden von den Studierenden für die einzelnen Exkursionstage der Toskana-Exkursion im Jahr 2017 ausgewählt:

Exkursionsleitfrage: „Der Naturraum Toskana in der Hand des Menschen? Einflüsse und Auswirkungen der Raumnutzung auf die Toskana"

Tag 1   Viareggio – Naturstrand versus Kulturstrand: Artenvielfalt im Brennpunkt
Tag 2   Lucca und Umgebung – Verarbeitung, Nutzung und Vertrieb regionaler landwirtschaftlicher Produkte
Tag 3   Carrara – Der steinerne Schnee der Apuanischen Alpen: Wenn die Berge zu Opfern werden
Tag 4   Florenz – Leben in der Toskana zwischen Anpassung und Tradition
Tag 5   Die Garfagnana – ein Gebirgstal zwischen Natur, Kultur und Wirtschaft
Tag 6   La Palmaria – vom militärischen Außenposten zum touristischen Ort?
Tag 7   Cinque Terre – Ein einzigartiges Zusammenspiel von Mensch und Natur?

Nach einer fachlichen Annäherung und Zielformulierung sowie Inhalts- und Raumauswahl (u. a. Festlegung von möglichen Exkursionsstandorten) durch die Studierenden finden eine schriftliche Rückmeldung zu den Exkursionsentwürfen durch die Lehrpersonen sowie umfassende Konsultationen zwischen den

Kleingruppen und den beiden Dozierenden statt. Die Aufgabe der Lehrenden besteht dabei primär in einem Feedback, das häufig ebenso durch das Stellen von Fragen charakterisiert ist, um die Studierenden zu einem kritischen Nachdenken hinsichtlich ihrer bisherigen Planungen zu animieren. Die Methode des Fragenstellens wird dabei immer wieder angewendet und somit eine erste, sehr offene Raumananäherung ermöglicht, die auf einer medialen Grundlage erfolgt. In den folgenden Sitzungen werden verstärkt die methodischen Überlegungen in den Fokus gerückt, die beispielsweise die Auswahl von Geländemethoden und der zugehörigen Medien und Materialien beinhalten. In der abschließenden Sitzung bewerben die Studierenden ihren eigenen Exkursionstag, um die Kommilitoninnen und Kommilitonen mit Blick auf die Durchführung zu motivieren. Weiterhin stellen sie die benötigte Ausrüstung sowie die anfallenden Kosten für die Exkursionstage (z. B. Eintrittsgelder, Kosten für Führungen, Zug und Fähre) vor. Die Vorschläge werden abschließend unter den Perspektiven der Exkursionsleitfrage diskutiert. Zwei Wochen nach Abschluss des Seminars schicken die Studierenden ihre Exkursionsentwürfe mit den entsprechenden Materialien an die Dozierenden, die die Planungen in der Folge schriftlich kommentieren, sodass die Studierenden bis zur Exkursion Zeit haben, um die finalen Exkursionsentwürfe zu erstellen.

Die Exkursion findet in der Regel Ende August bis Anfang September für neun Tage statt. Für die Hin- und Rückreise wird jeweils ein Reisetag eingeplant, für die Kleinbusse zu Verfügung stehen. Die sieben Exkursionstage vor Ort werden von den jeweiligen Vorbereitungsgruppen geleitet. Dazu werden die Kommilitoninnen und Kommilitonen am Vorabend über den Tagesablauf informiert. Den Exkursionstag beginnen die Studierenden mit einer thematischen Motivierung, bestimmen die Exkursionsroute und lokalisieren dazu die einzelnen Standorte mithilfe einer Karte. Nach dem Erreichen des ersten Exkursionsstandortes haben die Studierenden ca. vier Stunden Zeit, um ihre Exkursionsplanung umzusetzen, die durch eine Mittagspause von einer Stunde ergänzt wird. Die Exkursionsdurchführung erfolgt je nach Thema und Standortwahl in erster Linie durch die Methode der Raumbetrachtung bzw. -analyse, des Fragenstellens an den Raum und der zugehörigen Suche nach möglichen Antworten (Abb. 8.3). Gestaltet wird diese Vorgehensweise durch passende Geländemethoden, wie z. B. Gesteinsbestimmungen, Boden- und Wasseranalysen, Kartierungen, Befragungen und Führungen. Am Ende des Exkursionstages gehen die Studierenden auf die formulierte Tagesleitfrage ein, wobei sie zusätzlich immer einen Rückbezug auf die Wochenleitfrage herstellen. Daran schließt sich eine Reflexionsphase an, die insgesamt 90 bis maximal 120 min dauert. Dazu übernimmt die leitende Exkursionsgruppe den ersten Teil der Auswertung, indem sie wechselnde Reflexionsmethoden (z. B. Dartscheibe, anonymer Brief, Wetterbericht) einbeziehen. Die so begonnene Reflexion wird in einer offenen Diskussion zu unterschiedlichen Schwerpunkten (z. B. Zielstellung, Inhaltsauswahl, Standortauswahl, Einbindung der Leitfragen, didaktische Strukturierung, Basis- und Raumkonzepte, methodische Vorgehensweise, Geländemethoden und Persönlichkeiten der Exkursionsleitung) fortgeführt.

Abb. 8.3 Impressionen von der durch Studierende organisierten Exkursion

Nach dieser mündlichen Auswertung in der Gruppe schließt sich eine individuelle Portfoliozeit an, in der alle Studierenden und Dozierenden den Tag schriftlich hinsichtlich des Beitrags der Exkursion zum eigenen Erkenntnisgewinn sowie zur eigenen Professionalisierung reflektieren. Zum Ende der Exkursionswoche erfolgt zusätzlich eine gemeinsame Diskussion zum erstellten Exkursionskonzept und zur -umsetzung sowie zum Kompetenz- und Wissenserwerb vor dem Hintergrund der Professionalisierung zur Lehrkraft.

Erkenntnisgewinne visualisieren: Mental Maps und Concept Maps
Eine weitere Option, den Erkenntnisgewinn für die Studierenden sichtbar zu machen, ist das Erstellen von individuellen Mental Maps (kognitiven Karten) und Concept Maps. Während die Studierenden die Mental Maps vor und nach dem Seminar sowie nach der Exkursion zeichnen, so entwickeln sie ihre Concept Maps in ihrer Kleingruppe auch nach jedem Exkursionstag weiter. Durch den Vergleich der Mental Maps und Concept Maps können weitere Frage- und Reflexionsprozesse angeregt werden. Die Abb. 8.4 und Abb. 8.5 zeigen beispielhafte Mental Maps. Die Abbildungen Abb. 8.6 und Abb. 8.7 zeigen je eine Concept Map vor und nach dem Studienmodul.

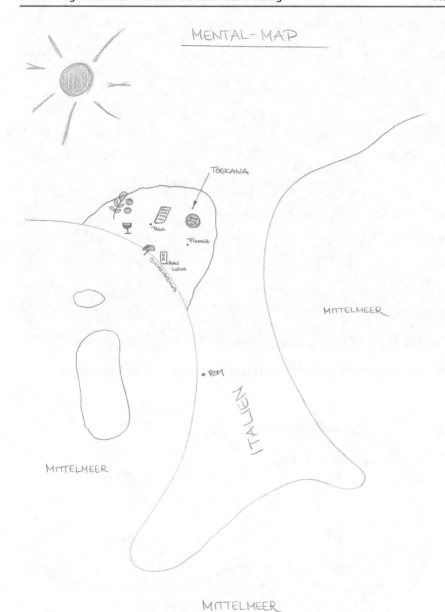

Abb. 8.4 Beispiel einer Mental Map zum Exkursionsraum zu Beginn des Studienmoduls

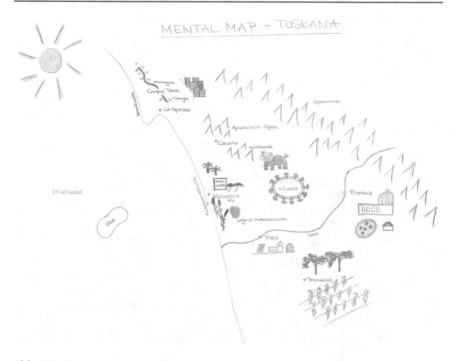

Abb. 8.5 Beispiel einer Mental Map zum Exkursionsraum am Ende des Studienmoduls

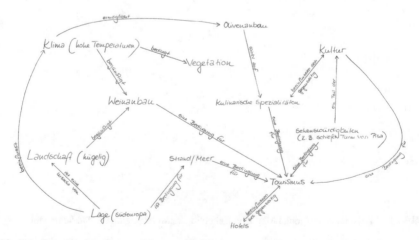

Abb. 8.6 Beispiel einer Concept Map zum Exkursionsraum zu Beginn des Studienmoduls

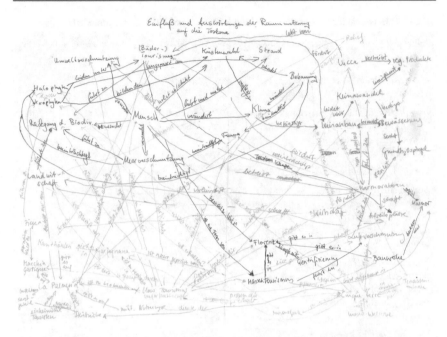

Abb. 8.7 Beispiel einer Concept Map zum Exkursionsraum am Ende des Studienmoduls

Während des gesamten Moduls wird der Methode des Fragen-an-den-Raum-Stellens besondere Beachtung geschenkt (Abschn. 8.3.2), indem die Studierenden durch das Formulieren von Fragen für den Exkursionsraum sensibilisiert sowie für einen aktiven Erkenntnisgewinn über den Exkursionsraum angeregt werden. Dazu formulieren die Studierenden am Beginn und am Ende des Seminars sowie am Ende der Exkursion Fragen zum Exkursionsraum. Die Tab. 8.4 zeigt Beispiele von Fragestellungen, die zu unterschiedlichen Zeitpunkten der Exkursion erfasst wurden, deren Zuordnung zu den Raum- und Basiskonzepten sowie den Niveaustufen. Festgestellt werden konnte, dass die Studierenden im Verlauf der Exkursion stärkeren Bezug zu den Raum- und Basiskonzepten nahmen sowie das Niveau der Fragestellungen, im Sinne von Komplexitätsgraden, steigerten (nähere Ausführungen bei Lindau und Renner 2019).

8.5   Studien- und Prüfungsleistung

8.5.1   Studienleistung - Das Exkursionsportfolio

Während des gesamten Studienmoduls führen die Studierenden ein Exkursionsportfolio. Dieses besteht aus einem A5-Ringbuch-Ordner, in das zu Beginn weiße Blätter und Klarsichtfolien eingeheftet werden. Das Portfolio dient einerseits als

Tab. 8.4 Beispiele für Fragestellungen (Lindau und Renner 2019, S. 38, verändert)

Frage	Raumkonzept	Basiskonzept	Niveau der Frage
Am Beginn des Seminars			
Wie entstanden die Landschaftsformen?	System von Lagebeziehungen	Prozess	I
Warum stellt die nördliche Toskana ein besonders interessantes Ziel für den Tourismus dar?	Subjektive Wahrnehmung	Struktur	II
Am Ende des Seminars			
Welche Aufwendungen müssen betrieben werden, um aus der Geothermie einen Nutzen ziehen zu können?	System von Lagebeziehungen	Prozess, Mensch-Umwelt	III
Wie stark ist der Tourismus im Vergleich zu anderen europäischen Ländern bzw. Regionen des Landes ausgeprägt?	Container	Struktur, Maßstab	II
Am Ende der Exkursion			
Was zieht die Touristen der nördlichen Toskana mehr an, ein Kultur- oder Naturstrand?	Subjektive Wahrnehmung	Struktur, Mensch-Umwelt	II
Welche Programme gibt es im Sinne der Nachhaltigkeit, die vom Staat angeordnet werden (z. B. Recycling und Pfand)?	Container	Struktur, Bildung für nachhaltige Entwicklung	III

Sammelmappe von Informationen in Form von Mitschriften, Kopien, Materialien (z. B. Postkarten) und kleineren Originalgegenständen (z. B. Pflanzenteile), wobei die individuelle Ausgestaltung (z. B. Ergänzungen durch Zeichnungen und persönliche Kommentare) den Studierenden obliegt. Anderseits hat das Portfolio die Funktion, Reflexionen hinsichtlich der eigenen Professionalisierung zu dokumentieren, die sich auf die Entwicklung der fachlichen, fachdidaktischen, pädagogischen sowie organisatorischen Kompetenzen beziehen (Häcker 2002). Die Arbeit mit und am Portfolio ist obligatorischer Bestandteil der Seminare und der Exkursion. Dabei orientieren sich die Studierenden an den Ebenen der Reflexion nach Bräuer (2016), wie in Tab. 8.5 dargestellt. Die Reflexionsebenen werden bereits im Vorbereitungsseminar thematisiert, um die Studierenden für die einzelnen Elemente von Reflexionen zu sensibilisieren.

Tab. 8.5 Ebenen der Reflexion (Bräuer 2016, S. 217)

Ebenen der Reflexion	4	Planen	… von Handlungsalternativen
	3	Beurteilen	… auf Basis (an)erkannter Kriterien
		Bewerten	… im Vergleich mit Erwartungen bzw. anderen Leistungen
	2	Interpretieren	… mit Blick auf die Konsequenzen aus der eigenen Handlung
		Analysieren	… mit Bezug auf die eigenen Handlungen
	1	Dokumentieren	… mit Bezug zur Gesamthandlung
		Beschreiben	… der absolvierten Handlung

Das Exkursionsportfolio der Studierenden beinhaltet die folgenden obligatorischen Bestandteile:

- Exkursionsvorerfahrungen (Einzelarbeit)
- Fragestellungen und Reflexionen (Einzelarbeit)
- Dokumentationen zum Seminar und zur Exkursion (Einzelarbeit)
- Planung und Überarbeitung der Tagesexkursion (Gruppenarbeit)
- Materialien der einzelnen Exkursionstage (Gruppen- und Einzelarbeit)
- Reflexionen der Exkursionstage (Einzelarbeit)
- Reflexionen zu Tages- und Exkursionsleitfragen (Einzelarbeit)
- Reflexionen zu einzelnen Modulphasen (Einzelarbeit)
- Einschätzungen der eigenen Professionalisierung (Einzelarbeit).

Eine Bewertung in Form einer Note erfolgt nicht, da das Exkursionsportfolio ein individuelles Instrument für die Dokumentation und kritische Auseinandersetzung mit der eigenen Professionalisierung darstellt. Es wird lediglich geprüft, dass zentral vorgegebene Aspekte, wie z. B. die gemeinsamen Portfoliozeiten am Ende jeden Exkursionstages, sinnvoll genutzt werden. Die Erfahrungen der vergangenen Exkursionen zeigen, dass die regelmäßige Arbeit mit dem Portfolio dazu führt, dass die Studierenden dieses mehrheitlich mit großem Engagement und einem hohen Maß an Kreativität gestalten.

Die begleitenden Dozierenden führen ebenfalls während des gesamten Moduls ein Exkursionsportfolio, in dem ebenso wie bei den Studierenden die Exkursionsmaterialien dokumentiert sowie der Seminar- und Exkursionsverlauf aus hochschuldidaktischer Perspektive reflektiert werden.

8.5.2   Prüfungsleistung – Schriftlicher Entwurf zum eigenen Exkursionstag mit Reflexion

Die Prüfungsleistung wird durch die Studierenden in Form einer Exkursionsplanung (Gruppenleistung) sowie einer dazugehörigen Reflexion (Einzelleistung) erbracht. Dieser zu benotende Entwurf umfasst die während der Seminarveranstaltungen entwickelte Planung einer Tagesexkursion sowie die dazugehörigen

Materialien (z. B. Exkursionsroute, Bilder, Arbeitsblätter). Der Exkursionsentwurf umfasst dabei die folgende Gliederung: Thema, Vorüberlegungen, Bezug zu den Bildungsstandards und zum Lehrplan, Zielformulierung, Sachstrukturanalyse mit didaktischer Reduktion, didaktische und methodische Begründungen, Exkursionsverlaufsplanung sowie die Materialien, die zur Exkursionsdurchführung benötigt werden. Diese Planung wird nach der Exkursionsdurchführung durch eine schriftliche Reflexion (ca. 6–8 Seiten) erweitert, die den Exkursionsverlauf begründet diskutiert. Dazu nehmen die Reflexionen auf die Zielsetzung, die Inhalts- und Raumauswahl, die didaktische Strukturierung, die methodische Gestaltung u. a. Bezug. Der schriftliche Entwurf wird spätestens drei Wochen nach der Exkursion zur Bewertung eingereicht.

Die Bewertung des Exkursionsentwurfes sowie der dazugehörigen Reflexion erfolgt durch die beiden Dozierenden. Dabei wird der Fokus besonders auf die Herstellung des Raumbezuges in den didaktisch-methodischen Begründungen gerichtet. Eine zentrale Frage besteht darin, inwieweit es den Studierenden gelungen ist, für die gewählte Frage- bzw. Problemstellung geeignete Räume bzw. Standorte auszuwählen und zu begründen. Dazu sollen sie die Einbindung von Exkursions-, Raum- und Basiskonzepten sowie die Exemplarität des gewählten Themas und des gewählten Raumausschnitts erläutern. Ein weiteres Bewertungskriterium ist die Begründung der didaktischen und methodischen Entscheidungen sowie die Relevanz des Exkursionsthemas und des Exkursionsraums. Die von den Studierenden erstellten individuellen Reflexionen finden durch die Berücksichtigung ihrer Qualität (vgl. Ebenen der Reflexion, Bräuer 2016) Eingang in die Bewertung.

8.6   Praktische Hinweise zur Umsetzung der Exkursionskonzeption

Die folgenden Ausführungen basieren auf einer über zehnjährigen Exkursionserfahrung. So ist z. B. die Ortskenntnis der Dozierenden von Vorteil, da die Region der nördlichen Toskana neben bekannten Orten (z. B. Florenz oder Pisa) auch durch eher unbekannte potenzielle Exkursionsstandorte (z. B. Viareggio, Lago di Massaciuccoli, Garfagnana, Vinci) geprägt ist. Das Mitführen von guten Navigationsgeräten erleichtert es, sie zu finden, da die Beschilderung nicht immer ausreichend ist. Weiterhin wird empfohlen, die Exkursionen entweder mit einem Bus oder Kleinbussen durchzuführen, da der öffentliche Personennahverkehr nur bedingt geeignet ist, um die Exkursionsstandorte zu erreichen.

Darüber hinaus sind, wie bei allen Outdoor-Veranstaltungen, Kenntnisse in Erster Hilfe vorteilhaft.

Liste mit Exkursionsmaterialien
Für die Exkursionsplanung, -durchführung und -auswertung kann die folgende
Liste hilfreich sein:
- Portfolios (Empfehlung: A5-Ringordner)
- Papierbögen (Empfehlung: A5), Klarsichtfolien
- Stifte, Papier, feste Unterlage (z. B. Klemmbrett)
- Laptops, Tablets
- Fachliteratur, Reiseführer, Karten
- Tagesrucksack
- teilweise Wander- bzw. Trekkingschuhe
- Erste-Hilfe-Ausrüstung (Outdoor)
- Sonnenschutz, Insektenschutz, Zeckenzange
- ausreichend Getränke für die Exkursionstage
- Geräte für die Geländearbeit (je nach Ausrichtung der Exkursions-
  planungen):
  – Karten
  – Kompass
  – Wasserkoffer
  – Bodenkoffer
  – Fernglas
  – Geologenhammer, Salzsäure
  – Bestimmungsliteratur (Tiere, Pflanzen, Gesteine)
  – (Becher-)Lupe
  – Kescher
  – Bohrstock (Pürckhauer)
  – u. a.

Zusammenfassung
Die hier vorgestellte Exkursionskonzeption beruht insbesondere auf der Selbst-
organisation durch die Studierenden, indem sie einen Exkursionstag vollständig
planen, durchführen und auswerten. Durch den konstruktivistischen Zugang
können die Studierenden ihre individuellen Interessen und Schwerpunkte in
einem vorher abgegrenzten Exkursionsraum wählen. Neben den Geländemethoden dient vor allem die Methode des Fragenstellens als Strategie der
Erkenntnisgewinnung, durch die es gelingt, den Fokus stärker und gezielter
auf den konkreten Exkursionsraum zu richten. Die entwickelten Fragestellungen können zu einem Kompetenz- und Wissenserwerb bei den Studierenden anregen, indem zum einen die Wochen- und Tagesleitfragen (während
der Exkursionsplanung entwickelt) und zum anderen die spontan entstandenen
Fragen (während der Exkursionsdurchführung formuliert) für die kritische
Auseinandersetzung mit dem Raum genutzt werden.

Die Anforderungen an die Studierenden sind insgesamt als hoch einzu-
schätzen, da sie eine Vielzahl an Anforderungen zu bewältigen haben, wie
z. B. fachliche Klärung, didaktisch-methodische Planung, Exkursionsdurchführung und -auswertung. Während des gesamten Moduls ist eine professionelle Begleitung durch die Dozierenden notwendig, um die Lernenden in
diesem umfassenden Erkenntnisprozess zu begleiten und zu unterstützen. Die
Erfahrungen, die aus einer mehrjährigen Erprobung des Exkursionskonzepts
resultieren, zeigen, dass eine Vielzahl von Tagesexkursionen gelungene
Umsetzungsbeispiele darstellen. Leider gelingt dies nicht allen Studierenden-
gruppen, da die Schwerpunkte der Planung beispielsweise entweder auf der
fachlichen oder auf der methodischen Ebene lagen. Hier sind die Dozierenden
gefordert, durch kritische Fragen in der Exkursionsplanung und/oder -durch-
führung zu unterstützen bzw. diese Aspekte in der Exkursionsauswertung zu
reflektieren, falls die Problemstellen von den Studierenden nicht selbst erkannt
werden.

Aus Sicht der Studierenden ist das Studienmodul insgesamt als geeignetes
Beispiel für die Verknüpfung von fachlichem Lernen (in einem für die meis-
ten unbekannten Raum) mit der Planung, Durchführung und Auswertung einer
Exkursion zu bezeichnen.

Literatur

Baumert, Jürgen, und Mareike Kunter. 2006. Stichwort Professionelle Kompetenz von Lehr-
kräften. *Zeitschrift für Erziehungswissenschaft* 9 (4): 469–520.
Bräuer, Gerd. 2016. *Das Portfolio als Reflexionsmedium für Lehrende und Studierende*, 2. Aufl.
Stuttgart: utb.
Bromme, Rainer. 1997. Kompetenzen, Funktionen und unterrichtliches Handeln des Lehrers. In
Psychologie des Unterrichts und der Schule, Hrsg. Franz Emanuel Weinert, 177–212. Göttin-
gen: Kohlhammer.
Budke, Alexandra, und Maik Wienecke, Hrsg. 2009. *Exkursionen selbst gemacht. Innovative
Exkursionsmethoden für den Geographieunterricht. Praxis Kultur- und Sozialgeographie*, Bd.
47. Potsdam: Universitätsverlag Potsdam.
DGfG (Deutsche Gesellschaft für Geographie), Hrsg. 2010. *Rahmenvorgaben für die Lehreraus-
bildung im Fach Geographie an deutschen Universitäten und Hochschulen*, 9. Aufl. Bonn:
Selbstverlag.
DGfG (Deutsche Gesellschaft für Geographie), Hrsg. 2017. *Bildungsstandards Geographie für
den Mittleren Schulabschluss*, 9. Aufl. Bonn: Selbstverlag.
Dickel, Mirka, und Georg Glaze, Hrsg. 2009. *Vielperspektivität und Teilnehmerzentrierung,
Richtungsweiser Exkursionsdidaktik. Praxis Neue Kulturgeographie*, Bd. 6. Münster: Lit.
Döring, Jörg, und Tristan Thielmann. 2009. *Spatial Turn. Das Raumparadigma in den Kultur-
und Sozialwissenschaften*. Bielefeld: Transkript.
Fögele, Janis. 2016. Entwicklung basiskonzeptionellen Verständnisses in geographischen Lehrer-
fortbildungen: Rekonstruktive Typenbildung, Relationale Prozessanalyse, Responsive Eva-
luation (Dissertation). Geographiedidaktische Forschungen, Bd. 61. Münster: Verlagshaus
Monsenstein und Vannerdat OHG.
Gebhardt, Hans, Rüdiger Glaser, Ulrich Radke, und Paul Reuber. 2011. *Geographie. Physische
Geographie und Humangeographie*. Heidelberg: Spektrum.
Häcker, Thomas. 2002. Der Portfolioansatz – die Wiederentdeckung des Lernsubjekts? *Die Deutsche
Schule* 94 (2): 204–216.

Heynoldt, Benjamin. 2016. Outdoor Education als Produkt handlungsleitender Überzeugungen von Lehrpersonen. Eine qualitativ-rekonstruktive Studie zu Entstehungszusammenhängen von Geographie- und Biologieunterricht außerhalb des Schulgebäudes (Dissertation). Geographiedidaktische Forschungen, Bd. 60. Münster: Verlagshaus Monsenstein und Vannerdat OHG.

Köck, Helmuth. 2005. Räumliches Denken. Dispositionen raumbezogenen Lernens und Verhaltens im Lichte neuronal-evolutionärer. Determinanten. *Geographie und ihre Didaktik* 33 (2): 94–104.

Köck, Helmuth. 2006. Willensfreiheit und Raumverhalten. *Geographie und Schule* 26:24–31.

Leser, Hartmut. 2011. *Diercke Wörterbuch Geographie*. Braunschweig: Westermann.

Levin, Anne. 2005. *Lernen durch Fragen*. Münster: Waxmann.

Levin, Anne, und Karl-Heinz Arnold. 2004. Aktives Fragenstellen im Hochschulunterricht: Effekte des Vorwissens auf den Lernerfolg. *Unterrichtswissenschaft* 32 (4): 295–307.

Lindau, Anne-Kathrin, und Tom Renner. 2017. Wer, wie, was … wieso, weshalb, warum? Von der Kunst des Fragenstellens. In *Materialien und Medien für einen sprachsensiblen, bilingualen und multilingualen Geographieunterricht*, Hrsg. A. Budke und M. Kuckuck, 193–207. Münster: Waxmann.

Lindau, Anne-Kathrin, und Tom Renner. 2018. Räume durch geographische Exkursionen und Fragen erschließen. *Hallesches Jahrbuch* 41:63–76.

Lindau, Anne-Kathrin, und Tom Renner. 2019. Zur Bedeutung des Fragenstellens bei geographischen Exkursionen. Eine empirische Studie mit Lehramtsstudierenden am Beispiel einer Exkursion in die nördliche Toskana. *Zeitschrift für Geographiedidaktik* 46 (1): 24–44.

Hemmer, Michael, und Rainer Uphues. 2009. Zwischen passiver Rezeption und aktiver Konstruktion. Varianten der Standortarbeit aufgezeigt am Beispiel der Großwohnsiedlung Berlin-Marzahn. In *Vielperspektivität und Teilnehmerzentrierung – Richtungsweiser der Exkursionsdidaktik*, Hrsg. M. Dickel und G. Glasze. Praxis Neue Kulturgeographie, Bd. 6, 39–50. Berlin: Lit.

Neber, Heinz. 1996. Förderung der Wissensgenerierung in Geschichte. Ein Beitrag zum entdeckenden Lernen durch epistemisches Fragen. *Zeitschrift für pädagogische Psychologie* 10 (1): 27–38.

Niegemann, Helmut, und Silke Stadler. 2001. Hat noch jemand eine Frage? Systematische Unterrichtsbeobachtung zu Häufigkeit und kognitivem Niveau von Fragen im Unterricht. *Unterrichtswissenschaft* 29 (2): 171–192.

Rademacher, Stephan, und Nicole Kindler. 2006. Die Kunst, aus Informationen Wissen zu machen. *Praxis Geographie* 36 (7–8): 34–38.

Rhode-Jüchtern, Tilmann. 2006. Exkursionsdidaktik zwischen Grundsätzen und subjektivem Faktor. In *Exkursionsdidaktik innovativ? Geographiedidaktische Forschungen*, Bd. 35, Hrsg. W. Hennings, D. Kanwischer, und T. Rhode-Jüchtern, 9–32. Weingarten: Selbstverlag.

Rhode-Jüchtern, Tilman. 2011. Diktat der Standardisierung oder didaktisches Potenzial? – Die Bildungsstandards Geographie praktisch denken. *GW-Unterricht* 124 (4): 3–14.

Rhode-Jüchtern, Tilman. 2013. Stichwörter "Raumbegriffe und -konzepte". In *Wörterbuch der Geographiedidaktik – Begriffe von A – Z*, Bd. 35, Hrsg. Dieter Böhn und Gabriele Obermaier, 227–228. Braunschweig: Westermann.

Rosenshine, Barak, Carla Meister, und Saul Chapman. 1996. Teaching students to generate questions: A review of the intervention studies. *Review of Educational Research* 66 (2): 181–221.

Ross, Hildy S., und Janet C. Killey. 1977. The effect of questioning on rentention. *Child Development* 48:312–314.

Shulman, Lee. 1986. Those who understand: Knowledge growth in teaching. *Educational Researcher* 15:4–14.

Shulman, Lee. 1987. Knowledge and teaching: Foundations of the new reform. *Harvard Educational Review* 57 (1): 1–23.

Wardenga, Ute. 2002. Räume der Geographie – zu Raumbegriffen im Geographieunterricht. *Geographie heute* 200:8–11.

Vom Ort zur virtuellen Welt – Studierende designen in Wien eine VR-Exkursion zu nachhaltiger Stadtentwicklung

9

Katharina Mohring und Nina Brendel

▶ Der übergeordnete Anlass der Exkursion war es, Virtual Reality (VR) als Lern- und Erkenntnisformat im Hochschulkontext zu erproben. VR gehört zu den immersiven Medien, d. h. Menschen werden mittels Brillen in körpernahe virtuelle Räume versetzt. Von Interesse ist vor allem das emotionale Raumerleben, welches auf diesem digitalen Weg ermöglicht wird.

Im Sommersemester 2018 wurde für die Masterstudierenden im Fach Lehramt Geographie an der Universität Potsdam eine humangeographische und geographiedidaktische Exkursion nach Wien angeboten. Fachlich standen dabei die Diskussion und Reflexion verschiedener Konzepte der nachhaltigen Stadtentwicklung und ihrer Umsetzung in Wien im Vordergrund. Kern der didaktischen Diskussion war die (geographische) Kompetenzförderung über das Medium der Virtual Reality. Beide Perspektiven wurden in einer siebentägigen Exkursion zusammengeführt, die gemäß einem konstruktivistischen Lernparadigma als Spurensuche (erweitert nach Hard 1989, 1995) durchgeführt wurde.

Auf der Exkursion lag der Schwerpunkt auf dem gestalterischen Element von VR, das inhaltliche Reflexion über Wien als zukunftsfähige Stadt anregen sollte.

K. Mohring (✉)
Regionalwissenschaften/Angewandte Humangeographie, Universität Potsdam, Potsdam-Golm, Deutschland
E-Mail: kmohring@uni-potsdam.de

N. Brendel
Didaktik der Geographie, Universität Potsdam, Potsdam-Golm, Deutschland
E-Mail: ninabrendel@uni-potsdam.de

Die Studierenden haben zunächst in der Rolle von Forschenden stadtgeographische Inhalte erschlossen, dann in der Rolle von Designenden mit Hilfe von 360 Grad-Aufnahmen von Wien virtuelle Lernumgebungen erschaffen. Dabei wurden sie stets angehalten, die Bedeutung von Fachdiskursen ebenso wie die Bedeutung von Emotion und Körpergefühl zu hinterfragen und einzuarbeiten. Dieser reflexive Schritt ist sehr wichtig, um zu verstehen, dass der immersive Wissenserwerb zu Raum nicht vorrangig auf die technische Voraussetzung zurückzuführen, sondern Ergebnis eines „machtvollen" geographischen Visualisierens ist (Dodge et al. 2008).

9.1   Übersicht

Die Veranstaltung galt nach der gültigen Studienordnung als Seminar im Rahmen eines auf eigene Forschung und Projektarbeit ausgerichteten Moduls im Master. Es wurde in ein Vorbereitungsseminar, eine 7-tägige Exkursion und ein Nachbereitungsseminar gegliedert. Die Modulanforderungen beinhalten die Planung und Organisation eigener Forschungsprojekte und empirischer Erhebungen. In Tab. 9.1 sind die studienorganisatorischen Bedingungen aufgelistet.

Tab. 9.1 Konzeptübersicht

Zielgruppe	Masterstudierende im Lehramt Geographie (auch für andere Studiengänge geeignet)
Gruppengröße	10–15 bei 2 Dozentinnen
Kontext	Projektorientiertes Mastermodul in der Humangeographie und der Geographiedidaktik: Einmaliges 3-stündiges Vorbereitungsseminar 7 Tage Exkursion (inkl. An- und Abreisetag) Einmaliges 6-stündiges Nachbereitungsseminar
Studienleistung	6 Leistungspunkte (ECTS) Aufarbeitung wissenschaftlicher Fachdebatten; Erhebung von Informationen in Wien (Fachvorträge, Führungen, selbstständige Begehungen, Interviews, statistische Datenrecherche etc.); Design von VR-Exkursionen: Erstellen eines Storyboards, Durchführung von 360 Grad-Fotografie, 360 Grad-Videographie, Interviews, Aufarbeitung von Datenmaterial
Prüfungsform	Portfolio-Prüfung: 2 Exzerpte zu Fachbeiträgen der Stadtforschung sowie der Exkursionsdidaktik, über virtuelle und digitale Lernumgebungen und/oder über geographisches Visualisieren Projektbericht mit einem geographiedidaktischen oder humangeographischen Schwerpunkt (5 Seiten)

9.2   Praktische Hinweise

Die Exkursion erfordert trotz ihrer Kombination aus forschenden und techni-
schen Komponenten keinen erhöhten zeitlichen Aufwand für die Studierenden
(vgl. Tab. 9.2). Auf der Seite der Lehrenden gibt es mehrere wichtige Elemente.
Das in unseren Augen wichtigste Element ist die gute Planung der Rahmenstruktur
(fachliche Impulse vor und während der Exkursion, Phasen der Diskussion, des
Feedbacks, der Erhebung etc.), sodass kreatives Forschen angeregt werden kann.
Es besteht außerdem die Notwendigkeit, das technische Equipment wie 360
Grad-Kameras und Tablets zur Verfügung zu stellen. Einen deutlichen zeitlichen
Mehraufwand für die Lehrenden bedeutet die Erstellung der VR-Exkursion im
Anschluss an die Exkursion.

Tab. 9.2 Praktische Hinweise

Elemente	Lehrende	Studierende
Benötigtes Material	Tablets 360 Grad-Kameras, Mikrofone, Stative Diktiergeräte Blanko-Formulare zum Daten- schutz und zur Verwendung von Bild- und Tonaufnahmen Ev. Moderationskarten für Gruppenarbeitsphasen	Exkursionstagebuch (Din A5-Kladde)
Software	Kostenlose App zur 360 Grad- Kamera (auf Tablets; Android und iOS-basiert) Software für die Erstellung einer 360 Grad-Exkursion (mehrere Autorensysteme mit unterschied- lichem Funktionsumfang und Preiskategorie möglich)	
Ergebnis/Produkt	VR-Exkursion (Zusammenführung aller Materialien zu einer 360 Grad-Exkursion)	Erstellung von Bausteinen für die virtuelle Lernumgebung (Storyboard, 360 Grad-Fotos und -Videos, Zusatzinformationen wie Grafiken, Tonaufnahmen etc.)
Zeitaufwand	Präsenszeit (inklusive Exkursion): insgesamt ca. 73 h Vor- und Nachbereitungszeit (fachliche Vorbereitung, inhaltliche und organisatorische Seminar- und Exkursionsvorbereitung, Prüfung/ Korrektur der Exzerpte, Kommen- tare, Projektberichte): in dieser Pilotexkursion ca. 60 h Erstellung der VR-Exkursion: in dieser Pilotexkursion ca. 40 h	Präsenszeit (inklusive Exkursion): insgesamt ca. 73 h (inklusive Pausen) davon während der Exkursion pro Tag ca. 8 h, mit entsprechenden Pausen Selbstlernzeit (Exzerpte, Kommentare, Nachbearbeitung der Exkursionsergebnisse, Projektbericht): ca. 70 h

9.3   Konzept

9.3.1   Lernziele

Die Exkursion nach Wien ist im Sinne eines konstruktivistischen Lernparadigmas konzipiert, das großen Wert auf Lernerzentrierung und individuelle Lernwege legt. Methodologisch wurde die Exkursion an die Spurenparadigmen von Hard (1989, 1995) angelehnt. Dieser Zugang ermöglichte es, sowohl das inhaltliche Erschließen von Informationen als auch das methodische Vorgehen vor, während und nach der Exkursion nach konstruktivistischen Gesichtspunkten zu gestalten. Dabei wurden sowohl fachwissenschaftliche als auch fachdidaktische Kompetenzen angesprochen:

Zum einen sollte auf Basis von Textarbeit und Vor-Ort-Erfahrungen die Bedeutung von Städten für eine lebenswerte, ökologische und dynamische Gesellschaft reflektiert werden. Dazu wurde der aktuelle Teilbereich der (geographischen) Stadtforschung erarbeitet, welcher urbane Entwicklungen im Zusammenhang mit Gesellschaft-Umwelt-Fragen erforscht. Zusätzlich zum gegenstandsbezogenen Wissen wurde auch raumkonzeptionelles Wissen aufgebaut. Zum anderen sollten die Studierenden auf Basis ihrer erworbenen Fachkompetenzen eigenständige Fragestellungen formulieren und ein Konzept zur Vermittlung von gegenstandsbezogenen und raumkonzeptionellen Inhalten erarbeiten. Damit verbunden waren zum Beispiel Standortentscheidungen und die Wahl verschiedener Faktoren der Darstellung von Räumen über das Medium VR. In dieser zweiten Phase übernahmen die Studierenden die Rolle von Designenden und verantworteten ihren Lernprozess eigenständig und auf hohen Stufen der Partizipation (Mayrberger 2012).

Während der gesamten Veranstaltung, von der Vorbereitungssitzung über die Exkursionstage bis hin zur Nachbereitungssitzung, stand außerdem die Förderung von Reflexionsperformanz (Brendel 2017) im Vordergrund. Ziel war eine fallbezogene Reflexion verschiedener Konzepte nachhaltiger Stadtentwicklung und die Diskussion der Potentiale des Mediums VR für die Gesellschaft-Umwelt-Forschung. Zum anderen wurde mit der Konzeption der Veranstaltung die Reflexivität der eigenen Wissenskonstruktion sowie des Prozesses der Gestaltung einer fachlich anspruchsvollen VR-Exkursion angestrebt.

Neben einschlägigen geographischen Fachkompetenzen zielte die Exkursion auch auf die Förderung der Kompetenzbereiche des Lernbereichs Globale Entwicklung (Erkennen, Bewerten, Handeln; Schreiber und Siege 2016) sowie auf die Kompetenzen zum nachhaltigen Entwicklungsziel 11 (nachhaltige Städte und Gemeinden) der UNESCO (Rieckmann 2017, S. 32).

9.3.2   Konkretes Vorgehen

Auf Basis dieser Annahmen wurde eine Exkursion nach dem Prinzip der Spurensuche nach Hard (1989, 1995) konzipiert. Die Grundprämisse dieses Ansatzes ist es, dass das Beobachten in das Bedeutungssystem der Forscherin bzw. des

Forschers eingeordnet wird, von welchem sie bzw. er auf andere Bedeutungs-
systeme schließt. Beobachtete Spuren geben so zunächst Aufschluss über
zugrundeliegende Hypothesen der Beobachterinnen und Beobachter und sind
davon ausgehend als Hinweise auf soziale Prozesse zu interpretieren. Hard empfiehlt einen dreischrittigen Reflexionsprozess, um diese Prämisse angemessen
zu berücksichtigen: die Spurenphantasie, die Hypothesenphantasie und die
Operationalisierungsphantasie (Hard 1995, S. 62 ff.). Wir haben diese Phantasien
um den gestalterischen Prozess der Digitalen Visualisierungsphantasie ergänzt.
Die einzelnen Vorgehensschritte während der Veranstaltung hängen eng mit diesen
vier Phantasien zusammen. Während des Forschungsvorgehens sollten hiernach
folgende Aspekte immer wieder reflektiert werden:

1. Spurenphantasie oder „Das Prinzip des zutageliegenden Untergrunds" (Hard
   1995, S. 62): Welche hypothetischen Vorstellungen führen zu einem Feststellen
   und Interpretieren von Spuren? Wie ändern sich diese Vorstellungen durch weitere Beobachtungen?
2. Hypothesenphantasie oder „Das Prinzip der plausiblen Konkurrenzhypothesen"
   (ebd.): Welche anderen Hypothesen sind möglich, um die Spuren zu interpretieren?
3. Operationalisierungsphantasie oder „Das Prinzip der Triangulation oder der
   multiplen Operationalisierung" (ebd.): Wie lassen sich mit Methoden der empirischen Sozialforschung weitere Informationen zu den sozialen Prozessen
   erlangen, die mit den Spuren verbunden werden?
4. Digitale Visualisierungsphantasie oder „Das Prinzip des digitalen Spurenlegens": Wie können in virtuellen Welten Spuren designt werden, die von anderen als Spur der erforschten sozialen Prozesse gelesen werden können?

9.3.2.1 Aufbau
Die Veranstaltung gliedert sich in vier organisatorische Phasen:

1. Eine vorbereitende Phase (eine dreistündige Seminarsitzung und selbstständige
   Textarbeit), die siebentägige Wien-Exkursion, die sich wiederum in eine
2. Phase des Forschens und eine
3. Phase des Designens untergliedert, und
4. eine nachbereitende Seminarsitzung (Abb. 9.1).

Jede Phase hatte eigene inhaltliche und organisatorische Anforderungen für Lehrende und Studierende. Eine Übersicht ist in Tab. 9.3 dargestellt.

9.3.2.2 Vorbereitungsphase

Inhaltliche Einführung
In der vorbereitenden Seminarsitzung wurden die Studierenden auf das Themen-
feld der zukunftsfähigen Stadtentwicklung vorbereitet. Im Sinne der Hardschen
Spurenmethodologie geht es darum, erste Reflexionsprozesse anzustoßen. Da die

Exkursion „Wien - eine nachhaltige, grüne, intelligente Stadt?"

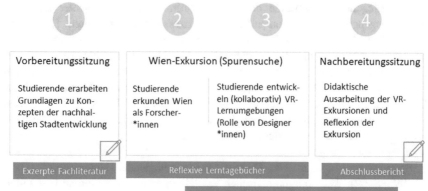

Abb. 9.1 Aufbau der Exkursion

Tab. 9.3 Inhaltliche und organisatorische Anforderungen der Exkursionsphasen

Element	Lehrende	Studierende
1) Exkursionsvorbereitung	Auswahl geeigneter Fachtexte Einführung in die Ziele, Inhalte und Methodologie der Exkursion (Vorbereitungsseminar) Auswahl und ggf. Buchung geeigneter fachlicher Impulse vor Ort (Vorträge, Führungen, Selbsterfahrungen) Buchung der Unterkunft	Einarbeitung in die Fachdebatte: Verfassen von zwei Exzerpten, Bereitstellung der Exzerpte auf einer digitalen Pinnwand, die auch Kommentare zulässt, z. B. „Padlet", Kommentieren der Exzerpte der Kommilitoninnen und Kommilitonen Organisation der An- und Abreise
2) + 3) Exkursionsdurchführung	Unterstützung der selbstverantwortlichen Spurensuche: regelmäßige Reflexionstreffen, Peer-Feedback, Gruppendiskussionen, individuelle, bedarfsorientierte Impulse, didaktisch-methodische Hilfestellungen	Im zweiten Teil der Exkursion weitgehend selbstständige Arbeit in Kleingruppen (max. 5 Personen): Erstellung eines Storyboards, Erstellung von 360 Grad-Fotos und -Videos, Durchführung von Interviews etc.
4) Exkursionsnachbereitung	Evaluation	Erarbeitung von Lernaufgaben in der VR-Exkursion, Erstellung von Begleitmaterial

Studierenden auf unterschiedliches Fachwissen zur stadtgeographischen Forschung zurückgreifen konnten, wurden vor allem Alltagshypothesen zur Entwicklung von Städten und der Bedeutung der Stadt Wien zum Thema gemacht. Das wiederum war ein guter Anfang, um von alltäglichen Vorstellungen zu einem Anschluss an stadtgeographische Fachdiskurse zu überführen. Diese Einführung konnte gleichzeitig dazu genutzt werden, visuelle Darstellungen und Impulse zu reflektieren.

Diskussion über Visionen zu unserer städtischen Zukunft
Das Ziel dieser Diskussion war es, Alltagshypothesen aufzudecken, erstes Spurenlesen zu üben und visuelle Impulse emotional zu reflektieren. Dazu präsentierten wir kommentarlos zwei verschiedene Youtube-Videos, die Visionen zur Zukunft unserer (urbanen) Gesellschaft zeigen: eine positive Vision einer grünen und hochtechnologischen urbanen Gesellschaft[1] und eine negative Vision einer ökologisch zerstörten Gesellschaft[2]. Im Anschluss führten wir im Stuhlkreis ein offenes Gespräch über die Videos. Die beiden Leitfragen waren:

- Wie wirkten die Videos auf Sie?
- Wie sieht Ihre Vision einer städtischen Zukunft aus?

Die Aussagen wurden auf Kärtchen festgehalten. Die Studierenden taten sich sehr leicht damit, die Videos einzeln und im Vergleich zu kommentieren und Eindrücke und Empfindungen zu den visuellen Impulsen zu formulieren. Das Interpretieren von visuellen Reizen der Videos als Spuren für mögliche Zukünfte gelang gut. Dagegen fiel es ihnen schwerer, eine eigene Position zu beziehen, generalisierte Aussagen zu treffen oder eigene Visionen zu formulieren.

Der Anschluss an die Fachdiskurse wurde durch einen kurzen Impulsvortrag mit anschließender Diskussionsphase hergestellt. Zur Vorbereitung der Gruppenarbeit während der Exkursion wurden die drei Dimensionen Green Cities, Smart Cities sowie (sozial) nachhaltige Städte als Gruppenthemen bestimmt und die Studierenden ordneten sich selbstständig den Themen zu. Die Gruppeneinteilung blieb während der Exkursion bestehen. Die Gruppen erarbeiteten in der Zwischenzeit bis zur Exkursion von den Dozentinnen ausgewählte Fachtexte.

---

[1]Städtische Visionen im Zusammenhang mit der Solarpunk-Bewegung. Abrufbar unter https://www.youtube.com/watch?v=bhKEZAlYcME.

[2]Ein kritisches Video von Greenpeace, abrufbar unter https://www.youtube.com/watch?v=xZFGY-G7acz4.

Digitales Exzerpieren von Fachtexten
Die Studierenden mussten Fachtexte zur Stadtentwicklung sowie zur Exkursionsdidaktik, zur virtuellen Realität und zum geographischem Visualisieren in Form eines Exzerptes aufarbeiten, d. h. die wesentlichen inhaltlichen Aussagen in eigenen Worten paraphrasieren und ggf. mit eigenen Überlegungen ergänzen. Alle Studierenden haben so zwei Texte intensiv gelesen, sollten aber mit den Inhalten aller zur Verfügung gestellten Texte vertraut sein. Diese Aufarbeitung erfolgte im Zeitraum nach der Einführungsveranstaltung bis zur Exkursion. Jedes Exzerpt stand jedem Studierenden digital zur Verfügung und alle waren verpflichtet, die jeweils anderen Exzerpte zu lesen und zu kommentieren. Das Ziel war es, die Deutungssysteme der Fachwissenschaft in den Vordergrund zu rücken. Erwartungsgemäß war die Qualität der Exzerpte unterschiedlich. Die Bereitschaft zum Kommentieren der anderen Texte war eher geringer.

Methodologische Einführung
Damit die Studierenden die Methodologie der Exkursion nachvollziehen können, wurden sie auf die Bedeutung von v. a. konstruktivistischen Exkursionen vorbereitet. Dazu erfolgte über einen Impulsvortrag eine Einordnung in exkursionsdidaktische Grundlagen. Die Studierenden erarbeiteten daraufhin, welche Ziele und Funktionen eine konstruktivistische Exkursion haben kann. Das Beispiel der Spurensuche in der speziellen Ausprägung der Hardschen Logik wurde kurz angesprochen. Ein konkreter Bezug erfolgte jedoch erst auf der Exkursion.

Mediendidaktische und technische Einführung
Ein dritter wichtiger Aspekt war die Einführung in die geographische Medienbildung und Medienkompetenzförderung sowie die technische Einweisung in das VR-Equipment. Den Studierenden wurde über einen kurzen Impulsvortrag vermittelt, dass virtuelle Realität eine Form des geographischen Visualisierens darstellt. Die Welt wird nicht neutral „gezeigt", sondern digital designt und damit entsteht eine Verantwortung der Designenden für den hierüber ausgelösten Erkenntnisprozess (nach Dodge et al. 2008). Das Ziel dieser Einführung ist es, die Bedeutung der fachlichen Vermittlungsziele und der Perspektive des Forschenden in den Vordergrund und die „Verlockungen" der Technik in den Hintergrund zu rücken. Eine Einführung in die technische Handhabung, sowie die Möglichkeiten und Grenzen der Technik wurden im Freien durchgeführt.

9.3.2.3 Exkursion in Wien: Forschungsphase

Die Exkursion nach Wien beinhaltete fünf volle Arbeitstage. Die ersten zwei Tage dienten dem Forschungsprozess und der Generierung von Hypothesen. Diese

Phase war gekennzeichnet durch eine (gelenkte) Spurensuche. Die inhaltlichen Impulse wurden durch die Dozentinnen vorab weitgehend geplant. Sie waren darauf ausgerichtet, auf verschiedene Weise die Stadt Wien aus der Perspektive „smart, grün oder sozial nachhaltig" zu erleben und hierbei Informationen zu den Handlungsoptionen und Entscheidungen der Akteure vor Ort zu erhalten. Es gab drei Führungen: eine Führung durch die Seestadt Aspern, einen neuen nach nachhaltigen und smarten Gesichtspunkten geplanten Stadtteil, eine Führung durch den Stadtbezirk 8 durch eine Lokale Agenda 21-Akteurin sowie eine Führung durch den Stadtbezirk 1 zu den Möglichkeiten nachhaltigen und ethischen Konsumierens durch eine selbstständige Stadtführerin. Außerdem erlebten wir Vorträge zu lokalen Agenda-Projekten sowie der Verkehrsplanung der Stadt Wien. Das Ziel war eine möglichst vielfältige Sicht. Die Studierenden waren angehalten, selbst nach Informationen zu fragen, die „ihre" Gruppenperspektive berührten. Wir boten den Studierenden immer wieder Gelegenheiten zur Reflexion.

Reflexionstagebücher
Die Studierenden führten ein Reflexionstagebuch, in dem sie die Eindrücke der Exkursion für sich festhalten konnten. Obwohl dieses Reflexionsjournal eine sehr gewinnbringende Datenquelle für die Exkursionsevaluation dargestellt hätte, haben wir uns entschlossen, das Reflexionstagebuch nicht mehr zurückzufordern. Wichtiger erschien uns, bei den Studierenden eine persönliche, private Reflexion anzustoßen, die nicht durch einen Filter der späteren Abgabe und Beurteilung eingefärbt oder im Ausdruck behindert werden sollte. Wir haben an jedem Tag Zeitfenster für das Führen des Reflexionstagebuchs eingeplant. Das Tagebuch wurde gut angenommen. Die Studierenden hatten es immer dabei und bezogen sich in Diskussionen öfter auf ihre Notizen.

Neben täglichen Reflexionsphasen und Gruppendiskussionen mit peer-Feedback wurden auch Übungen zur Körperwahrnehmung und Raumreflexion durchgeführt. Dieser Fokus auf Körpererfahrung, Emotion und persönlicher Reflexion wurde im Laufe der Exkursion immer wieder eingenommen. Dies fußte einerseits auf aktuellen humangeographischen Diskursen zu z. B. Emotions-, Atmosphären- und Stadtforschung (Kaspar 2013; Kazig 2007; Lehnert 2011; Manz 2015) als auch auf neueren Forschungen zur Rolle von individuellen Körpererfahrungen und Emotionen in der geographischen Exkursionsdidaktik (u. a. Segbers 2018). Das Ziel war es, das Verhältnis von Emotion, Körper und städtischer Umgebung bewusst werden zu lassen. Das ist – gerade für den Prozess des geographischen Visualisierens einer VR-Umgebung – neben der fachlichen Perspektive eine wichtige Dimension. Denn das Format VR ist eine besonders machtvolle Form des geographischen Visualisierens (Dodge et al. 2008): Je nach immersivem Grad können Erlebnisse im virtuellen Raum als authentisch wahrgenommen und starke emotionale Reaktionen sowie

Änderungen in der eigenen Identitätswahrnehmung hervorgerufen werden (Maister et al. 2015). Das Designen virtueller Realitäten stößt zudem kommunikative und wahrnehmende Prozesse an, die die Konstruktion von Fachwissen beeinflussen.

Standbild

Ein für die Exkursion wichtiger Impuls war die Seestadt Aspern. Es handelt sich um einen neuen Stadtteil, der die Bedingungen einer modernen nachhaltigen und smarten Stadt erfüllen soll. Teile des Stadtteils waren fertig und bewohnt, vieles war noch im Bau. Wir erhielten eine Einführung in die Planung sowie eine geführte Tour. Es war sehr interessant, welche Vorstellungen eines öffentlichen Raumes, welche Verkehrsideen und Wohnkonzepte – von preiswert bis gehoben, von grau bis grün – hier umgesetzt wurden. Es war offenkundig, dass der Ort sehr unterschiedliche Eindrücke und Empfindungen hervorrief. Wir haben mit dem methodischen Zugang über ein Standbild eine Möglichkeit geschaffen, systematisch über diese Gefühle zu diskutieren. Die Aufgabe war es, dass alle Studierenden mit einer Körperhaltung ausdrücken sollten, wie sie die Atmosphäre bzw. Gestimmtheit der „Seestadt Aspern" empfunden haben. Es entstand ein Standbild der Gruppe. Über die Körperhaltung kamen wir im Anschluss in ein Reflexionsgespräch. Jeder und jede Studierende erzählte der Gruppe, was er oder sie ausdrücken wollte. Die Studentin auf der Abb. 9.2 sagte zum Beispiel: „Ich könnte hier nicht wohnen. Ich fühle mich in meiner Freiheit eingeschränkt. Nee, dass wäre überhaupt nichts [schüttelt sich]." Der Student erklärte, dass er die unnatürlichste Körperhaltung einnehmen wollte, die ihm möglich sei: „Es sieht alles gleich aus. Überall sieht es so aus.". Es fielen auch Begriffe wie „Leere", „keine Gemeinschaft", „Anonymität" und „Abschottung". Andere aber sahen auch Potentiale wie zum Beispiel das Gefühl einer Lockerheit und Entspannung. Die Studierenden konnten hierüber sehr gut deutlich machen, welche Eindrücke in der Seestadt sie als Spuren für Wohlbefinden und Unwohlsein interpretierten. Das war eine wertvolle Diskussion, um zu verstehen, welche Orte für uns aus welchen Gründen lebenswert sind.

In individuellen Arbeitsphasen ordneten die Kleingruppen die Spuren zu ihren Themen und formulierten Hypothesen zu ihren Spuren. Hierzu wurde der Rückbezug auf die gelesenen Texte eingefordert. Diese Hypothesen wurden in der großen Gruppe vorgestellt und diskutiert. Zum Teil wurden die Studierenden dadurch mit anderen Hypothesen konfrontiert, die sie im Sinne der Hypothesenphantasie dazu nutzten, sich selbst zu hinterfragen. So konnte sich der Fokus aller Gruppen festigen. Mit dieser thematischen Fokussierung bestand der Auftrag, Operationalisierungsphantasie zu zeigen und weitere Wege der Informationsgewinnung zu suchen. Die Gruppen führten Interviews mit Expertinnen, Experten

Abb. 9.2 Standbild

und Bewohnerinnen und Bewohnern und nutzten Konzepte und Studien der Stadt Wien. Im weiteren Verlauf zeigte sich, dass diese Phase sehr eng mit der vierten Phase, der digitalen Visualisierung, verknüpft ist. Es war für das weitere Vorgehen maßgeblich wichtig, welches fachliche Vermittlungsziel die Gruppen mit ihrer VR-Exkursion verfolgen möchten.

Themenfindung
Die Gruppe, die sich mit dem Konzept der Green City befasste, wählte Urban Gardening als Themenstellung aus, da uns sowohl in den innerstädtischen Stadtbezirken als auch in der Seestadt Aspern verschiedene Gemeinschaftsgärten begegnet sind. Das fügte sich in einen gesamtstädtischen Eindruck, dass die Bedeutung von Grünflächengestaltung hoch ist und sowohl von städtischer Seite als auch von den Bewohnerinnen und Bewohnern mitgestaltet wird. Der Gruppe ging es darum, vor allem die Motive der Gemeinschaftsgärtnerinnen und -gärtner zu verstehen und die Bedeutung für die Lebensqualität herauszuarbeiten. Die Gruppe konnte damit an einen Teil der Fachdebatte anschließen, der eher auf soziale Aspekte als auf stadtökologische Aspekte des städtischen Grüns abzielt. Zur Vertiefung führten die Studierenden leitfadengestützte Interviews mit verschiedenen Gemeinschaftsgärtnerinnen und -gärtnern.

Die Gruppe zu Smart Cities fokussierte auf das Mobilitätskonzept der Stadt Wien. Dieser Themenstellung ging eine deutliche Irritation der Gruppe voraus. Die Smart Cities Fachdebatte ist eher global ausgerichtet und diskutiert ein sehr breites Spektrum an intelligenter Stadtentwicklung. Die Erkenntnisse in Wien beschränkten sich jedoch auf Verkehrsoptimierung. Die Gruppe zog das Smart City Strategiekonzept der Stadt Wien sowie die Überlegungen zur Planung der Seestadt Aspern als zusätzliche Quelle heran und legte den Schwerpunkt darauf, wie digital unterstützt Autoverkehr zugunsten von ÖPNV, Fahrrad und Zufußgehen reduziert wird.

Die Gruppe zu sozialer Nachhaltigkeit dagegen diskutierte sehr lange über ihren Schwerpunkt. Mit Unterstützung durch die Dozentinnen musste die Gruppe zum Beispiel die Schwierigkeit überwinden, dass sie an unterschiedliche Verständnisse von Nachhaltigkeit anschlossen. Das resultierte in dem naheliegenden Ziel, vor allem die Mehrperspektivität und Interessenvielfalt bei der Gestaltung öffentlicher urbaner Räume in den Fokus zu nehmen. Geholfen hat der Gruppe der konkrete Ort der Begegnungszone „Lange Gasse" in der Josefstadt, an dem wir selbst diese Vielfalt erfahren konnten. Die Begegnungszone ist eine umgebaute Straßenkreuzung, an dem sich alle Nutzerinnen und Nutzer des öffentlichen Raumes gleichberechtigt bewegen können sollten. Hierzu gab es sehr verschiedene Eindrücke und Erfahrungen, an denen die Gruppe das soziale Aushandeln im öffentlichen Raum verdeutlicht hat. Hierzu hat die Gruppe sowohl Akteurinnen und Akteure als auch verschiedene Nutzerinnen und Nutzer der Begegnungszone interviewt (z. B. Geschäftsinhaberinnen und – inhaber, Anwohnerinnen und Anwohner).

9.3.2.4 Exkursion in Wien: Designphase

Am dritten Tag gestalteten wir den Rollenwandel von Forschenden zu Designenden. Dies ist eine sehr wichtige Phase, da ab hier Klarheit darüber bestehen muss, welche Aussagen aus fachlicher Sicht hervorgehoben werden sollen und wie dies am Beispiel von Wien inhaltlich ausgefüllt und letztlich visuell sichtbar gemacht werden kann. Die Studierenden haben daher ihre Hypothesen noch einmal gefestigt und dann eine Vermittlungsfrage formuliert. Damit wurde auch die digitale Visualisierungsphase eingeleitet. Die Studierenden mussten sich für Orte und Situationen entscheiden, die festgehalten werden sollen. Hierbei mussten sie auch zwischen Foto und Video wählen und überlegen, ob die akustische Erfassung der Situation (z. B. Straßengeräusche) wichtig ist. Für diesen Designprozess griffen die Studierenden ihre Erfahrungen zur Körper- und Atmosphärenreflexion auf und setzten Fragen der Körperwahrnehmung in ihren VR-Exkursionen um. Dazu haben die Studierenden ein Storyboard erstellt.

Storyboard und Aufnahmen

Zur Planung der VR-Exkursionen wurde ein Storyboard entwickelt: ein kleines Drehbuch in Form eines Strukturdiagramms. Hier wurde ein möglicher Ablauf der Bild/Video-Abfolgen sowie die Einbettung weiterer Aussagen (z. B. Informationskästen, O-Töne aus Interviews) festgelegt. Diese Phase war sehr kreativ und unterlag den Ideen der Studierenden. Die Studierenden mussten lediglich die eigene Vermittlungsfrage und die fachlichen Hypothesen immer wieder mit den Spuren abgleichen, die sie an den Orten selbst gesehen hatten und nun zu digitalen Spuren der VR-Exkursion umwandeln wollten.

Die Auswahl der Orte und die Perspektiven waren u. a. das Ergebnis der Reflexion der Körperwahrnehmungen. So visualisierte die Gruppe zum Konzept Smart City mittels 360-Grad-Fotografie unter anderem die körperliche Erfahrung als Fußgänger oder Fußgängerin in unterschiedlichen Stadtteilen Wiens. Die Gruppe zum grünen Wien experimentierte mit verschiedenen Sichtweisen auf urbane Gärten (Bodenhöhe, Augenhöhe). Die Aufgabe war eine begründete Auswahl geeigneter Szenen, die dem Gegenstandsfeld und dem Medium VR gerecht werden. Die Kreuzung auf Abb. 9.3 zum Beispiel diente als eine der Anfangsszenen für die Smartgruppe und stellte symbolisch eine Entscheidungssituation dar.

Damit einher ging, dass die Verantwortung für den eigenen Erkenntnisprozess immer mehr in die Hände der Studierenden übergeben wurde. Das ging zum einen mit dem handlungs- und produktionsorientierten Ansatz der Erstellung von VR-Exkursionen einher, zum anderen wurde von den Dozentinnen immer stärker die Rolle von Forschungs- und Lernbegleiterinnen eingenommen. Wir empfanden den

Abb. 9.3 360 Grad-Aufnahme einer Straßenkrezung in Wien. (Bild: Eigene Aufnahme)

Übergang von der Forschung zum Design als einen Schlüsselmoment. Dadurch, dass die Studierenden ab diesem Zeitpunkt Verantwortung für einen zu vermittelnden Inhalt übernehmen mussten, entstanden zunächst zum Teil deutliche Unsicherheiten, die von uns über Gespräche und Feedbacks aufgefangen werden mussten. Die Studierenden konnten so schließlich in eine hochproduktive und vollständig selbstgesteuerte Phase der Produktentwicklung eintreten. Leitmedium war das von den Studierenden erstellte Storyboard. In den letzten zwei Tagen der Exkursion planten die Studierenden ihre Arbeiten komplett eigenverantwortlich und kontaktierten die Lehrenden bei Fragen oder Problemen.

Den Abschluss der Exkursion bildeten eine Gruppendiskussion und eine Reflexionsphase am Abend des letzten Tages. Auch hierfür wurde gezielt eine kreative, lockere Atmosphäre im Arbeitsraum einer Bibliothek gewählt. Bis zu diesem Zeitpunkt waren alle 360-Grad-Aufnahmen sowie die Datenerhebung z. B. in Form von Interviews abgeschlossen.

9.3.2.5 Nachbereitungsphase

Die detaillierte Ausarbeitung der VR-Exkursion erfolgte in einer 6-stündigen Nachbereitungssitzung, die eine Woche nach der Wien-Exkursion stattfand. Die Studierenden überarbeiteten ihre Storyboards, ordneten die von ihnen erstellten Filme und Bilder und erarbeiteten Zusatzinformationen, die in die VR-Exkursion eingefügt werden konnten. Leitend waren hierbei die selbstgewählte fachliche Fragestellung sowie angestrebte geographische Fachkompetenzen.

Ein wichtiger Bestandteil dieser Sitzung waren darüber hinaus der Rückblick und eine Evaluation der Veranstaltung. Im ersten Schritt diskutierten wir die Frage, wie sich das Bild der Studierenden von Wien durch die Exkursion verändert hat und wie sie die Frage danach, wie grün, nachhaltig und intelligent Wien ist, zusammenfassend beantworten würden. Wir gestalteten diese Phase wieder als eine freie Gruppendiskussion, in der die Studierenden offen Rückmeldung zur Veranstaltung geben konnten. Eine interessante Erkenntnis, die auch schon während der Exkursion aufgefallen ist, ist die deutliche Wahrnehmung des Nicht-Wissens. Die Studierenden waren eher nicht bereit, für die Gesamtstadt Wien Aussagen zu treffen. Sie hatten aber einen deutlichen Erkenntniszuwachs, was Perspektiven und Aushandlungsprozesse im Verhältnis von Gesellschaft, Mensch und urbaner Lebenswelt ausmacht.

Bild von Wien – Die eigenen Vorstellungen von Wien visualisieren
Die Studierenden wurden sowohl in der Vorbereitungs- als auch in der Nachbereitungssitzung gebeten, ihre Meinungen, Vorstellungen und Wissenselemente zu Wien in selbstgewählter, kreativer Form auf einem Blatt Papier festzuhalten (z. B. als Mental-Map, als Wortwolke, als Darstellung von Stimmung mithilfe von Farbflächen etc.). Diese Übung diente zum einen dazu, über Bilder im Kopf ins Gespräch zu kommen. Zum anderen war sie vor allem in der Vorbereitungssitzung eine Visualisierungsübung als Vorbereitung

auf das visuelle Spurenlegen. In der Nachbereitungssitzung ging es eher darum, auch eine inhaltliche Reflexion anzustoßen und über die Ausgangsfrage des Seminars diskutieren zu können. In beiden Phasen war das ein sehr guter Impuls für zielgerichtete Gespräche in der Gruppe.

Zum anderen wurde das gesamte Seminar mithilfe gezielter Reflexionsfragen evaluiert. Die Studierenden sollten die einzelnen Phasen hinsichtlich ihres Erkenntniszuwachses bewerten. Ein Exkursionsfeedback in einer offenen Runde haben wir bereits am letzten Tag der Exkursion erhalten, sodass wir die Ergebnisse auf der Sitzung dahingehend bewerten konnten.

Evaluation der Veranstaltung
Der Ablauf der Exkursion wurde durch uns auf einem Plakat graphisch visualisiert und die Studierenden wurden aufgefordert, mithilfe von Klebepunkten diejenigen Zeitpunkte zu markieren, die für sie eine Relevanz hinsichtlich der folgenden drei Reflexionsfragen hatten (Abb. 9.4):

- Was waren für Sie „besondere" Momente? (rot)
- Wann hat sich Ihr Bild von Wien geändert? (gelb)
- Wann gab es Änderungen in Bezug auf Ihr Konzept von Nachhaltigkeit? (grün)

Änderungen im Verständnis von Nachhaltigkeit zeigten sich besonders während der Reflexionsphasen (siehe Häufung grüner Punkte am Montagabend). Hierbei spielte auch eine körperlich intensiv empfundene Situation eine entscheidende Rolle: Eines der inhaltlich ergiebigsten Reflexionsgespräche fand während eines Starkregenereignisses unter einem Zeltdach eines Cafés statt. Dieser Moment wurde von vier Studierenden als „besonderer" Moment definiert (siehe rote Punkte). Andere „besondere" Momente fanden zudem häufig außerhalb des offiziellen Programms statt, z. B. während gemeinsamer Abendessen mit der Gruppe oder am Tag der Abreise. Diese Phasen der Freizeit und der ungeplanten Begegnung mit dem Ort (in der Gruppe!) wurden bei der Konstruktion der Exkursion gezielt eingeplant und zeigten sich als wichtiges emotionales Element.

9.3.3   Einige praktische Tipps

Folgende Rahmenbedingungen sollten gesichert sein, damit die Studierenden sich inhaltlich frei entfalten können:

- Feste Grundstruktur
- Verbindliche Zeitfenster auch bei flexiblen Arbeitsphasen

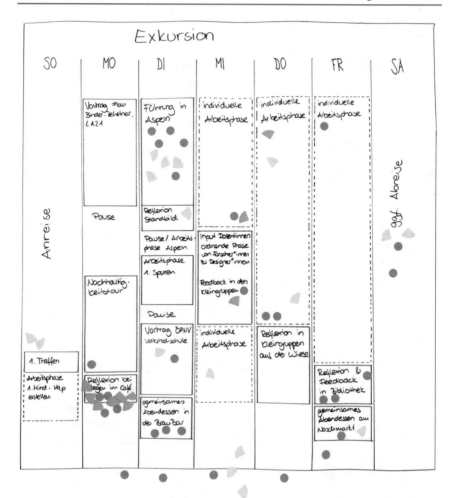

Abb. 9.4 Evaluation der Veranstaltung (auf der Darstellung fehlen Vorbereitungs- und Nach-bereitungsseminar, die keine Punkte erhalten haben)

- Einplanung von Zeitfenstern für die Übergänge: Gerade der Übergang von Forschenden zu Designenden ging mit einem Übertrag der Verantwortung und damit auch mit Verunsicherung einher, die von den Dozentinnen aufgefangen werden mussten. Es ist hier sehr wichtig, bewusst über diese veränderte Rolle zu reflektieren (bei Lehramtsstudierenden auch im Hinblick auf die spätere eigene Rolle als Lehrkraft) und Lernende bei diesem Übergang schrittweise zu höheren Stufen der Partizipation und des selbstgesteuerten Lernens anzuleiten.
- Ruhige Arbeitsorte für die kreativen Phasen (z. B. Gruppenräume in Biblio-theken, Räume von sozialen Trägern, Universitäten).

- Organisation der Prozessbegleitung: Auch die Dozentinnen benötigen feste Zeitfenster, um den Gruppenprozess reflektieren und mögliche Interventionen oder Hilfestellungen planen zu können.
- Bereitstellung von begleitendem Arbeitsmaterial: Moderationsset (Stifte, Kärtchen, Papier) zur flexiblen Gestaltung der Arbeitsphasen; Empfehlenswert ist ein Koffer für jede Kleingruppe mit Arbeitsmaterial (je eine 360 Grad-Kamera, ein Stativ, ein Mikrofon, ein Diktiergerät, Formulare zur Einwilligung der Verwendung der Daten von interviewten Personen).

Wir haben außerdem allen Teilnehmenden ein iPad zur Verfügung gestellt. Powerpoint-Präsentationen und Dokumente wurden hierüber gezeigt, sodass wir keinen Beamer benötigten. Gleichzeitig konnten die Studierenden die Fotos und Videos, die Interviews sowie die Storyboards hier ablegen und damit arbeiten.

Die technische Handhabung der Kameras ist intuitiv und braucht kein Vorwissen. Aufwendiger ist die Zusammenführung der einzelnen Fotos und Videos zu einer VR-Exkursion, die dann inklusive Zusatzinformationen als virtuelle Realität erfahren werden kann. Das haben wir Dozentinnen übernommen. Hierzu muss ein geeignetes Autorensystem gefunden werden. Das von uns genutzte System stellt leider seinen Dienst ein. Es gibt jedoch einige Alternative (vgl. Tab. 9.2).

9.3.4 Geeignete Studien- und Prüfungsleistungen

Portfolio-Prüfung: Für eine Benotung eignen sich die Exzerpte zu den Fachtexten sowie ein abschließender Exkursionsbericht. Aufgrund des hohen Aufwandes während der Exkursion wurde der Bericht auf fünf Seiten beschränkt. Hierfür wurden von uns inhaltliche Anforderungen formuliert.

Für eine Benotung weniger geeignet sind alle Erzeugnisse und Elemente, die zur VR-Exkursionen gehören. Da es sich um einen sehr kreativen und beispiellosen Prozess handelt, sind hier keine messbaren Anforderungen formulierbar.

9.4 Lehr- und Lerntheoretische Einordnung

Grundlage dieser Exkursion ist ein konstruktivistisches Lernparadigma, das durch eine starke Lernendenzentrierung, Outputorientierung und selbstverantwortliches Lernen gekennzeichnet ist. Die Dozierenden nahmen im Laufe der Exkursion vorwiegend die Rolle von Beraterinnen ein, die die Studierenden mit individuellen Impulsen in ihrem Arbeitsprozess unterstützten. Ziel war ein Empowerment der Studierenden, ihren Lern- und Arbeitsprozess selbst zu verantworten, was von allen Studierenden als äußerst lernförderlich und als ein außergewöhnliches Erlebnis im Rahmen hochschuldidaktischer Veranstaltungen wahrgenommen wurde. Speziell für die Einbindung in das Lehramtstudium ist interessant, dass die Studierenden betonten, wie das Erleben einer solchen Exkursion zu einer Reflexion

der eigenen Lehrerpersönlichkeit führte und auch eine neue Sicht auf schüler-
orientierte Exkursionsdidaktik eröffnete.

Mit der Weiterentwicklung der Spurensuche nach Hard (1989, 1995) fand so
eine Verschränkung von konstruktivistischer Forschung und konstruktivistischer
Exkursionsdidaktik statt, die durch das „Prinzip des digitalen Spurenlegens" eine
Erweiterung im Sinne einer geographischen Medienbildung erfuhr.

Fazit

Zusammengefasst waren uns bei der Konzeption dieser Exkursion drei Dinge
wichtig. Erstens haben wir mit Stadt und Zukunftsfähigkeit ein Gegenstandsfeld gewählt, welches viele Dimensionen gesellschaftlicher Gegenwart berührt
(Resilienz, lebenswerte Städte, soziale Gerechtigkeit etc.). Zweitens haben wir
eine konstruktivistische Exkursion (als Spurensuche) durchgeführt, welche das
forschende Lernen, Kreativität, aber auch Körperbewusstsein und Emotionali-
tät mit einbezogen und den Ort mit seinen Besonderheiten in den Mittelpunkt
gerückt hat. Dieses Vorgehen ist eng damit verbunden, dass das immersive
Instrument der Virtual Reality seine Wirkung durch Körperbezug und Raumerleben entfaltet. Drittens haben wir die Spurensuche methodisch so geplant,
dass das Gegenstandsfeld, die Erkenntnisse in Wien und das Design der virtuellen Umgebung gut miteinander verknüpft werden konnten. Das Produkt der virtuellen Lernumgebungen hat zu einer Fokussierung des Forschens beigetragen.
Die Studierenden haben in ihrem Feedback deutlich gemacht, dass durch
die Erfahrungen in Wien ihre Erkenntnisse zu Stadtentwicklungsprozessen
gewachsen sind und dass sie die Konzeption der Exkursion motivierend für das
Forschen fanden.

Literatur

Brendel, Nina. 2017. Reflexives Denken im Geographieunterricht. Dissertation. Erziehungs-
    wissenschaft und Weltgesellschaft, Bd. 10.
Dodge, Martin, Mary McDerby, und Martin Turner. 2008. The power of geographical visualiza-
    tions. In *Geographic visualization: Concepts, tools and applications*, Hrsg. Martin Dodge,
    Mary McDerby, und Martin Turner, 1–10. Hoboken: Wiley.
Hard, Gerhard. 1989. Geographie als Spurenlesen. *Zeitschrift für Wirtschaftsgeographie* 33
    (1–2): 2–11. https://doi.org/10.1515/zfw.1989.0002.
Hard, Gerhard. 1995. *Spuren und Spurenleser. Zur Theorie und Ästhetik des Spurenlesens in der
    Vegetation und anderswo*. Osnabrücker Studien zur Geographie, Bd. 16. Osnabrück: Rasch.
Kaspar, Heidi. 2013. Raumkonstruktionen aus Erzählungen rekonstruieren. Reflexionen aus
    einem Forschungsprojekt zur Untersuchung von „Park-Räumen". In *Raumbezogene qualita-
    tive Sozialforschung*, Hrsg. Eberhard Rothfuß, 175–199. Wiesbaden: Springer VS.
Kazig, Rainer. 2007. Atmosphären- Konzept für einen nicht repräsentationellen Zugang zum
    Raum. In *Kulturelle Geographien: Zur Beschäftigung mit Raum und Ort nach dem Cultural
    Turn*, Hrsg. Christian Berndt und Robert Pütz. Kultur und soziale Praxis. Bielefeld: transcript.

Lehnert, Gertrud. Hrsg. 2011. *Raum und Gefühl. Der Spatial Turn und die neue Emotions-forschung.* Metabasis, Bd. 5. Bielefeld: transcript.

Maister, Lara, Mel Slater, Maria V. Sanchez-Vives, und Manos Tsakiris. 2015. Changing bodies changes minds: owning another body affects social cognition. *Trends in cognitive sciences* 19 (1): 6–12. https://doi.org/10.1016/j.tics.2014.11.001.

Manz, Katja. 2015. Sichtbares und Unsichtbares. RaumBilder und Stadtplanung – ein Perspektivenwechsel. In *Visuelle Geographien: Zur Produktion, Aneignung und Vermittlung von RaumBildern,* Hrsg. Antje Schlottmann und Judith Miggelbrink, 133–145. Sozial- und Kulturgeographie, Bd. 2. Bielefeld: transcript.

Mayrberger, Kerstin. 2012. Partizipatives Lernen mit dem Social Web gestalten. Zum Wider-spruch einer verordneten Partizipation. *MedienPädagogik: Zeitschrift für Theorie und Praxis der Medienbildung* 21:1–25.

Rieckmann, Marco. 2017. *Education for sustainable development goals. Learning objectives.* Paris: UNESCO.

Schreiber, Jörg-Robert, und Hannes Siege, Hrsg. 2016. *Orientierungsrahmen für den Lern-bereich globale Entwicklung im Rahmen einer Bildung für nachhaltige Entwicklung. Ein Beitrag zum Weltaktionsprogramm "Bildung für nachhaltige Entwicklung": Ergebnis des gemeinsamen Projekts der Kultusministerkonferenz (KMK) und des Bundesministeriums für Wirtschaftliche Zusammenarbeit und Entwicklung (BMZ), 2004–2015, Bonn,* 2. Aufl. Berlin: Cornelsen.

Segbers, Teresa. 2018. Abenteuer Reise. Erfahrungen bilden auf Exkursionen. Dissertation. Praxis neue Kulturgeographie, Bd. 13. Frankfurt a. M.

Das Smartphone als Exkursionsführer – mit „Digital Guides" unterwegs flexibel lernen

10

Astrid Seckelmann

▶ Dank mobiler Endgeräte ist es möglich, dass Studierende Exkursionen individuell mit digital zur Verfügung gestellten Materialien durchführen. Die Studierenden können die Route, Lerninhalte und Aufgaben unterwegs per Smartphone oder Tablet abrufen und dadurch selbst bestimmen, wann und mit wem sie die Exkursion durchführen, wie viel Zeit sie sich dafür nehmen und welche inhaltlichen und räumlichen Schwerpunkte sie setzen.

Der Vorteil für Lehrende ist, dass sie nicht zu einem festgesetzten Termin – egal wie das Wetter ist, egal wie es ihnen selbst oder den Studierenden geht – mit einer großen Gruppe ins Gelände müssen. Das setzt allerdings eine vergleichsweise aufwendige Vorbereitung voraus.

10.1 Konzept

Die digitalen Angebote können in allen Studiengängen, für die Exkursionen wichtig sind, eingesetzt und auf unterschiedliche Niveaustufen ausgerichtet werden (Tab. 10.1). Es bietet sich an, die Inhalte einer Präsenzveranstaltung (z. B. Vorlesung oder Seminar) durch eine solche Exkursion zu vertiefen. Kenntnisse aus der Veranstaltung können im Gelände wiederholt und vertieft sowie Methoden angewendet werden. Zudem haben die Studierenden das Bedürfnis, sich im

A. Seckelmann (✉)
Geographisches Institut, Ruhr-Universität Bochum, Bochum, Deutschland
E-Mail: astrid.seckelmann@rub.de

© Springer-Verlag GmbH Deutschland, ein Teil von Springer Nature 2020
A. Seckelmann und A. Hof (Hrsg.), *Exkursionen und Exkursionsdidaktik in der Hochschullehre*, https://doi.org/10.1007/978-3-662-61031-2_10

Tab. 10.1 Einbettung in den Studienkontext

Zielgruppe	Fortgeschrittene Studierende
Gruppengröße	Beliebig
Kontext	Einbettung in eine andere Lehrveranstaltung (Vorlesung, Seminar, Studienprojekt), in der die Inhalte im Sinne von Blended Learning wieder aufgegriffen werden
Studienleistung	Fotos mit Kurzerläuterungen zu Teilbereichen der Exkursion als Studienleistung; Klausur zum gesamten Modul (Präsenzveranstaltung und Exkursion)

Anschluss an die Exkursion darüber auszutauschen und oft auch Fragen dazu zu stellen. Ideal wäre dementsprechend ein Blended-Learning-Angebot, bei dem die Exkursion in Präsenzphasen inhaltlich vor- und nachbereitet werden kann.

Tab. 10.2 Praktische Hinweise

Technische Voraussetzungen	Je nach Gestaltung: App zur Umsetzung (z. B. Biparcours) oder Webspace für die Bereitstellung der Materialien Ggf. Leihgeräte für Studierende	Mobile Endgeräte, ggf. Bereitschaft und Ressourcen, um eine App zu installieren
Kosten	Keine, falls kostenlose Software verwendet wird Ggf. die Anschaffung von zwei oder drei Leihgeräten (pro Gerät ca. 200 €)	Keine, falls mobiles Endgerät und ausreichendes Datenvolumen vorhanden sind
Vorbereitungsaufwand	Pro Stunde Exkursion ca. 10 h	Keiner
Durchführungsaufwand	Keiner	So viele Stunden, wie die Exkursion dauert
Nachbereitungsaufwand	Pro Studierenden ca. 5 Min	Ca. 20 Min. für drei Fotos mit kurzem Text à 50 Wörter

Der Aufwand für die Exkursion ist wegen der Erstellung der Materialien aufseiten der Lehrenden groß, aufseiten der Studierenden jedoch nicht größer als für geführte Exkursionen[1] auch (Tab. 10.2).

Die Erfahrung zeigt zudem, dass die technischen Voraussetzungen bei den Studierenden fast immer gegeben sind. Ein geeignetes mobiles Endgerät haben fast alle Studierenden, lediglich das mobil abrufbare Datenvolumen ist im Einzelfall beschränkt oder es fallen Zusatzkosten an. Auch die Bereitschaft (temporär) eine App zu installieren, liegt bei den Teilnehmerinnen und Teilnehmern in

---

[1]Die Unterscheidung von Friess et al. (2016; S. 549 ff.) nach „staff-led", „self-paced" und „virtual" wird hier aufgegriffen und mit „geführt", „selbstgesteuert" und „virtuell" ins Deutsche übertragen, wobei es sich bei dem hier vorgestellten um ein „selbstgesteuertes" Angebot handelt.

der Regel vor. Für alle Fälle kann es aber sinnvoll sein, zwei oder drei Leihgeräte vorzuhalten, die Studierenden, die eine dieser Voraussetzungen nicht erfüllen, zur Verfügung gestellt werden können.

10.2 Durchführung

Die im Folgenden vorgestellte Exkursion wird regelmäßig im Rahmen einer Lehrveranstaltung zur Stadtentwicklung durchgeführt, aber das Konzept ist auf beliebige Themen aus unterschiedlichen Disziplinen übertragbar: Ziel ist es, Informationen zu bestimmten Standorten zu vermitteln, unterschiedliche Perspektiven auf einzelne Phänomene aufzuzeigen sowie die Studierenden zu einer eigenen Positionierung bzgl. Kontroversen anzuregen.

Im vorliegenden Beispiel handelt es sich um eine problemorientierte Exkursion, bei der u. a. verschiedene Aspekte der Städtebauförderung sichtbar werden und unterschiedliche Möglichkeiten, diese zu bewerten, thematisiert werden.

10.2.1 Vorbereitung

Die Vorbereitung auf die Exkursion erfolgt sowohl inhaltlich (in Form einer Einführung für die Studierenden) als auch technisch und organisatorisch.

Inhaltlich
Die Exkursion ist in ein Modul eingebunden, zu dem auch eine Vorlesung gehört. Im Rahmen dieser Vorlesung werden Grundlagen von Stadtplanung und Stadtpolitik, z. B. zur Städtebauförderung, zu Kommunalfinanzen und zu lokaler Ökonomie vermittelt. Auf die Inhalte dieser Vorlesung wird während der Exkursion Bezug genommen, indem das breite Fachwissen auf konkrete Beispiele angewendet wird. Eine solche Verknüpfung von Exkursion und Vorlesung ist nicht zwingend, aber grundsätzlich ist es sinnvoll, E-Learning-Elemente (dazu gehört im weitesten Sinne auch diese Exkursion mit dem Smartphone) im Sinne von Blended Learning mit Präsenzveranstaltungen zu verknüpfen (s. lehr-lerntheoretischer Kontext Abschn. 10.4).

Technisch-organisatorisch
Die Exkursion basiert auf unterschiedlichen Materialien, die online zur Verfügung gestellt werden. Dazu gehören Texte, Audiodateien, Bilder, Videos und Fragen zur Selbstüberprüfung. Als besonders geeignet haben sich Audiodateien erwiesen, weil es möglich ist, während des Hörens die Objekte in der Umgebung zu sehen oder beim Hören weiterzugehen. Videos, Texte und Bilder hingegen lenken die Aufmerksamkeit von dem Ort, an dem man sich gerade befindet, ab, was der eigentlichen Idee einer Exkursion widerspricht. Friess et al. (2016, S. 560) haben zudem beobachtet, dass das Multitasking aus realweltlichem Erleben, der Bedienung eines Notebooks oder Tablets und Sehen eines Filmes einige

Studierende überfordert. In Ausnahmefällen kann der Einsatz dennoch sinnvoll sein (s. unten).

Zudem müssen Studierende ausreichend praktische Hinweise zur Routenführung und den empfohlenen Standorten der Exkursion erhalten.

10.2.2 Erarbeitung des Materials

Die Materialien müssen vorab produziert werden, was ein mehrschrittiges Verfahren voraussetzt:

Lernziele und Inhalte festlegen
Welche Inhalte möchte ich bei der Exkursion vermitteln? Welche zuvor theoretisch vermittelten Ansätze kann ich auf das Raumbeispiel (den Stadtteil, den Geländeausschnitt, den Kulturlandschaftsbereich etc.) anwenden? Welche Aspekte sind so wichtig, dass ich sie durch die Exkursion vertiefen möchte?

Standortauswahl
Welche Standorte sind dafür geeignet aufzuzeigen, was ich vermitteln möchte? Welche Standorte werfen Fragen auf? Welche Standorte lassen unterschiedliche Interpretationen und Perspektiven zu?

Materialauswahl
Kann ich an den Standorten durch Quizfragen Vorwissen in Erinnerung rufen? Will ich neue Informationen durch einen Input vermitteln? Sind zum Verständnis des Standortes visuelle Eindrücke erforderlich, die vor Ort nicht zu bekommen sind (s. unten)?

Wann ist es sinnvoll, Audiodateien und Texte um Bilder, Graphiken und Videos zu ergänzen?
Die Grundidee von Exkursionen ist es, sich Phänomene vor Ort anzuschauen. Zusätzliches visuelles Material sollte deshalb sparsam eingesetzt werden, weil ansonsten die Sinnhaftigkeit des Ortsbesuchs infrage gestellt wird. Dennoch kann es Situationen geben, in denen ergänzend Fotos, Grafiken, Karten, Pläne oder Videos sinnvoll sein können. Beispielsweise wenn

- der Zustand des Objektes zu einem anderen Zeitpunkt gezeigt werden soll (z. B. die Fassade eines Gebäudes vor der Sanierung oder eine Pflanze in einer anderen Vegetationsphase);
- ein anderer, hier nicht sichtbarer Teil des Objektes gezeigt werden soll (z. B. das Innere eines Gebäudes oder die Wurzel einer Pflanze);
- eine Entwicklung im Zeitverlauf gezeigt werden soll (z. B. im Zeitraffer in einem Film);

- ein Vergleich zu einem anderen, hier nicht befindlichen Objekt gezogen werden soll (z. B. ein anderes Gebäude des gleichen Architekten, ein anderes Kunstwerk aus derselben Zeit oder eine andere Pflanze derselben Art);
- die Lage des aktuellen Standorts auf einem Plan oder in einer Karte verortet werden soll;
- mehrere oder komplexe Zahlen genannt werden, die in einem Diagramm übersichtlicher darzustellen sind.

Materialerstellung

Das Vorgehen ist unterschiedlich, je nachdem, ob Audio- oder Videodateien, Texte oder Quizfragen erstellt werden sollen.

Zu **Produktion von Audio-(oder Video)dateien** ist es sinnvoll, die Texte vorab wörtlich aufzuschreiben. Eingesprochen werden sollten sie von guten Sprecherinnen und Sprechern, die nicht unbedingt mit der Exkursionsleitung identisch sein müssen. Es kann sinnvoll sein, mehrere Personen zum Einsatz zu bringen, um bestimmte Themen wiederkehrend mit bestimmten Stimmen zu verbinden. Besonders sinnvoll ist das, wenn unterschiedliche, vielleicht sogar kontroverse Perspektiven dargestellt werden. Zusätzlich zu den von der Exkursionsleitung vorgegebenen Texten können authentische Interviews mit Expertinnen und Experten oder Betroffenen integriert werden.

Nach der Aufnahme können die Dateien geschnitten werden, z. B. um sie in mehrere kleine Einheiten aufzuteilen. Eine Audioeinheit sollte nicht länger als zwei Minuten dauern. Das hat zum einen mit der Aufmerksamkeitsspanne der Studierenden im Gelände zu tun. Zum anderen hat es aber auch einen technischen Hintergrund: Bei manchen für die Exkursion geeigneten Apps ist es so, dass das Abspielen der Audiodatei abbricht, sobald das Handy oder Tablet in den Energiesparmodus schaltet. Es ist deshalb empfehlenswert, die Exkursionsteilnehmerinnen und -teilnehmer vor dem Beginn der Exkursion darauf hinzuweisen, nach wie viel Zeit der Energiesparmodus frühestens einsetzen darf.

Der **Einsatz von Fragen** unterliegt technischen und inhaltlichen Restriktionen. So sind z. B. Fragen, die keine direkte „richtig oder falsch"-Rückmeldung erzeugen können (weil Meinungen oder Interpretationen abgefragt werden), wenig motivierend.

Wann ist es sinnvoll, Fragen zu integrieren?

Der Einsatz von Fragen eignet sich, wenn

- Vorwissen in Erinnerung gerufen werden soll;
- zum genaueren Hinschauen angeregt werden soll;
- zum Nachdenken über etwas Gesehenes angeregt werden soll;
- ein Lerneffekt durch Wiederholung erzielt werden soll.

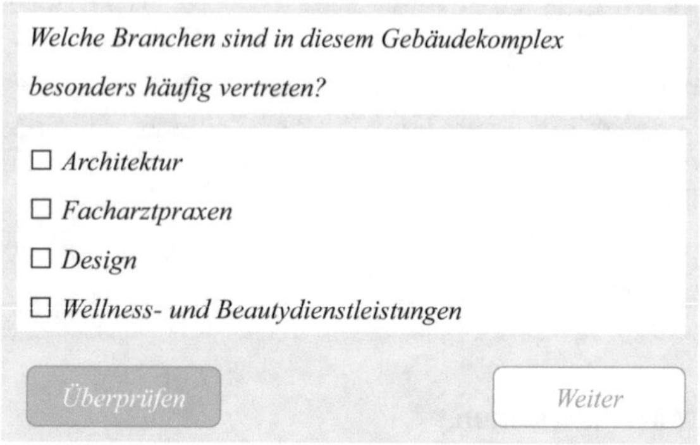

Abb. 10.1 Beispiel für eine
Quizfrage zur Anregung der
Beobachtung vor Ort. (Eigene
Abbildung)

Welche Branchen sind in diesem Gebäudekomplex

besonders häufig vertreten?

☐ *Architektur*

☐ *Facharztpraxen*

☐ *Design*

☐ *Wellness- und Beautydienstleistungen*

Überprüfen   *Weiter*

Es gibt eine Reihe unterschiedlicher Fragetypen, die im E-Learning bereits erprobt sind, und auch bei einer Exkursion zum Einsatz kommen können. Dabei ist aber zu berücksichtigen, dass auf den meist kleinen mobilen Endgeräten das Tippen längerer Texte unbeliebt ist und auch feinmotorische Aktivitäten, wie sie z. B. bei Drag-and-Drop-Aufgaben benötigt werden, schwierig sind.

Insofern bieten sich am ehesten Single- oder Multiple-Choice-Aufgaben an, auf die eine sofortige Rückmeldung nach der Antwort erfolgt. Die Fragen sollten unbedingt einen Bezug zum Standort aufweisen (s. Abb. 10.1) bzw. es sollte deutlich werden, warum an dieser Stelle auf Vorwissen zurückgegriffen wird (Abb. 10.2).

Die **Erstellung einer Karte,** auf der die empfohlene Exkursionsroute und die Exkursionsstandorte eingezeichnet sind, ist zwingend erforderlich, sofern nicht mit GPS-Tracking gearbeitet wird. Aber auch zusätzlich zur Angabe von Koordinaten kann eine Karte eine sinnvolle Ergänzung sein, um den Teilnehmenden einen Überblick über den Exkursionsraum zu ermöglichen (Abb. 10.3).

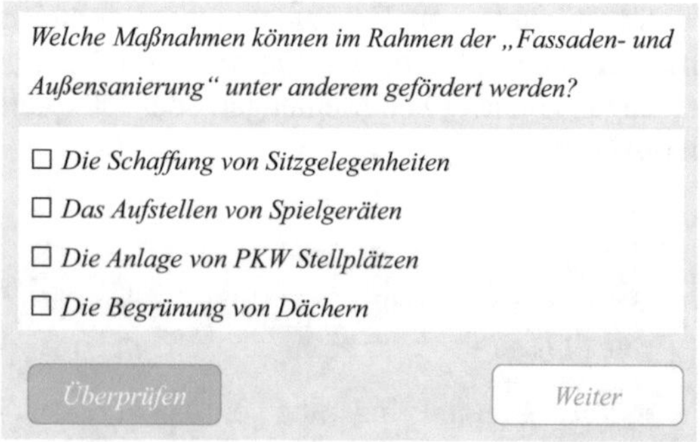

Abb. 10.2 Beispiele für eine
Quizfrage zur Anknüpfung an
Vorwissen

Welche Maßnahmen können im Rahmen der „Fassaden- und

Außensanierung" unter anderem gefördert werden?

☐ *Die Schaffung von Sitzgelegenheiten*

☐ *Das Aufstellen von Spielgeräten*

☐ *Die Anlage von PKW Stellplätzen*

☐ *Die Begrünung von Dächern*

Überprüfen   *Weiter*

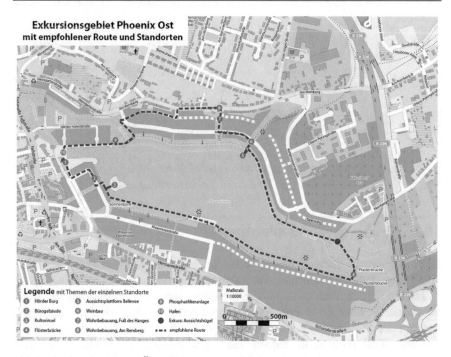

Abb. 10.3 Beispiel für eine Überblickskarte zum Exkursionsraum

10.2.3 Zusammenstellen des Materials auf einer Plattform

Nach der Produktion des Materials muss es den Exkursionsteilnehmerinnen und -teil-
nehmern zugänglich gemacht werden. Besonders nutzerfreundlich für Studierende
ist es, eine eigene Website zu erstellen[2]. Da es sich aber um ein responsives System
handeln muss, damit die Materialien auf unterschiedlichen Endgeräten genutzt werden können, und verschiedene Funktionen (wie z. B. Quizfragen und GPS-Anzeigen)
integriert werden sollten, ist die Programmierung sehr aufwendig und für Lehrende
ohne explizite Webdesign- und Programmierkenntnisse kaum zu bewältigen.

Deshalb bietet es sich an, auf bereits bestehende Apps zurückzugreifen[3]. Diese
Apps sind in der Regel nicht genau für den hier gewünschten Zweck entwickelt
worden und es sind kleine Einschränkungen in der gewünschten Funktionalität
hinzunehmen, aber dennoch ermöglichen sie ein relativ einfaches Arbeiten. Der
Nachteil ist allerdings, dass die teilnehmenden Studierenden dazu in der Lage und
bereit sein müssen, die gewählte App auf ihrem Handy zu installieren.

---

[2]Ein Beispiel für eine Exkursionswebsite findet sich unter http://www.geographie.ruhr-uni-
bochum.de/bochumexkursion/.

[3]So steht z. B. in NRW die Software „Biparcours" für Bildungszwecke kostenfrei zur Verfügung.
Verschiedene Hochschulen entwickeln zudem aktuell eigene Systeme.

Informationen für die Studierenden

Die Exkursionsteilnehmerinnen und -teilnehmer müssen ausreichend über die an sie und ihre Geräte gestellten Anforderungen informiert werden. Dazu sollte ein Merkblatt erstellt werden, das unter anderem angibt,

- mit welchem Zeitaufwand Studierende rechnen sollten;
- mit welchen Betriebssystemen und Versionen die Nutzung der jeweiligen App/Website möglich ist;
- wieviel Speicherplatz benötigt wird;
- ob eine Offline-Nutzung nach vorherigem Herunterladen möglich ist.

10.3   Prüfungs-/Studienleistung

Es sind unterschiedliche Prüfungs- oder Studienleistungen[4] möglich – abhängig vom Lernziel und der Verortung der Veranstaltung im Modul oder Studiengang.

In der diesem Beitrag zugrunde liegenden mehrfach durchgeführten Lehrveranstaltung wird keine Prüfungsleistung eigens für die Exkursion angesetzt, sondern der Stoff des gesamten Moduls (Vorlesung und Exkursion) ist klausurrelevant. Zusätzlich wird jedoch eine Studienleistung erwartet, also eine unbenotete Leistung, deren Einreichen Voraussetzung für die Teilnahme an der Klausur ist. Durch das Einreichen, von unter bestimmten Aspekten kommentierten Fotos, aus dem Exkursionsraum (s. Kasten) werden die Studierenden dazu angeregt, über das Gelernte nachzudenken und eigene Positionen zu formulieren (Abb. 10.4). Die Fotos werden gegen Ende des Semesters in die Vorlesung integriert, indem die von den Studierenden gewählten Fotomotive gezeigt und in einen fachlichen Kontext (hier: Städtebauförderung) gestellt werden. Damit erhalten die Studierenden entsprechend den Lernzielen der Veranstaltung einen Überblick über unterschiedliche Perspektiven auf einige Gegebenheiten. Die verschiedenen bzw. manchmal auch deckungsgleichen Sichtweisen lösen Diskussionen aus.

Beispielhafte Aufgabenstellung für eine Studienleistung in Verbindung mit der Exkursion

Exkursionsreflektion

Zur Reflektion des Erlernten machen Sie bitte in jedem der Teilgebiete der von Ihnen durchgeführten Exkursion je ein Foto, das Ihres Erachtens die Transformation und Situation des Gebietes besonders gut symbolisiert. Pro

---

[4]Als Prüfungsleistungen werden hier benotete Leistungen verstanden, als Studienleistungen unbenotete Leistungen, die lediglich für ein „Bestanden" genügen müssen und zur Voraussetzung für die weitere Teilnahme am Modul oder für die Zulassung zur Prüfungsleistung erbracht werden müssen.

Dieses Foto repräsentiert die Vergangenheit und Zukunft von Phoenix Ost: Die
Thomasbirne erinnert an den Stahlstandort. Die Kunstausstellung zeigt die Versuche,
das Gelände aktuell zu bewerben. Die laufenden Bauarbeiten an den modernen
Stadthäusern zeigen die Zukunft des Geländes. Und die im Hintergrund sichtbaren
Bestandsbauten deuten auf mögliche Konflikte mit der Altbevölkerung hin.

Abb. 10.4 Beispiel für eine Bearbeitung der Fotoaufgabe

Exkursion sollten so drei Fotos entstehen. Verfassen sie jeweils einen kurzen
Text, in dem Sie begründen, warum Sie sich jeweils für dieses eine Foto ent-
schieden haben (pro Teilgebiet und Foto ca. 50 Wörter). Die Fotos werden
unter Angabe Ihrer Urheberschaft ggf. in der Vorlesung verwendet (Abb. 10.4).

10.4   Lehr-lern-theoretischer Kontext

Die didaktische Einordnung kann unter verschiedenen Gesichtspunkten erfolgen.
Zunächst soll im Folgenden die Diskussion um kognitivistische und konstruktivistische Zugänge aufgegriffen werden. Daran anschließend wird das Konzept in das
Spektrum von E-Learning und Präsenzveranstaltungen eingeordnet und schließlich
hinsichtlich seines Potenziales individuelles bzw. kollaboratives Arbeiten zu unterstützen, geprüft.

10.4.1 Kognitivistisch vs. konstruktivistisch

In der jüngeren Forschung dieses Jahrhunderts wird in der Exkursionsdidaktik v. a.
zwischen dem kognitivistischen und konstruktivistischen Paradigma unterschieden
(überblicksartige Zusammenstellung dazu finden sich u. a. bei Dickel und Glasze

2009 sowie Ohl und Neeb 2012). Der kognitivistische Ansatz ist dabei durch folgende Aspekte geprägt:

- starke Steuerung durch die Lehrenden
- durch Lehrende vorgegebene Problemstellung
- Vermittlung deklarativen und prozeduralen Wissens
- Diskussionen zu gegebenen Fragestellungen
- eingeschränktes Perspektivangebot
- eher homogene Lernergebnisse

Der konstruktivistische Ansatz hingegen ist durch die folgenden Merkmale
gekennzeichnet:

- Selbststeuerung durch die Lernenden
- Entwicklung eigener Problemstellungen
- Entwicklung eigener Vorgehensweise („Spurensuche")
- kooperative Aneignungsprozesse
- Multiperspektivität
- unterschiedliche Lernergebnisse

Beide Ansätze haben ihre Stärken und Schwächen, dennoch wird wegen der akti-
vierenden und motivierenden Wirkung derzeit der konstruktivistische Zugang als
besonders gewinnbringend angesehen. Die hier beschriebene Exkursion hingegen
ist jedoch eher durch vorgegebene Lernpfade (räumlich und inhaltlich) bestimmt
(Abb. 10.5) und führt damit zu einem instruktiv-kognitiven Zugang.

Gerade die Motivation ist hier aber aufgrund der Rahmenbedingungen hoch.
Die Möglichkeit, mithilfe des Smartphones eine Exkursion selbstgesteuert
durchzuführen, gefällt vielen Studierenden. Die Tatsache, dass eher deklaratives

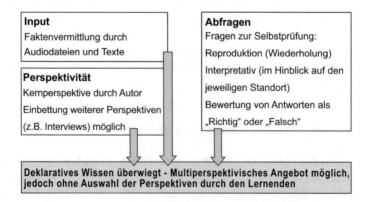

Abb. 10.5 Wissensproduktion im Rahmen der Exkursion. (Eigene Abbildung)

Wissen vermittelt wird und eine starke inhaltliche Steuerung durch den Lehrenden vorgenommen wird, wird dadurch etwas ausgeglichen, dass die Studierenden
zumindest dahingehend Prioritäten setzen können, an welchen Standorten sie sich
länger aufhalten und welchen Themen sie mehr Zeit widmen.

Wird die Exkursion in eine andere Lehrveranstaltung eingebunden, ist es möglich, dort die Studierenden im Vor- oder Nachhinein der Exkursion eigene Problemstellungen entwickeln zu lassen oder unterschiedliche Perspektiven zu diskutieren.

10.4.2   E-Learning vs. Präsenz

Auch wenn es sich bei der Exkursion um einen außeruniversitären Lernort handelt,
kann zwischen Präsenzveranstaltung und E-Learning unterschieden werden. Präsenzveranstaltungen sind in diesem Sinne dadurch gekennzeichnet, dass feste Kontaktzeiten
vorgegeben sind, in denen nicht nur Lehrende und Studierende, sondern auch Studierende und Studierende aufeinandertreffen. Im Unterschied dazu bezeichnet E-Learning
ein Angebot, bei dem fernab dieser sozialen Lernumgebung selbstständig auf Grundlage von vorgegebenen Materialien gearbeitet wird. Diesem Verständnis zufolge handelt es sich bei der hier vorgestellten Exkursion um ein E-Learning-Angebot.

Die Stärken des Konzepts liegen darin, dass

- Studierende selbst über Zeitpunkt und Tempo der Exkursion entscheiden;
- Teilnehmende nach ihren Interessen mehr oder weniger lang an einzelnen
  Standorten verweilen oder sie um eigene Erkundungen ergänzen können;
- Teilnehmende die Exkursion je nach eigenem sozialen Bedürfnis alleine oder in
  Teams durchführen;
- Lehrende nicht in Unkenntnis von Wetter und eigener Befindlichkeit einen fes-
  ten Exkursionstermin festlegen und gestalten müssen;
- eine unbegrenzte Personenzahl die Exkursion durchführen kann.

Die Schwächen liegen darin, dass

- während der Exkursion kein Austausch zwischen Lehrenden und Studierenden
  möglich ist,
- technische Probleme die Durchführung für einzelne Teilnehmerinnen und Teilnehmer erschweren können,
- nur eine begrenzte Kontrolle über die tatsächliche Durchführung erfolgt.

Die Nachteile des E-Learning-Pakets können nur dadurch ausgeglichen werden,
dass parallel zur Exkursion ein zusätzliches Angebot geschaffen wird. Dies kann
– neben der oben bereits erläuterten Einbindung in eine Präsenzveranstaltung
im Sinne von Blended Learning – durch das Angebot einer asynchronen
Kommunikationsmöglichkeit (Diskussionsforum) ergänzt werden.

Die hier vorgestellte Einbindung der Exkursion und Studienleistung in die Vorlesung mildert die Gefahr ab, dass technisch-organisatorisch nicht wirklich eine Kontrolle über die tatsächliche Durchführung der Exkursion erfolgen kann. Haben Studierende etwa dieselben Fotos eingereicht, wird das bei ihrer Präsentation im Hörsaal deutlich. Erfahrungsgemäß nehmen sie das mit Humor und grundsätzlich freuen sich die Exkursionsteilnehmerinnen und -teilnehmer, wenn ihre Fotos die Wertschätzung erfahren, in einer Vorlesung eingesetzt zu werden.

10.4.3 Individuell vs. kollaborativ

Befragungen der Studierenden über mehrere Jahre[5] geben Aufschluss über die Nutzung der Exkursion durch die Studierenden:

Mehr als zwei Dritteln der Teilnehmerinnen und Teilnehmer (67 %) gefällt die Möglichkeit, den Prozess (Tag, Tempo, Verweildauer an einzelnen Standorten) selbst bestimmen zu können. Trotz dieser Freiheit zur individuellen Gestaltung führt aber ein noch größerer Anteil (72 %) die Exkursion nicht allein, sondern zu zweit (23 %) oder sogar in größeren Gruppen (49 %) durch. Eine große Mehrheit (80 %) gab an, sich vor, während und nach der Exkursion mit Kommilitoninnen und Kommilitonen über die Inhalte ausgetauscht zu haben. Offensichtlich wird der vorhandene Spielraum für kollaboratives Arbeiten genutzt.

Auch nach der eigentlichen Durchführung wurde das Angebot noch zum Lernen genutzt: 63 % der Studierenden haben die Inhalte der Exkursion nachgearbeitet, wobei insbesondere die Audiodateien (erneut) angehört, aber auch zusätzliche eigene Recherchen durchgeführt wurden (Abb. 10.6).

Die Gesamtbewertung der Exkursion fiel jedoch unterschiedlich aus. Tendenziell sind die Motivation und der Spaßfaktor hoch. Nur 10 % gaben an, dass ihnen die Exkursion keinen Spaß gemacht hat und nur 6 % meinen, durch die Exkursion eher nicht dazugelernt zu haben.

Nur etwa die Hälfte der Teilnehmenden bevorzugt diese Form der Exkursion aber eindeutig vor geführten Gruppenexkursionen (Abb. 10.7). Diese Ergebnisse decken sich in etwa mit den Erfahrungen von Friess et al. (2016, S. 560), in deren Studie geführte mit selbstgesteuerten und virtuellen Exkursionen verglichen wurden. In ihrem Angebot galt die Präferenz geführten Exkursionen, selbstgesteuerte Exkursionen wurden jedoch auch sehr positiv bewertet.

Insbesondere fehlte der Austausch mit der Lehrperson (Abb. 10.8 sowie Friess et al. 2016, S. 560).

Dies unterstreicht nicht nur die Notwendigkeit der Anbindung der Exkursion an Präsenzphasen, sondern auch, dass es sich um ein interessantes ergänzendes Angebot handelt, das aber begleitete Exkursionen nicht völlig ersetzen sollte.

---

[5]In den Jahren 2017 bis 2019 haben sich insgesamt 86 Studierende an der Befragung beteiligt. Die Ergebnisse werden hier summiert für diese drei Jahre in Prozentangaben dargestellt.

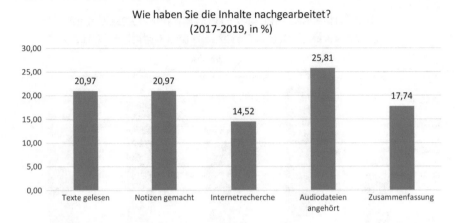

Abb. 10.6   Methoden der Nacharbeit. (Eigene Darstellung)

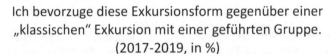

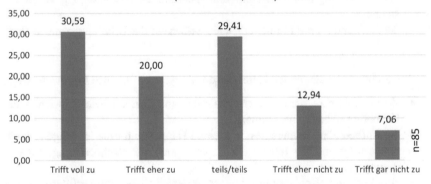

Abb. 10.7   Präferenz für digital gestützte Exkursionen. (Eigene Darstellung)

Empfehlungen

Eine digital begleitete, selbstgesteuerte Exkursion kann eine sinnvolle Ergänzung zu klassischen Angeboten darstellen. Aus Sicht von Lehrenden ist sie dann zu bevorzugen, wenn

- die Exkursion nicht nur einmal, sondern regelmäßig oder zumindest mehrfach durchgeführt werden soll,
- institutionelle Vorgaben dazu führen, dass eine besonders große Gruppe von Studierenden mit einer Exkursion versorgt werden muss,
- das Thema die Vermittlung von deklarativem Wissen erlaubt und kein diskursiver Prozess erforderlich ist,

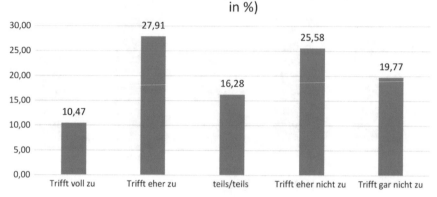

Abb. 10.8 Bedeutung des Austauschs mit der Lehrperson. (Eigene Darstellung)

- die technischen und gegebenenfalls personellen und finanziellen Ressourcen zur Erarbeitung und laufenden Aktualisierung der Exkursion zur Verfügung stehen,
- der Aufwand für die Erarbeitung angemessen auf das Lehrdeputat angerechnet wird.

Aus Sicht von Studierenden bietet diese Exkursionsform einen Mehrwert, wenn

- sie ein Interesse daran haben, Zeitraum und Dauer sowie Prioritäten der Exkursion selbst zu bestimmen,
- die Aufbereitung in angemessen kleinen Häppchen für die jeweiligen Standorte erfolgt und die Inhalte auch später noch zur Nachbereitung zur Verfügung stehen,
- eine Vor- und Nachbereitung in einer Präsenzveranstaltung erfolgt bzw. der Austausch mit der Lehrperson über die Exkursion ermöglicht wird,
- die technischen Anforderungen vertretbar und transparent sind,
- die mit der Exkursion verbundenen Studien- oder Prüfungsleistungen klar formuliert sind,
- und der Aufwand für die Durchführung angemessen in die Leistungspunkte, die für die Lehrveranstaltung vergeben werden, einberechnet wird.

Grundsätzlich gilt für diese Exkursion wie für jedes E-Learning-Angebot, dass sie eine höhere Akzeptanz und Abschlussquote erfährt, wenn sie im Sinne von „Blended Learning" mit einer Präsenzveranstaltung verknüpft wird. So können die Stärken beider Lehrveranstaltungsformate kombiniert werden. Da aber nicht alle Studierenden die Selbststeuerung gegenüber dem Geführtwerden durch eine Lehrperson bevorzugen, ist es sinnvoll, innerhalb eines Studiengangs beide Formen anzubieten.

Literatur

Dickel, M., und G. Glasze. 2009. *Vielperspektivität und Teilnehmerzentrierung. Richtungsweiser der Exkursionsdidaktik.* Praxis neue Kulturgeographie, Bd. 6. Zürich: LIT.

Friess, Daniel A., Garhame J. H. Oliver, Michell S. Y. Quak, und Annie Y. A. Lau. 2016. 40. Incorporating "virtual" and "real world" field trips into introductory geography modules. *Journal of Geography in Higher Education* 2016 (4): 546–564.

Ohl, U., und K. Neeb. 2012. Exkursionsdidaktik: Methodenvielfalt im Spektrum von Kognitivismus und Konstruktivismus. In *Geographiedidaktik: Theorie – Themen – Forschung,* Hrsg. Johann-Bernhard Haversath, 259–288. Das geographische Seminar. Braunschweig: Westermann.

Zettelchaos ade! Mit dem Feldbuch planvoll, strukturiert und forschend-entdeckend arbeiten

11

Thomas Amend

▶ Feldbücher gehören seit dem Jahr 2015 zum festen Repertoire von „Großen geographiedidaktischen Exkursionen" in der Didaktik der Geographie der Universität Würzburg. Dabei erfüllen sie neben der Bewertbarkeit von studentischen Leistungen weitere wichtige Funktionen, die der erfolgreichen, ökonomischen und methodischen Gestaltung von Exkursionen zuträglich sind. Anlass für die Idee der Feldbucherstellung und die sich daraus entwickelte Konzeption war die gängige Praxis auf Exkursionen, dass Studierende wesentliche Inhalte meist unsystematisch niederschrieben und Begleitmaterialien bei studentischen Vorträgen häufig zu klein oder nicht in der entsprechenden Anzahl präsent waren. Hieraus entstand der Gedanke, bereits im Vorfeld der Exkursion ein Arbeitsbuch für alle Studierenden zu erstellen, welches die wichtigsten Materialien, Karten, Abbildungen, Statistiken sowie konkrete Arbeitsaufträge und methodische Hinweise zur Erarbeitung vor Ort enthält. Alle Studierenden erhalten je ein Exemplar zu Beginn der Exkursion ausgehändigt.

11.1 Definition und formale Kriterien

Ein Feldbuch ist ein Arbeitsbuch für Exkursionen, das dem selbstständigen, forschend-entdeckenden Erarbeiten und Erkunden von Sachverhalten im Zielgebiet dient und hierfür wichtige Karten, Abbildungen, Tabellen, Informationen

T. Amend (✉)
Didaktik der Geographie, Universität Würzburg, Würzburg, Deutschland
E-Mail: thomas.amend@uni-wuerzburg.de

© Springer-Verlag GmbH Deutschland, ein Teil von Springer Nature 2020   165
A. Seckelmann und A. Hof (Hrsg.), *Exkursionen und Exkursionsdidaktik in der Hochschullehre*, https://doi.org/10.1007/978-3-662-61031-2_11

und Arbeitsaufträge zu einzelnen Themengebieten enthält. Darüber hinaus dient es als Sammelmedium für weitere Anschauungsmaterialien zur Visualisierung studentischer Beiträge vor Ort.

11.1.1 Format des Feldbuchs

Als bestes Format für das Feldbuch hat sich eine stabile Ringbuchheftung aus Metall in DIN A5 bewährt. Mit transparenten Folien (vor der ersten und nach der letzten Seite), die vor Nässe und Verschmutzung schützen, kann das Buch in diesem Format sehr gut in jedem Rucksack transportiert werden. Die Seiten werden nur einseitig bedruckt, da die Rückseiten für weitere Beobachtungen, Skizzen und individuelle Notizen zur Verfügung stehen. Durch das Umschlagen der Seiten wird eine recht stabile Schreibunterlage im Gelände erzielt und somit kann z. B. auch im Stehen komfortabel geschrieben werden. Handlichkeit, Robustheit und einfache Bearbeitbarkeit (auch ohne Unterlage) sind für den ständigen Einsatz auf Exkursionen wesentliche Kriterien des Feldbuchs.

11.2   Das Feldbuch in den einzelnen Phasen einer Exkursion

Das Feldbuch hat während des gesamten Prozesses von der Vor- bis zur Nachbereitung einer Exkursion unterschiedliche Funktionen, die sich je nach Phase verändern (Tab. 11.1). In der Vorbereitungsphase steht neben der Konzeption des

Tab. 11.1 Funktion des Feldbuches in den verschiedenen Phasen einer Exkursion

	Vorbereitung	Durchführung	Nachbereitung
Kontext	Didaktische Rekonstruktion eines Fachthemas durch Studierende	Vortrag und Expertenrolle der Studierenden vor Ort	Verfassen von Tagesprotokollen und Reflexionen
Didaktischer Nutzen	• Konzeption, Präsentation und Überarbeitung von Feldbuchbeiträgen zum gewählten Referatsthema • Frühzeitiges Hineinversetzen in die Rolle des Experten vor Ort	Nutzung des Feldbuchbeitrags vor Ort zur Unterstützung der Referate Bearbeitung der Aufgaben und Beobachtungsaufträge Diskussion des didaktischen Werts der Beiträge durch die Gruppe	Grundlage für die Erstellung der Tagesprotokolle Mögliche Nutzung des gesamten Feldbuchs als Prüfungsleistung
Persönlicher Nutzen	Reflexion über die Erstellung von Lehrmaterialien	Rückseiten der Feldbuchbeiträge bieten Raum für individuelle Notizen, Skizzen, zum Bekleben mit Materialien, als individuelles Exkursionstagebuch etc.	Funktion als persönliches Exkursionstagebuch mit individuellen Erkenntnissen und Notizen (nicht im Fall einer Nutzung als Prüfungsleistung)

individuellen Feldbuchbeitrags auch dessen Bewertung im Fokus der Betrachtung. Während der Durchführung der Exkursion erfolgen die intensive Nutzung und Bearbeitung der Feldbuchbeiträge durch die Exkursionsteilnehmer sowie die Reflexion über Sinnhaftigkeit und Qualität der einzelnen Aufgaben. In der Nachbereitung hat das Feldbuch hauptsächlich die Funktion eines Sicherungsmediums.

11.2.1 Vorbereitung

Vor der Exkursion erfolgt ein Vorbereitungsseminar, in welchem die Studierenden zu einem selbstgewählten Thema ein Referat halten und Begleitmaterialien erstellen. Darüber hinaus konzipieren die Studierenden bereits hier parallel zu ihrem Fachvortrag einen Feldbuchbeitrag, der dem Plenum vorgestellt wird. Hierdurch begeben sie sich bereits in einer sehr frühen Phase der Exkursionsvorbereitung gedanklich in die Rolle der Durchführenden und entwickeln Ideen zu möglichen Exkursionsschwerpunkten des gewählten Themas (inhaltlich, methodisch, organisatorisch), informieren sich über Erkundungsmöglichkeiten vor Ort, wählen geeignete Methoden der Feldarbeit aus und stellen Durchführungsideen zur Diskussion.

Im weiteren Verlauf der Vorbereitung wird der Feldbuchbeitrag überarbeitet und zu einem festgelegten Zeitpunkt verbindlich eingereicht. Dieses Dokument wird mithilfe des Bewertungsschemas bewertet (vgl. Abschn. 11.4).

Beispiel

Am Beispiel des Inhaltsverzeichnisses des Feldbuchs zur Argentinien-Exkursion (Tab. 11.2) wird deutlich, dass jede Studentin und jeder Student für ein Themengebiet verantwortlich ist. Inhaltlich erfolgt eine Beschränkung auf zentrale Aspekte des Exkursionsgebietes. Die Reihenfolge der Beiträge spiegelt den chronologischen Verlauf der Exkursion mit inhaltlicher Schwerpunktsetzung im Groben wider, wenngleich keine stringente Abfolge der Inhalte des Feldbuchs mit den einzelnen Exkursionstagen erzielt werden kann, da viele Themengebiete an mehreren Tagen relevant sind.

11.2.2 Durchführung

Während der Exkursion ist das Feldbuch das Leitmedium, da sich hierin alle relevanten Karten, Statistiken und Arbeitsaufträge für die Erkundungen vor Ort befinden. Kurzvorträge im Gelände werden durch Arbeitsaufträge und Visualisierungsmaterialien im Feldbuch unterstützt. Ein bedeutender Vorteil hierbei ist, dass die Studierenden entsprechende Unterlagen und Abbildungen direkt vor sich haben und diese für alle gut sichtbar sind. Darüber hinaus können individuelle Notizen zu einzelnen Inhalten unmittelbar während des Vortrags im Feldbuch an der richtigen Stelle getätigt werden (Abb. 11.1).

Tab. 11.2 Gliederung eines Feldbuchs – Beispiel Argentinien-Exkursion

Thema	Studierende/r	Seite
Regionalgeographischer Überblick		1
Córdoba		6
Geschichte bis ins 19. Jahrhundert		11
Geschichte ab dem 19. Jahrhundert		17
Wirtschaftsgeographische Strukturen und Entwicklungen		21
Politische Gliederung		25
Präkoloniale Ethnien und Strukturen		27
Missionierung Südamerikas		31
Siedlungs- und bevölkerungsgeographischer Überblick		38
Salta		41
Plattentektonik		47
Geologischer Überblick		52
Naturräumliche Gliederung		58
Klima		60
Geomorphologie		65
Böden		72
Landnutzung		76
Bodenschätze und Rohstoffe		77
Vegetationszonen		82
Agrarproduktion		91
Naturereignisse, -gefahren und -katastrophen		98
Tourismus		102
The Argentinian way of life		107
Buenos Aires		110
Europäische Einwanderung		113
Iguazú-Wasserfälle		118

Gut gestaltete Feldbuchbeiträge fördern darüber hinaus die Qualität der bewerteten mündlichen Beiträge im Gelände deutlich, da die Referierenden vor Ort auf die vorhandenen Materialien und Arbeitsaufträge jederzeit zurückgreifen können.

Die folgenden Beispiele stellen eine durch den Verfasser des Beitrags erstellte und teilweise verkürzte Auswahl unterschiedlicher Aufgaben aus Feldbüchern vergangener Exkursionen dar. Graphiken, Abbildungen, Karten etc., die einen wesentlichen Teil jedes Feldbuchs ausmachen, können hier aus Rechtegründen leider nicht dargestellt werden.

11.2.2.1 Vergleiche

Tabellen eignen sich besonders gut für den Einsatz in Feldbüchern, z. B. um Vergleiche durchzuführen, da sie platzsparend, klar strukturiert und zeiteffizient in der

Abb. 11.1   Studierende beim Bearbeiten des Feldbuchs im Gelände

Ergebnissicherung und -besprechung sind. Daher finden sich sehr viele Tabellen in Feldbüchern wieder.

Die Lücken werden von den Exkursionsteilnehmerinnen und -teilnehmern während individueller Erkundungsphasen gefüllt, teilweise schon vor der Exkursion im Heimatland. Es empfiehlt sich, stets ganze Zeilen für individuelle Schwerpunktsetzungen und Interessen freizulassen.

Beispiel

Bei einer Exkursion nach Argentinien ging es darum, unterschiedliche Lebenshaltungskosten sowie die Preisunterschiede in unterschiedlichen Einzelhandelsformen zu erfassen (Tab. 11.3). Studierende konnten mit dem Vergleich vor der Exkursion in Deutschland beginnen und ihn dann in Argentinien fortsetzen, was die Auseinandersetzung mit dem Thema intensivierte.

11.2.2.2 Befragungen

Kurze Interviews zu ausgewählten Themengebieten lassen sich durch die in Tab. 11.4 dargestellte Form vor Ort sehr einfach realisieren und auswerten. Je nach Bedarf wird diese Tabelle mehrfach abgedruckt, sodass mehrere Befragungen durchgeführt werden können.

Beispiel

Einmal entwickelte Befragungen, wie hier z. B. zum Reiseverhalten von Touristen, können an unterschiedlichen Orten einer Exkursion zum Einsatz kommen und ermöglichen somit einen Vergleich über verschiedene Destinationen (Tab. 11.4).

Tab. 11.3 Ausgewählte Lebensmittel im Preisvergleich

Produkt	Argentinien		Deutschland	
	Supermarkt	**Marktstand**	**Supermarkt**	**Marktstand**
1 kg Äpfel			2,79 €	
1 l Milch 3,5 %			1,29 €	
1 kg Kartoffeln			0,72 €	
1 l Bier im Supermarkt			1,40 €	
	Stadt	**Land**	**Stadt**	**Land**
1 Steakgericht im Restaurant			20 €	15 €
1 l Bier im Restaurant			8 €	

Tab. 11.4 Touristenbefragung (zutreffende Kriterien bitte ankreuzen)

Befragungsort 1						Befragungsort 2		
Herkunft	Ort 1	Ort 2	Dauer des Aufenthalts	Ort 1	Ort 2	Geplante/ durchgeführte Aktivitäten	Ort 1	Ort 2
Frankreich			1–2 Tage			Strand		
Italien			3–6 Tage			Wandern		
Spanien			1 Woche			Segeln		
Deutschland			2 Wochen			Freunde/Familie besuchen		
Österreich			3 Wochen			Erholung		
Andere			1 Monat +			Kultur		
Alter (Jahre)			**Soziales**			**Grund des Aufenthalts**		
Bis 18			Alleinreisend			Zweitwohnsitz		
18–30			Paar			Urlaub		
31–50			Familie			Geschäftlich/ dienstlich		
Über 50								
Unterkunft			**Vorherige Aufenthalte**			**Anreise**		
Zelt			Einmal			Eigener Pkw – Fähre		
Mobile Home			Zweimal			Flugzeug		
Ferienwohnung			Dreimal			Bahn – Fähre		
Ferienhaus			Viermal +			Fernbus – Fähre		
Hotel						Trampen – Fähre		
Hostel						Eigenes Boot		
Agrotourismus						Kreuzfahrt		

11.2.2.3 Kartierungen und Zählungen

Kartierungen und Zählungen stellen einen festen Teil der Arbeit im Gelände dar, bevorzugt werden Funktionskartierungen in Städten durchgeführt. Hierfür werden im Feldbuch z. B. mehrere Seiten Millimeterpapier abgedruckt. Zählungen, z. B. von Kraftfahrzeugen, können Informationen über das Verkehrsaufkommen an einem bestimmten Ort liefern, welche u. a. Rückschlüsse auf Pendlerbewegungen zulassen (Tab. 11.5).

Tab. 11.5 Verkehrszählung

Ort	Genaue Position	Datum	Uhrzeit	Kraftfahrzeuge (Pkw, Lkw, Bus, Motorrad etc.)

11.2.2.4 QR-Codes

Sehr effektiv und zielführend ist auch die Verwendung von QR-Codes (Abb. 11.2). Allerdings ist hierbei zu beachten, dass alle Studierenden einen QR-Code-Scanner vorab auf den Smartphones installieren müssen und eine mobile Internetverbindung notwendig ist. Dies sind erfreulicherweise in der Realität kaum noch Gründe, QR-Codes nicht einzusetzen.

11.2.2.5 Reflexionen

In abendlichen Besprechungen dienen die Aufzeichnungen des Feldbuchs als gemeinsame Diskussionsgrundlage von Ergebnissen individueller Erkundungen, dem Wiederholen und Sichern der Tagesinhalte und dem Austausch eigener Beobachtungen. Die einzelnen Feldbuchbeiträge der Studierenden werden hierbei kritisch hinterfragt. Dies ist Teil des Lernprozesses und die Studierenden erläutern zunächst die Zielsetzung des Feldbuchbeitrags. Die Exkursionsgruppe diskutiert im Anschluss die Fragestellung, ob die inhaltliche Planung des Referierenden mit dem vorliegenden Material erreicht wurde. Darüber hinaus wird der Feldbuchbeitrag unter didaktischen, methodischen und formellen Gesichtspunkten besprochen. Da die Studierenden nach ihrem Studium Lehrkräfte werden möchten, sind diese Erkenntnisse wichtig für die zukünftige Erstellung von Unterrichts- und

Abb. 11.2 QR-Code
Stadtplan Corte

Exkursionsmaterialien. Dies ist auch der Grund, warum auf jeder großen Exkursion ein neues Feldbuch konzipiert wird und nicht bereits vorhandene „einfach kopiert" werden. Der individuelle Lernprozess der Studierenden wäre deutlich geringer, eine Reflexion über die Qualität der Feldbuchbeiträge persönlich kaum relevant und die Identifikation mit dem Endprodukt weniger ausgeprägt. Daher erhebt das Feldbuch auch keinen Anspruch auf Perfektion, sondern soll als Arbeits-, Lehr- und Lernbuch verstanden werden.

11.2.3 Nachbereitung

In der Nachbereitungsphase können dem Feldbuch mehrere Funktionen zukommen, je nachdem, welche Leistungsanforderungen und Bewertungskriterien **vor** der Exkursion festgelegt wurden.

Zum einen dient das Feldbuch als Grundlage für Tagesprotokolle, aus denen ein Exkursionsführer entstehen kann. Darüber hinaus kann das Feldbuch als solches auch als Prüfungsleistung bewertet werden. In jedem Fall dient es der persönlichen Archivierung von Exkursionsinhalten und kann als persönliches Exkursions-Tagebuch verwendet werden, da die Rückseiten genügend Raum für individuelle Aufzeichnungen bieten sowie zum Aufkleben unterschiedlicher Materialien (Abb. 11.3). Für diesen Fall entfällt die Möglichkeit der Bewertung des Feldbuchs durch Dozierende aufgrund persönlicher Aufzeichnungen von Studierenden.

Abb. 11.3 Rückseite eines Feldbuchs – z. B. auch zum Aufkleben lokaler Bieretiketten geeignet

11.3 Variationen: Das Feldbuch auf Lehr-Lern-Exkursionen sowie auf Ein- und Mehrtagesexkursionen

Nicht nur auf großen Exkursionen, sondern auch auf Ein- oder Mehrtagesexkursionen werden Feldbücher in der Geographiedidaktik der Universität Würzburg immer häufiger konzipiert und eingesetzt. Exemplarisch sollen hier zwei Beispiele genannt werden.

11.3.1 Feldbücher auf Lehr-Lern-Exkursionen

Lehr-Lern-Exkursionen (siehe Kap. 7 in diesem Buch) werden regelmäßig mit Schülerinnen und Schülern und Studierenden durchgeführt. Hierbei hat sich der Einsatz von Feldbüchern auf den letzten Exkursionen dieser Art sehr bewährt. Es stehen unterschiedliche Möglichkeiten der Feldbucherstellung und -bewertung zur Auswahl:

1. Das Feldbuch wird von Studierenden im Rahmen des Vorbereitungsseminars erstellt. Es gilt zu beachten, dass das Feldbuch in diesem Fall nicht für die Nutzung durch die Studierenden selbst konzipiert wird, sondern für Schülerinnen und Schüler der begleitenden Jahrgangsstufe und Schulart. Die Bewertung des Feldbuchbeitrags erfolgt in diesem Fall hinsichtlich korrekter Passung, Verständlichkeit für Schülerinnen und Schüler, Bearbeitbarkeit sowie inhaltlicher und methodischer Gestaltung. Die Leistung ist, wie bei den großen Exkursionen auch, Teil der Gesamtleistung der Lehr-Lern-Exkursion.
2. Das Feldbuch wird von den Schülerinnen und Schülern unter Moderation und Begleitung der Studierenden selbst erstellt. Die Zielgruppe (= Schülerinnen und Schüler) für die Bearbeitung des Feldbuchs bleibt gleich. Als Bewertungsmaßstab werden nun Prozesse der Begleitung, Betreuung und Moderation bei der Feldbucherstellung durch die Schülerinnen und Schüler herangezogen sowie das Endprodukt selbst. Die einzelnen Schritte müssen hierbei durch die Studierenden verschriftlicht und dokumentiert werden.

11.3.2 Feldbücher auf Ein- und Mehrtagesexkursionen

Gleichbedeutend mit der Zielsetzung des Feldbucheinsatzes auf großen Exkursionen können Feldbücher auch für kleine Exkursionen konzipiert und eingesetzt werden. Da hierbei jedoch keine mit großen Exkursionen vergleichbare Vorbereitungsphase stattfindet, erfolgt die Erstellung der Feldbücher meist losgelöst von der jeweiligen Exkursionsgruppe, z. B. als Teil der Zulassungsarbeit für das erste Staatsexamen. Diese Feldbücher erfüllen den Zweck der inhaltlichen Strukturierung, Visualisierung und Aufgabenverteilung auf den Exkursionen. Leistungsbewertungen können in Form von Ergebnisprotokollen auf Grundlage der Feldbuchbearbeitung gefordert oder das bearbeitete Feldbuch an sich kann zur Leistungsbeurteilung der Exkursion herangezogen werden.

11.4   Bewertung

Bewertet wird die zu einem festgelegten Termin digital abgegebene Erstfassung des Feldbuchbeitrags (= individuelle studentische Leistung). Vorherige mündliche Besprechungen und Beratungen sind möglich und sinnvoll. Sollte eine Überarbeitung und Verbesserung der abgegebenen schriftlichen Fassung erforderlich sein, muss diese von den Studierenden im Nachgang erbracht werden. Allerdings fließt diese Tätigkeit nicht mehr in die Bewertung des Feldbuchbeitrags mit ein, sondern zahlt sich eher indirekt bei der Durchführung der Vorträge vor Ort durch den Einsatz des Feldbuchs aus.

Folgende Bewertungsschemata (Tab. 11.6 und 11.7) sollen einen Überblick vermitteln, wie die Leistungsbewertung auf großen Exkursionen erfolgen kann.

Beispiel
Teil 1 des Bewertungsschemas zeigt u. a., wie die Erstellung eines Feldbuchbeitrags in die Gesamtbewertung einer großen Exkursion integriert ist (Tab. 11.6).

Die Bewertung des Gesamtmoduls der Exkursion erfolgt auf einer sehr breiten Grundlage und setzt sich neben den erbrachten Leistungen in der Vorbereitungsphase auch aus der Bewertung der Arbeit im Exkursionsgebiet zusammen (Tab. 11.7).

Beispiel
Teil 2 des Bewertungsschemas zeigt, wie die Mitarbeit der Studierenden während und nach der Exkursion bewertet werden kann (Tab. 11.7). Die Video- bzw. Tagesdokumentation stellt hierbei eine mögliche Form der Nachbereitung dar.

Da Anforderungen und Schwerpunktsetzung einzelner Exkursionen variieren können, kann auch eine Anpassung des Bewertungsschemas erfolgen. In jedem Fall wird dieses den Studierenden vor Beginn des Vorbereitungsseminars ausgehändigt, sodass die Bewertungskriterien der einzelnen Phasen allen Teilnehmern zu Beginn bekannt sind.

Tab. 11.6 Bewertungsbogen „Große geographiedidaktische Exkursion" (Teil 1: Vorbereitung mit Feldbuchbeitrag)

Vorbereitung					
Thema:	Name:				
Präsentation	Max. 20 P.		erreicht		
Fachliche Korrektheit	1	2	3	4	5
Detailtiefe/wissenschaftliches Niveau	1	2	3	4	5
Karten, Graphiken, Abbildungen – Qualität und Quantität	1	2	3		
Layout (Gestaltung, Textmenge)	1	2			
Eingehen auf Fragen/Kontakt zum Seminar	1	2			
Freier, flüssiger und verständlicher Vortrag	1				
Erläuterung von Fachbegriffen	1				
Einhalten von Zeitvorgaben	1				
Anmerkungen:					
Feldbuch-Beitrag (Erstfassung)	**Max. 20 P.**		**erreicht**		
Fachliche Qualität	1	2	3	4	5
Didaktische Qualität (sinnvolle Auswahl und Anordnung der Inhalte, Aufgabenkultur, kogn. Aktivierung, did. Reduktion, Operatoren etc.)	1	2	3	4	5
Methodische Qualität (Aktivierung der Teilnehmer, sinnvolle Auswahl der Methoden etc.)	1	2	3	4	
Qualität und Quantität der Abbildungen	1	2	3		
Ansprechendes Layout, Einhalten von Vorgaben	1	2	3		
Anmerkungen:					
Mitwirkung im Vorbereitungsseminar	**max. 10 P.**		**erreicht:**		
Regelmäßige Mitarbeit	1	2	3	4	
Zielführende Fragen und Antworten	1	2	3	4	
Einhalten von Terminen und Zuverlässigkeit	1	2			
Anmerkungen:					

11.4.1 Bewertungsoptionen von Feldbüchern

Das hier vorgestellte Konzept wird an der Universität Würzburg im Lehramts-studiengang Geographie auf großen geographiedidaktischen Exkursionen angewendet. Hierbei kommt der Erstellung, Bewertung und Arbeit mit Feld-büchern eine wichtige Rolle im gesamten Lernprozess zu. In Tab. 11.8 werden unterschiedliche Möglichkeiten zur Bewertung von Feldbüchern aufgezeigt. Es ist wichtig zu betonen, dass nicht die Tatsache, dass Feldbücher zur Leistungs-bewertung herangezogen werden können, deren Einsatz rechtfertigt, sondern der vielfältige praktische Nutzen während einer Exkursion im Gelände.

Tab. 11.7 Bewertungsbogen „Große geographiedidaktische Exkursion" (Teil 2: Exkursion mit Tagesdokumentation)

Exkursion										
Thema:	Name:									
Bewertung der Arbeit im Exkursionsgebiet	Max. 30 P.						Erreicht:			
Inhaltliche Qualität	1	2	3	4	5	6	7	8	9	10
Sinnvoller Einsatz des Feldbuchs	1		2		3		4		5	
Aktivierung der Exkursionsteilnehmer	1		2		3					
Eignung der gewählten Präsentationsstandorte	1		2							
Selbständiges Erkennen der Sachverhalte vor Ort	1		2							
Engagement für eig. Thema, z. B. Expertensuche	1		2							
Bezüge/Verweise auf andere Themen	1		2							
Veranschaulichung mit Zusatzmaterialien (Karten, aktuelle Zeitungsartikel, Abbildungen, originale Gegenstände etc.)	1		2							
Auf Fragen eingegangen und korrekt beantwortet oder Antwort nach-geliefert	1		2							
Anmerkungen:										
Zusammenarbeit/Mit-arbeit in der Gruppe	**Max. 8 P.**						**Erreicht:**			
Beteiligung an Dis-kussionen/ Fragen stellen/ beantworten	1		2		3		4		5	
Zuverlässigkeit und Selbständigkeit	1		2		3					
Anmerkungen:										

(Fortsetzung)

Tab. 11.7 Bewertungsbogen „Große geographiedidaktische Exkursion" (Fortsetzung)

Exkursion										
Thema:	Name:									
Nachbereitung	Max. 30 P.					Erreicht:				
Video-Tages-dokumentation	**Max. 8 P.**					**Erreicht:**				
Inhaltliche Qualität	1		2		3		4		5	
Sinnvolle Auswahl und Anordnung der Inhalte des Exkursionstages	1		2							
Tonqualität (Nach-vertonungen, Verständlichkeit etc.)	1		2							
Filmerische Bildqualität (kein Wackeln, Zooms etc.)	1		2							
Filmerische Kreativi-tät (Nahaufnahmen, Schnitte, bewegte Auf-nahmen etc.)	1		2							
Anmerkungen:										
Gesamtbewertung										
Gesamtpunktzahl						/100	Endnote:			
Punkte	100–96	−91	−86	−81	−76	−71	−66	−61	−56	−50
	−96: 1,0	−91: 1,3	−86: 1,7	−81: 2,0	−76: 2,3	−71: 2,7	−66: 3,0	−61: 3,3	−56: 3,7	−50: 4,0

Tab. 11.8 Rahmenbedingungen zur Bewertung von Feldbüchern auf Exkursionen

Zielgruppe	Studierende aller Lehramtsstudiengänge
Gruppengröße	10–24
Lernkontrolle	• Ja, formativ und/oder summativ, je nach Phase und Bewertungskriterium, auf gesamte Exkursion bezogen • Feldbuchbeitrag ca. 4–8 Seiten • Zusätzliche Option: Bearbeitung des kompletten Feldbuchs bewertbar, ca. 80–160 Seiten • Bewertung findet jeweils am Ende der Vorbereitungsphase und der Exkursion statt
Wissensdimension	Konzeptionelles Wissen, Faktenwissen
Prüfungsform/Leistungsnachweis/Produkt	Schriftlicher Feldbuchbeitrag Optional: gesamtes Feldbuch oder einzelne Aufgaben Portfolio (gesamte Exkursion)

Bewertungsmöglichkeiten des Feldbuchs

11.5   Praktische Hinweise

Aus der Arbeit mit Feldbüchern in den zurückliegenden Jahren haben sich einige Erfahrungen ergeben, die bei der praktischen Umsetzung der Feldbucharbeit hilfreich sein können:

- Die Feldbuchbeiträge werden auf Grundlage einer Formatvorlage (DIN A5, s. Abschn. 11.1.1) erstellt, die den Studierenden von der Lehrperson zur Verfügung gestellt wird.
- In der Vorbereitung sollte bei den Besprechungen der Ideen mit Studierenden darauf geachtet werden, dass diese bei der Erstellung ihres Feldbuchbeitrags nicht zu ausfernd vorgehen. Ziel ist, dass die einzelnen Beiträge das Wesentliche inhaltlich und methodisch abdecken und der organisatorisch und inhaltlich wichtigen Freiheit und Flexibilität vor Ort nicht entgegenstehen. Es besteht durchaus die Gefahr, dass es die Studierenden „besonders gut" machen wollen und die einzelnen Beiträge deutlich zu ausführlich werden. Hier liegt die Verantwortung bei der Exkursionsleitung, den Überblick zu bewahren.
- Darüber hinaus muss allen Studierenden von Anfang an klar sein, dass das Feldbuch auch zur individuellen Erkundung vor Ort zu verwenden ist und nicht alle Aufgaben zwingend von der gesamten Gruppe zur gleichen Zeit durchgeführt werden müssen. Eine Schwerpunktsetzung der zu bearbeitenden Arbeitsaufträge erfolgt in jedem Einzelfall stets durch die Expertinnen und Experten (= Studierenden) zu den einzelnen Themen (Abb. 11.4).
- Insgesamt rät der Verfasser des Beitrags nicht dazu, von der legitimen Möglichkeit der Gesamtbewertung des Feldbuchs nach der Exkursion Gebrauch zu machen, sondern dieses als individuelles Exkursionsbuch bei jedem einzelnen Studierenden zu belassen und anstelle dessen das Feldbuch als persönliches und vertrauliches Dokument zu behandeln. Daher sollte vor der Exkursion jeder Studierende auch seinen Namen gut leserlich auf die Außenseite des Feldbuchs schreiben, sodass deutlich zu erkennen ist, um wessen Buch es sich handelt. So wertschätzen die Studierenden die Arbeit mit ihrem Feldbuch deutlich mehr.
- Der Aufwand ist für Lehrende in den einzelnen Phasen unterschiedlich hoch (Tab. 11.9): Während in der Vorbereitung nicht so viel zu tun ist, ist die Beratungsphase deutlich zeitintensiver. Der Korrekturaufwand hängt von der gewählten Prüfungsform ab.

Fazit

Feldbücher werden seit dem Jahr 2015 für jede „Große geographiedidaktische Exkursion" in der Didaktik der Geographie konzipiert und sind zu einem festen Bestandteil der großen Exkursionen geworden. Mittlerweile werden auch regelmäßig für Lehr-Lern-Exkursionen sowie in Einzelfällen auch für Tagesexkursionen Feldbücher angefertigt. Aus Sicht des Autors ist es empfehlens-

Abb. 11.4 Studierende beim individuellen Abgleich von Ergebnissen

Tab. 11.9 Arbeitsaufwand für Lehrende in den unterschiedlichen Phasen der Feldbucharbeit

• Vorbereitungsaufwand	• 1 h zur Vorbesprechung im Plenum
• Durchführungsaufwand	• 1–2 h pro Exkursionsteilnehmer/in aufgrund des teilweise hohen Beratungsbedarfs
• Korrekturaufwand, Aufwand für inhaltliche Prüfung und Qualitätsmanagement	• 1–2 h pro Exkursionsteilnehmer/in, aufgrund teilweise mehrfacher Korrekturen/Hinweise von der Erstfassung bis zum Druck • 2–3 h pro Exkursionsteilnehmer/in, wenn ganzes Feldbuch als Prüfungsleistung am Ende der Exkursion bewertet werden soll

Tipps zur Erstellung und Bewertung von Feldbüchern

wert, Feldbücher für möglichst viele Exkursionen einzusetzen. Dies ist jedoch, auch aufgrund des hohen Arbeitsaufwands, speziell für kleine Exkursionen nicht immer realisierbar.

Die Resonanz der Studierenden ist trotz des recht hohen Arbeitsaufwands sehr positiv. Besonders geschätzt werden das Vorhandensein eines gebundenen Buches für alles Wichtige rund um die Exkursion sowie als Grundlage für Notizen bei individuellen Erkundungen vor Ort. Darüber hinaus kommt bei Kurzvorträgen, Geländeansprachen oder Befragungen im Gelände deutlich der Vorteil zum Tragen, dass alle Exkursionsteilnehmerinnen und -teilnehmer relevante Karten, Abbildungen, Tabellen, Daten etc. in ausreichender Größe und Qualität direkt vor sich haben und diese jederzeit kommentieren und beschriften können.

In Zukunft werden v. a. auf Lehr-Lern-Exkursionen die unterschiedlichen Herangehensweisen an die Arbeit mit Feldbüchern in der Didaktik der Geographie der Universität Würzburg weiter erprobt. Außerdem wird angestrebt, das Konzept noch intensiver in den Geographieunterricht zu implementieren, sodass auch rein schulische Exkursionen durch Feldbücher bereichert werden können.

Verknüpfung von realen und virtuellen Exkursionen in der Ausbildung von Geographielehrerinnen und -lehrern

Alexandra Budke, Miriam Kuckuck und Frederik von Reumont

▶ Exkursionen für Lehramtsstudierende sollen nicht nur fachwissenschaftliche und fachmethodische Kenntnisse und Fähigkeiten vermitteln, sondern auch fachdidaktische Kompetenzen. Angehende Lehrerinnen und Lehrer erhalten die Möglichkeit, fachwissenschaftliche Diskussionen vor dem Hintergrund eigener Erfahrungen vor Ort zu beurteilen und didaktisch so zu reduzieren, dass die Themen von Schülerinnen und Schülern verstanden werden können. Daher sollte auch die Ergebnisverwertung bei lehramtsbezogenen Exkursionen auf das zukünftige Berufsfeld vorbereiten. Während Studierende der reinen Fachwissenschaft häufig Protokolle im Nachgang verfassen oder ihre Studienprojekte in Form von wissenschaftlichen Artikeln verschriftlichen, sollen die Studierenden in unserem Ansatz nach der Exkursion Unterrichtsmaterialien erstellen, die Lehrerinnen und Lehrern, Referendarinnen, Referendaren und Studierenden zur Verfügung stehen, um mit Schülerinnen und Schülern in entfernte Länder und Regionen virtuell „zu reisen" und mit ihnen den für diesen Ort relevanten Themen nachzugehen. Wir verbinden in unserem Ansatz reale Exkursionen mit der Aufbereitung von Informationen und Daten von Studierenden zu virtuellen Exkursionen.

A. Budke (✉) · F. von Reumont
Institut für Geographiedidaktik, Universität zu Köln, Köln, Deutschland
E-Mail: alexandra.budke@uni-koeln.de

F. von Reumont
E-Mail: f.von-reumont@uni-koeln.de

M. Kuckuck
Campus Grifflenberg; Institut für Geographie und Sachunterricht,
Universität Wuppertal, Wuppertal, Deutschland
E-Mail: kuckuck@uni-wuppertal.de

12.1 Konzept

Die Veranstaltung kann sich an eine breite Zielgruppe von zukünftigen Lehrerinnen und Lehrern richten und umfasst in der Regel eine mehrtägige Exkursion. Im Folgenden (Tab. 12.1) sind das Konzept sowie die wichtigsten Eckpunkte der digitalen Exkursionen dargestellt.

12.2 Forschungsstand zu realen und virtuellen Exkursionen

Exkursionen gehören zu den klassischen Methoden der Lehrerinnen- und Lehrerbildung sowie des Geographieunterrichts. Unter realen Exkursionen wird in der Regel der Unterricht außerhalb des Klassenzimmers verstanden, welcher sich durch die Möglichkeit des Lernens mit allen Sinnen, der Schulung der Beobachtungsfähigkeit und dem forschenden Lernen auszeichnet. Exkursionen im Sinne von „Realbegegnungen" sind auch schon seit langem Gegenstand fachdidaktischer Forschung und Entwicklung (u. a. Hennings et al. 2006), wobei unterschiedliche Exkursionstypen (u. a. Überblicks- und Arbeitsexkursion) erprobt und unterschiedliche Exkursionsmethoden, wie z. B. die Spurensuche (Hard 1995) entwickelt wurden. Neben dem klassischen Ansatz, der auf der Grundlage der „Containerraumperspektive" (Wardenga 2002) einen authentischen Zugang zu verschiedenen Räumen eröffnen will, wurden in neuerer Zeit auch Ansätze und

Tab. 12.1 Übersicht über das Konzept zur Verknüpfung von realen und virtuellen Exkursionen

Zielgruppe	Lehramtsstudierende jeglicher Schulform und Studiengänge (Bachelor/Master/Staatsexamen)
Gruppengröße	Gesamtgruppe: 6–20, Kleingruppen: 3–4 Studierende
Lernkontrolle	Während der Exkursion: Regelmäßig stattfindende Treffen in Kleingruppen, tägliche Reflexionen über Erlebnisse
Wissensdimensionen	Fachwissen: fachliche und disziplinübergreifende Inhalte zum Thema der realen Exkursion Methodenkompetenz: fachliche (z. B. Kartierung, Befragung) und fachdidaktische Methoden (u. a. Exkursionsmethoden, Aufgabenformulierung und didaktische Reduktion) Kommunikationskompetenzen: Arbeiten in Kleingruppen bei der Projektdurchführung und der Erstellung des Unterrichtsmaterials
Prüfungsform/Leistungsnachweis/Produkt	Während der Exkursion: Am Ende Kurzpräsentation der bisherigen Ergebnisse und tägliche Rückmeldungen Nach der Exkursion: Präsentation der Ergebnisse der Studienprojekte und Unterrichtsmaterialien, welche in virtuelle Exkursion eingefügt werden

fachdidaktische Methoden entwickelt, wie individuelle Raumwahrnehmungen und soziale Raumkonstruktionen auf Exkursionen offengelegt werden können (u. a. Budke und Wienecke 2009; Dickel und Glaze 2009; Ohl und Neeb 2012). Seit einigen Jahren werden neben den klassischen Realexkursionen auch virtuelle Exkursionen entwickelt, welche sich digitaler Medien bedienen und nicht unbedingt außerhalb des Klassenraums stattfinden müssen (zu Unterschieden zwischen realen und virtuellen Exkursionen siehe Budke 2014; Budke und Kanwischer 2006). Virtuellen Exkursionen wird ein großes Potential für den Geographieunterricht zugeschrieben, da mit ihnen ferne Gegenden mühelos und kostengünstig vom Klassenraum aus erkundet werden können, interessante und aktuelle Materialen genutzt werden und die Studierenden bzw. Schülerinnen und Schüler selbstbestimmt und interaktiv lernen. Zudem kann ihre Medienkompetenz durch die notwendige Analyse vorgefundener Materialien (Diagramme, Karten, Photos, Filme) und durch die Produktion eigener Medien gestärkt werden. Auch die Motive und Interessen der unterschiedlichen raumgestaltenden Akteurinnen und Akteure können durch die Analyse von Videos, Texten oder Photos, welche die jeweiligen Sichtweisen auf das Thema ausdrücken, bewusst gemacht werden. Durch den Perspektivenwechsel können die Schülerinnen und Schüler die jeweiligen raumbezogenen Interessenskonflikte verstehen und erhalten die Möglichkeit, diese differenziert zu bewerten. Ein Vorteil gegenüber der „freien" Internetrecherche besteht zudem darin, dass die Lernenden auf der virtuellen Exkursion nur didaktisch aufgearbeitetes Material zum Thema finden und sich nicht durch die große Anzahl verschiedenster Internetseiten überfordert fühlen. Für die virtuelle Exkursion wird zudem authentisches Material benutzt, welches von den Studierenden vor Ort gesammelt und selbst erhoben wurde. Dieses ist den Lehrpersonen sonst nur schwer zugänglich.

Da reale und virtuelle Exkursionen unterschiedliche didaktische Vorteile bieten, sollte verstärkt über eine Kombination der beiden Formen nachgedacht werden. Die im Folgenden vorgestellte Möglichkeit besteht darin, die mit Lehramtsstudierenden durchgeführte reale Exkursion zu nutzen, um auf der Grundlage des forschenden Lernens Studienprojekte vor Ort bearbeiten zu lassen (siehe Abschn. 12.3), deren Ergebnisse dann nach der Exkursion durch die Studierenden genutzt werden, um Unterrichtsmaterial zu erstellen. Dieses wird dann im Rahmen einer virtuellen Exkursion veröffentlicht.

12.3   Umsetzungsbeispiel

Die Durchführung von Exkursionen für Lehramtsstudierende ist dann besonders gewinnbringend, wenn die Studierenden integriert fachwissenschaftliche, fachmethodische und fachdidaktische Kompetenzen erweitern und vertiefen können (Tab. 12.1). Um die fachwissenschaftlichen Kompetenzen zu stärken, sollte der Fokus der Exkursionen so gewählt werden, dass relevante geographische Themenfelder durch die Verknüpfung mit eigener Erfahrung und Bewertung tiefer verstanden werden können als dies durch die rein theoretische Behandlung in der

Universität möglich wäre. Dies können auf „großen" Exkursionen Themen sein, die in Deutschland kaum direkt erfahren und bearbeitet werden können wie z. B. die Umweltproblematik in Megacities, die Vegetation im tropischen Regenwald oder Slumtourismus. Daneben sollten Exkursionen auch der Vertiefung und Übung von fachmethodischen Arbeitsweisen wie z. B. Befragungen, Kartierungen oder Auswertung von Gewässer- und Bodenproben dienen. Diese sollten eingesetzt werden, um vor Ort eigene Daten zu erheben und auszuwerten. Vielfältige fachdidaktische Kompetenzen werden während der Exkursion aber auch im Nachgang erworben. Die Exkursion dient dazu, den Studierenden relevante geographische Exkursionsmethoden (u. a. Budke und Wienecke 2009) bekannt zu machen und die eigene Erfahrung als Reflexionsgrundlage zu nutzen. Letztlich sollte die didaktische Reduktion der auf der Exkursion studierten fachlichen Zusammenhänge und deren Überführung in Unterrichtsmaterial für den Geographieunterricht verschiedener Klassenstufen geübt werden. Die Studierenden erstellen auf der Basis der von ihnen erhobenen Daten sowie ihrer Erfahrungen während der Exkursion im Nachgang für eine bestimmte Schulstufe selbstständig Unterrichtsmaterialien mit Aufgabenstellungen, Infotexten, Karten usw., die dann, nach einem Review-Prozess durch die anderen Exkursionsteilnehmerinnen und -teilnehmer sowie die Dozierenden online gestellt werden.

Zusätzlich werden durch diesen Review-Prozess Kompetenzen zur Beurteilung der Qualität von Unterrichtsmaterial gefördert.

Um die angesprochenen Ziele zu erreichen, führen wir Exkursionen nach dem Ansatz des forschenden Lernens durch, wobei die Vorteile von realen und virtuellen Exkursionen verknüpft werden. Der Ablauf gliedert sich in folgende drei Phasen (Tab. 12.2):

1. Vorbereitungsphase: In der Vorbereitungsphase wird das Exkursionsthema auf der Grundlage wissenschaftlicher Literatur und in enger Zusammenarbeit mit den Studierenden inhaltlich erschlossen. Der aktuelle Forschungsstand ist den Studierenden bekannt und wird genutzt, um in Gruppen eigene Forschungsfragen, welche auf der Exkursion bearbeitet werden sollen, zu formulieren. Zudem wird das Design der eigenen Untersuchung festgelegt.
2. Durchführung: Die reale Exkursion wird als kombinierte Überblicks- und Arbeitsexkursion durchgeführt, bei der für das jeweilige Oberthema zentrale Orte angesteuert werden und wichtige Expertinnen und Experten mit der ganzen Gruppe aufgesucht werden. Daneben bearbeiten die Studierenden in Gruppen ihre jeweiligen Studienprojekte. Sie erheben Daten und sammeln Material. Die Durchführung der Studienprojekte wird durch Gespräche mit den betreuenden Dozentinnen und Dozenten intensiv in den Gruppen begleitet. Erste Ergebnisse werden am letzten Tag der Exkursion präsentiert, reflektiert und die genauere Auswertung der Daten wird besprochen.
3. Nachbereitung: In der Nachbereitungsveranstaltung präsentieren die Studierenden die fachlichen Ergebnisse ihrer Projekte, welche sie auf der Grundlage intensiver Datenauswertungen erzielt haben. Zudem stellen sie ihr didaktisches Konzept zur Behandlung ihres Themas vor und teilen ihr selbst erstelltes Unterrichtsmaterial aus. Dieses wird gemeinschaftlich durch die Anwendung didaktischer Kriterien

Tab. 12.2 Praktische Hinweise

	Studierende	Lehrende
Technische Voraussetzungen aufseiten der Studierenden	Notebook/PC mit Internetzugang ggf. unterschiedliche freizugängliche Software, z. B. zum Schneiden von Videos, zum Zeichnen einer Concept Map etc.	je nach Aufnahmemethode Smartphone, verschiedene Kameras (360°-Kamera, Videokamera, Unterwasserkamera), Aufnahmegeräte usw.
Vorbereitungsaufwand	Einarbeitung in die Thematik sowie Vorbereitungsseminare im Umfang von 2 SWS	Vorbereitungsseminar im Umfang von 2 SWS, Organisation der Exkursion (Unterkünfte, Reiseroute etc.)
Durchführungsaufwand (Studierende)	Eine Woche Zeit (ca. 8 h pro Tag) zur arbeitsteiligen Durchführung der Projekte vor Ort (Befragungen, Kartierungen) tägliche Beratungstreffen mit den betreuenden Dozentinnen und Dozenten	ca. 2–3 h täglich für Beratungsgespräche mit Studierenden
Nachbereitungsaufwand	Nachbereitungsveranstaltung mit der gesamten Gruppe (2 SWS) Korrektur und Weiterentwicklung der Exkursionsmaterialien	Nachbereitungsveranstaltung mit der gesamten Gruppe (2 SWS) Regelmäßige Besprechung mit den Studierenden

beurteilt und überarbeitet. Auf dieser Grundlage optimieren die Studierenden ihr Unterrichtsmaterial, welches dann in die virtuelle Exkursion integriert wird (http://www.guido.uni-koeln.de/exkursionskarte/) und Lehrerinnen und Lehrern zum kostenlosen Download zur Verfügung steht.

12.4   Ergebnisverwertung: Weltweite virtuelle Exkursionen

Auf der Webseite http://www.guido.uni-koeln.de/exkursionskarte/ können Lehrerinnen und Lehrer Unterrichtsmaterial für den Geographieunterricht kostenlos herunterladen, welches von Studierenden erstellt wurde. Es handelt sich um ein Kooperationsprojekt des Instituts für Geographiedidaktik der Universität zu Köln (Alexandra Budke) und des Instituts für Geographie und Sachunterricht der Bergischen Universität Wuppertal (Miriam Kuckuck). Die Navigation auf der Startseite erfolgt über das Anklicken von rotmarkierten Ländern, die schon Ziel studentischer Exkursionen waren und über Themenbereiche, die abgedeckt werden, wie z. B. Tourismus oder Landwirtschaft.

Die einzelnen virtuellen Stationen sind ähnlich aufgebaut und werden mithilfe einer Bloggingsoftware (z. B. „Blogger") erstellt. Auf der Startseite zur jeweiligen virtuellen Exkursion sind Informationen zum Unterrichtsthema, die durch das Material zu beantwortende Fragestellung, eine Kurzbeschreibung des Inhalts, die Namen der Autorinnen und Autoren der Seite und Angaben zur Klassenstufe, für die das Material erstellt wurde, enthalten. Hier lässt sich dann auf Links zum zugehörigen Unterrichtsmaterial klicken. Die Materialseiten wurden von den Studierenden sehr umfangreich und kreativ gestaltet. Die Studierenden haben Aufgaben formuliert, welche die Schülerinnen und Schüler mithilfe des bereitgestellten Materials beantworten können. Es handelt sich u. a. um Fotos, Karten, Texte, Videos und Statistiken, deren Aufnahme und Erstellung erst durch die reale Exkursion möglich geworden ist.

Eine Gruppe beschäftigte sich beispielsweise während der Exkursion in Argentinien mit dem Thema Widerstand gegen die Sojaindustrie vor Ort. Die Exkursionsgruppe hat während des Aufenthalts vor Ort einige Demonstrationen zu dieser Thematik miterleben können (Abb. 12.1) und kam auch mit Demonstrantinnen und Demonstranten ins Gespräch.

Diese selbsterlebten Erfahrungen im Exkursionsgebiet, die Eindrücke und Gespräche führten dann unter anderem zur Umsetzung in Unterrichtsmaterialien wie zum Beispiel einem fiktiven Zeitungsartikel (Abb. 12.2). Die Studierenden erstellen auf der Grundlage authentischen Materials didaktisch reduzierte Materialien.

Die Studierenden sind anders als bei Überblicksexkursionen und Arbeitsexkursionen sowohl in der Vorbereitung, vor Ort als auch in der Nachbereitung selbstständig und fast immer sehr engagiert. Da sie sich intensiv mit dem eigenen Forschungsprojekt auseinandersetzen, ist die Motivation vor Ort immer

Abb. 12.1   Foto einer Demonstrantin vor Ort. (Foto: Kuckuck 2017)

M6 Zeitungsartikel „Protest gegen den Anbau von Soja"

(Fiktiver Inhalt, basierend auf dem Vortrag von Carlos Vicente)

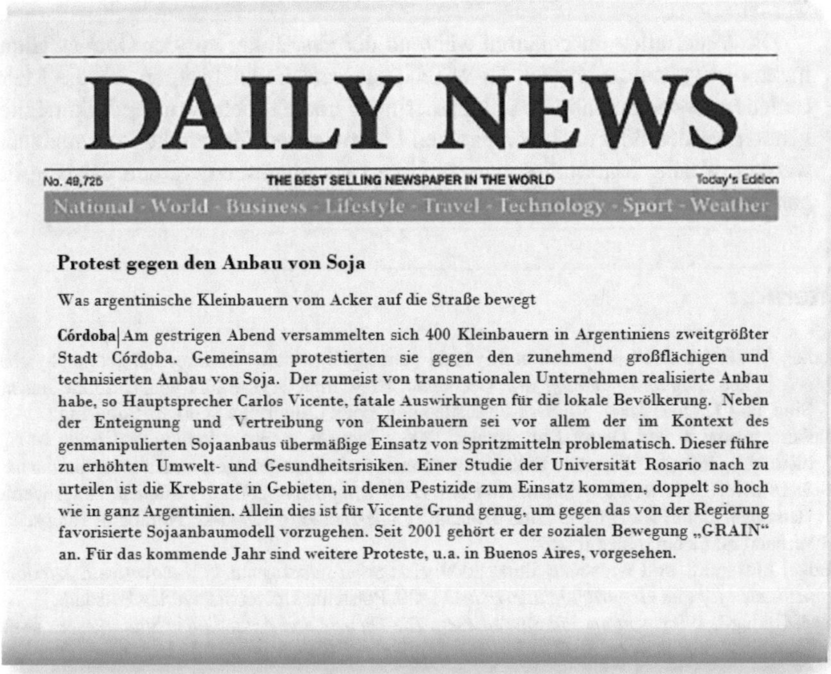

DAILY NEWS

No. 49,725   THE BEST SELLING NEWSPAPER IN THE WORLD   Today's Edition

National · World · Business · Lifestyle · Travel · Technology · Sport · Weather

Protest gegen den Anbau von Soja

Was argentinische Kleinbauern vom Acker auf die Straße bewegt

Córdoba| Am gestrigen Abend versammelten sich 400 Kleinbauern in Argentiniens zweitgrößter Stadt Córdoba. Gemeinsam protestierten sie gegen den zunehmend großflächigen und technisierten Anbau von Soja. Der zumeist von transnationalen Unternehmen realisierte Anbau habe, so Hauptsprecher Carlos Vicente, fatale Auswirkungen für die lokale Bevölkerung. Neben der Enteignung und Vertreibung von Kleinbauern sei vor allem der im Kontext des genmanipulierten Sojaanbaus übermäßige Einsatz von Spritzmitteln problematisch. Dieser führe zu erhöhten Umwelt- und Gesundheitsrisiken. Einer Studie der Universität Rosario nach zu urteilen ist die Krebsrate in Gebieten, in denen Pestizide zum Einsatz kommen, doppelt so hoch wie in ganz Argentinien. Allein dies ist für Vicente Grund genug, um gegen das von der Regierung favorisierte Sojaanbaumodell vorzugehen. Seit 2001 gehört er den sozialen Bewegung „GRAIN" an. Für das kommende Jahr sind weitere Proteste, u.a. in Buenos Aires, vorgesehen.

Abb. 12.2 Beispiel für die Umsetzung realer Erfahrungen in Materialien für die virtuelle Exkursion durch Studierende. (Quelle: Johanna Bellstedt, Lena Pöhler, Florian Zadim, http://argentinien-station1.blogspot.com, geschrieben am 22.02.2018)

gegeben. Auch diese Daten auszuwerten und aufzubereiten ist für die Studierenden zwar zeitaufwendig, aber dennoch bereitet es ihnen größtenteils viel Freude. Studierende berichten uns ebenso, dass sie gerade die Verwertung in Unterrichtsmaterialien sehr schätzen, da die aufwendig erhobenen Daten und Produkte wirklich einer breiten Öffentlichkeit zur Verfügung gestellt werden und nicht einfach nur in der Schublade der Dozentinnen und Dozenten verweilen. Zudem motiviert sie, dass das Produkt am Ende etwas mit ihrem Berufswunsch Lehre zu tun hat.

Fazit

Die vorgestellte Kombination von realen und virtuellen Exkursionsteilen hat sich als außerordentlich motivierend für die Studierenden erwiesen. Zählen „große" Exkursion ohnehin zu den beliebtesten Formaten des Geographiestudiums, wird durch die sinnvolle nachhaltige Nutzung der gewonnenen Informationen, Eindrücke, Erfahrungen und Daten in Form von Virtuellen Exkursionen ein langlebiges und überall einsetzbares Produkt geschaffen. Die Studierenden sind dadurch noch einmal mehr motiviert, da Materialien mit ihren eigenen Namen versehen für alle zur Verfügung gestellt werden.

Die Materialien durchlaufen während der Erstellung vor der Onlinestellung mehrere Evaluationsphasen. Es wäre interessant zu analysieren, ob die Materialien nur von ehemaligen Teilnehmerinnen und Teilnehmern der Exkursionen genutzt werden oder auch von anderen Lehrpersonen. Zudem könnte untersucht werden, welche Materialien wie im Unterricht eingesetzt werden. Bislang liegen hierzu keine Forschungsergebnisse vor.

Literatur

Budke, Alexandra. 2014. Application of virtual field trips in teacher training and geography classes. In *Learning and Teaching with Geomedia*, Hrsg. Inga Gryl, John Lyon, Caroline Juneau-Sion, und Thomas Jekel, 80–89. Newcastle upon Tyne: Cambridge Scholars Publishing.

Budke, Alexandra, und Detlef Kanwischer. 2006. „Des Geographen Anfang und Ende ist und bleibt das Gelände!" Virtuelle Exkursionen contra reale Begegnungen. In *Exkursionsdidaktik – innovativ!? Erweiterte Dokumentation zum HGD-Symposium 2005 in Bielefeld*, Hrsg. Werner Hennings, Detlef Kanwischer, und Tilmann Rhode-Jüchtern, 129–142. Nürnberg: Hochschulverband für Geographiedidaktik.

Budke, Alexandra, und Wienecke Maik. 2009. *Exkursion selbst gemacht. Innovative Exkursionsmethoden für den Geographieunterricht*, 11–20. Potsdam: Universitätsverlag Potsdam.

Hard, Gerhard. 1995. *Spuren und Spurenleser: Zur Theorie und Ästhetik des Spurenlesens in der Vegetation und anderswo. Osnabrücker Studien zur Geographie*, Bd. 16. Osnabrück: Universitätsverlag Rasch.

Hennings, W., Detlef Kanwischer, und Tilmann Rhode-Jüchtern. 2006. *Exkursionsdidaktik – innovativ!? Erweiterte Dokumentation zum HGD-Symposium 2005 in Bielefeld*, 128–142. Weingarten: Selbstverlag des HGD.

Ohl, Ulrike, und Kerstin Neeb. 2012. Exkursionsdidaktik: Medienvielfalt im Spektrum von Kognitivismus und Konstruktivismus. In *Geographiedidaktik*, Hrsg. Johann-Bernhard Haversath, 259–288. Braunschweig: Westermann.

Dickel, Mirka, und Georg Glasze. Hrsg. 2009. *Vielperspektivität und Teilnehmerzentrierung – Richtungsweiser der Exkursionsdidaktik*. Praxis Neue Kulturgeographie, Bd. 6. Berlin: LIT.

Wardenga, Ute. 2002. Alte und neue Raumkonzepte für den Geographieunterricht. *Geographie heute. Nr.* 200:8–11.

Teil III

Exkursionsdidaktik im außeruniversitären Kontext: Von der Bildung bis zur Beteiligung

Angela Hof und Astrid Seckelmann

Kunst- und Kulturarbeit, Umweltbildung, politische Bildung, Stadtplanung, Wirtschaftsförderung, Reiseleitung: Die Felder, in den geführte Touren auch außerhalb von Hochschulen durchgeführt werden, sind zahlreich und werden eher mehr als weniger. Genauso divers wie die Einsatzbereiche sind die Anbieter: Volkshochschulen, Museen, Reiseveranstalter, Vereine, Umweltstationen, politische Bildungseinrichtungen, zivilgesellschaftliche und kirchliche Träger. 2019 titelte eine Tageszeitung mit Blick auf das Angebot evangelischer Bildungseinrichten „Exkursionen sind in der Erwachsenenbildung im Trend" (Westfalenpost, 28.07.2019). Die Business Metropole Ruhr bot im selben Jahr unter dem Stichwort „Sieben Städte in sieben Stunden" eine „Investoren Tour Ruhr" an. Bei der „Langen Nacht der Volkshochschulen" wurde in Kamen eine „Exkursion zur Pflanzenwelt auf dem VHS-Gelände" angeboten. Der Verkehrsclub Deutschland führt an verschiedensten Standorten öffentliche Ortsbegehungen durch, um auf die Mobilitätsbedürfnisse älterer Menschen aufmerksam zu machen.

Diese Beispiele zeigen die Dringlichkeit, die Ausbildung von Exkursionsleiterinnen und -leitern zu fördern und erfolgreiche didaktische Ansätze auch in außeruniversitären Kontexten fruchtbar zu machen. Dazu werden im Folgenden drei Ansätze vorgestellt:

Im Beitrag von Mona Ende (Kap. 13) geht es um die Förderung der Beteiligungsfähigkeit von Bewohnerinnen und Bewohnern in der Quartiersentwicklung. Das Konzept zielt auf erhöhte Achtsamkeit und die Schärfung der individuellen Wahrnehmung ab und ist damit gut auf andere Themenbereiche, in denen Menschen für ihre Umwelt sensibilisiert und interessiert werden sollen, übertragbar. Die Autorin stellt erprobte Methoden von Stadtspaziergängen vor, denen gemeinsam ist, dass sie das Verständnis der individuellen Perspektive auf die Stadt befördern. Bürgerinnen und Bürger sollen durch die Betrachtung von Details, die Fokussierung auf spezifische Elemente oder einzelne Sinne ihre eigene Wahrnehmung des Stadtraums schärfen. Mittel dazu sind z. B. achtsames Beobachten, Papierrahmen und Stadtteil- sowie Fotorallyes, die Erstellung mentaler oder kognitiver Karten und ein eigens entwickelter „urbaner Reflektor". Dabei steht die bürgernahe, dialogische, vermittelnde und meinungsbildende Auseinandersetzung mit der Stadt immer im Vordergrund. Indem sie Ideen der Spaziergangswissenschaften aufgreifen, kondensieren diese Rundgänge auf methodisch-didaktische Weise Erkenntnisse unter anderem aus Stadtgeographie, Umweltpsychologie, Stadtplanung, Geschichtswissenschaft und der empirischen Sozialforschung, um Bürgerinnen und Bürger zu neuen Sichtweisen auf die Stadt einzuladen. Das schließt das Kennenlernen, den Dialog und gegebenenfalls auch die Konfrontation mit anderen Perspektiven ein.

Für Kurzzeitbildung ist der Ansatz der „Heritage Interpretation" geeignet, der Bildungsthemen für verschiedene Zielgruppen zugänglich machen kann, wobei die Schulung von Handlungskompetenz beabsichtigt ist. Anna Chatel arbeitet in ihrem Beispiel (Kap. 14) mit diesem Ansatz, wobei die Erstellung von digitalen Materialien, die den Ideen von „Heritage Interpretation" folgen, im Vordergrund steht. Diese – als Ergebnis einer Exkursion von Studierenden erarbeiteten – Materialien werden mittels einer App einer breiteren Öffentlichkeit zugänglich gemacht. Interessierte können sich dann durch die Audiodateien, Texte, Bilder etc. angeleitet mit dem jeweiligen Thema und Raum auseinandersetzen. Lernen erfolgt hier also mehrschichtig: Einerseits auf seiten der Studierenden, die die „digital Guides" (im Sinne von „Teaching is learning twice") erarbeiten und andererseits auf Seiten der Nutzerinnen und Nutzer, die durch das Angebot mit problembezogenen Fragestellungen und Perspektiven konfrontiert werden. Chatel bietet somit einen Ansatz, durch den wissenschaftliche Erkenntnisse gewonnen und so aufbereitet werden können, dass sie den „Elfenbeinturm" verlassen. Diese Verbindung zwischen Hochschulen und Öffentlichkeit ist eine der großen Herausforderungen, denen sich Wissenschaft im 21. Jahrhundert stellen muss. Hier findet sich ein praktisches Beispiel dafür, wie sie gelingen kann.

Ein ähnliches Anliegen verfolgt André Baumeister: Ihm geht es darum, komplexe Sachverhalte im Rahmen von Bildungsreisen verständlich darzustellen. Dabei verknüpft er zwei Ideen miteinander: Die thematische Fokussierung auf eine aktuelle Fragestellung einerseits und die Orientierung am in der Geographie entwickelten länderkundlichen Schema andererseits (Kap. 15). Er nimmt das Interesse von Reisenden an global relevanten Themen zum Anlass, die landwirtschaftliche Produktion zur Darstellung der Komplexität räumlicher Zusammenhänge und Mensch-Umwelt-Beziehungen auf Reisen vorzustellen. Infolgedessen plädiert er dafür, dass Reiserouten nicht in erster Linie so gewählt werden sollten, dass primär die Standorte und Sehenswürdigkeiten in den Vordergrund gestellt werden. Reiserouten und Standorte sollten vielmehr die Abhängigkeiten des Menschen vom Naturraum und Zusammenhänge zwischen natürlichen und sozialen bzw. kulturellen Prozessen und Teilsphären verständlich machen. Dieser Ansatz korrespondiert mit der „Heritage Interpretation" in Anna Chatels Beitrag und nimmt implizit Bezug auf die methodisch-didaktische Herangehensweise des „Story Telling". Anhand von Beispielen aus Nordnorwegen, der südafrikanischen Kaphalbinsel und Südtiroler Alpentälern spannt er den Bogen von der Geologie, dem Klima und den Böden hin zur Wirtschaftsweise und vor allem der Landwirtschaft des Menschen. Sein „Story Telling" folgt idealerweise der Chronologie einer Umweltgeschichte, die schließlich auch das Einwirken des Menschen in die Umwelt und ihre Umgestaltung beschreibt. Das schließt Umweltprobleme und – konflikte ein und kann ein wichtiger Beitrag zu einem besseren Verständnis des aktuellen Zeitgeschehens sein.

Die drei Beiträge geben nur ein kleinen Einblick in die zahlreichen Möglichkeiten, die sich durch Exkursionen in unterschiedlichen Einsatzbereichen bieten. Dennoch wird deutlich, dass sie viel mehr können als nur zu informieren. Sie können dazu dienen, Probleme aufzuzeigen, Aufmerksamkeit zu erregen, Diskussionen anzuregen, soziale Kontakte zu fördern oder Lösungen zu entwickeln.

Stadtspaziergänge zur individuellen Erkundung und Reflexion der städtischen Umgebung

13

Mona Ende

▶ An einem heißen Sommertag spazieren Menschen einen Fußgängerweg entlang, einige bewegen sich langsam durch die benachbarte Kleingartenanlage, andere stehen auf einem Spielplatz. Langsam drehen sie sich auf der Stelle, setzen behutsam einen Fuß vor den anderen, schließen die Augen und lauschen. Jede und jeder ist für sich unterwegs, ist ruhig, blickt umher, verweilt, schlendert – spaziert. Einige schauen regelmäßig auf einen Zettel in der Hand, lesen darauf eine kurze Frage und ändern dann die Blickrichtung, betrachten etwas ganz genau oder lassen den Blick schweifen. Dann nimmt jemand einen Rahmen aus Papier in die Hand, hält ihn sich vor das Gesicht und blickt durch den Ausschnitt in der Mitte. Dahinter taucht eine Hausfassade in der Nähe auf. Der Ausschnitt wird auf die Blumen auf einem Balkon gerichtet, anschließend auf ein Graffiti am Müllcontainer. Nun hält die Person eine Papierform hoch, verdeckt damit erst die Blumen, anschließend das Graffiti und lässt das veränderte Bild auf sich wirken (Abb. 13.1).

Projekt StadtSpazieren – Was ist deine Perspektive auf die Stadt?

Die soeben erfolgten Ausführungen beschreiben Situationen eines Stadtspaziergangs im Rahmen des Bochumer Kulturfestivals *BoBiennale*. Dieser hatte das Ziel, interessierte Menschen zu einer eigenen wahrnehmungsbezogenen Auseinandersetzung mit der städtischen Umgebung zu inspirieren. Die inhaltliche und didaktische Planung erfolgte mit dem Forschungsinteresse an Stadtspaziergängen als Format und Bündel methodischer Ansätze der Erkundung und

22

M. Ende (✉)
Stadt Langenfeld, Langenfeld, Deutschland
E-Mail: mona.ende@langenfeld.de

© Springer-Verlag GmbH Deutschland, ein Teil von Springer Nature 2020
A. Seckelmann und A. Hof (Hrsg.), *Exkursionen und Exkursionsdidaktik in der Hochschullehre*, https://doi.org/10.1007/978-3-662-61031-2_13

193

Abb. 13.1 Eine Teilnehmerin fokussiert ihre Wahrnehmung mithilfe eines Papierrahmens
(Foto: Gleim)

bürgernahen Entwicklung städtischer Quartiere. In ihrer Freizeit haben
insgesamt über 100 Personen zwischen vier und 83 Jahren an dem Stadtspaziergang teilgenommen. Der Beginn war zu zwei festgelegten und weiteren flexiblen Startzeiten möglich. An diesem Nachmittag im Juni 2017 wurden zunächst
die Grundidee und Rahmenbedingungen des Spaziergangs erläutert. Anschließend erhielt jede und jeder unterstützende Materialien und begab sich einzeln
auf einen Spaziergang. Beim Spazieren achteten die Teilnehmenden darauf, wie
sie ihre Umgebung genau wahrnehmen und welche Bedeutung dies für sie hat.
Nach einer individuell bestimmten Zeit zwischen zehn Minuten und anderthalb
Stunden kehrten die Teilnehmenden zum Ausgangspunkt zurück und reflektieren
dort alleine, im Gespräch mit der Leiterin und den anderen Teilnehmenden ihre
inhaltlichen Eindrücke und gesammelten Erfahrungen mit der Methodik.

Wie der praxisnahe Einstieg verdeutlicht, geht es in diesem Beitrag weniger
darum, ein spezifisches didaktisches Konzept zu behandeln, als vielmehr um die
praxisnahe Darstellung einzelner entwickelter und erprobter Methoden von Stadtspaziergängen, verstanden als Form einer außeruniversitären Exkursion. Zunächst
wird ein Einblick in das Format der Stadtspaziergänge hinsichtlich der Grundüber-
legungen als außeruniversitäre Exkursion gegeben, bevor einzelne methodische
Ansätze mit ihren Anwendungsmöglichkeiten ausführlicher vorgestellt werden.
Abschließend werden mögliche Anwendungskontexte sowie Hinweise für die
Durchführung von zukünftigen Stadtspaziergängen skizziert.

13.1 Stadtspaziergänge als außeruniversitäre Exkursionen

Stadtspaziergänge werden in diesem Beitrag als Format der außeruniversitären Exkursion vorgestellt. Teilnehmende bewegen sich gehend durch einen Teilbereich einer Stadt, dabei können Rollstühle, Rollatoren oder Gehstöcke unterstützen. Auf welche Zielgruppe der Spaziergang ausgerichtet ist und ob allein, zu zweit oder in einer Gruppe gegangen wird, hängt von der Zielsetzung ab. Der Weg kann sich erst beim Gehen ergeben oder vorher abgesteckt sein, ebenso wie das Ziel des Weges selbst. Relevant dabei ist, dass ein Spaziergang immer auch die spezifische städtische Ausgestaltung der Umgebung thematisiert, die dabei zum Lerngegenstand wird und teilweise durch die Teilnehmenden auch verändert werden kann. Manche Ansätze des Spazierens ermöglichen eine intensive Erkundung der Umgebung unabhängig davon, ob bereits Wissen über sie besteht oder nicht. Somit können Stadtspaziergänge in beinahe jedem Raum und zu jeder Zeit durchgeführt werden.

Das Verständnis des Raums als Wahrnehmungskonstrukt und die Thematisierung des Alltags als Untersuchungsgegenstand, folgen dem Grundverständnis der Spaziergangswissenschaft (nach Burckhardt 1996). Hier wird Spazieren als dialogische, vermittelnde und meinungsbildende Auseinandersetzung mit der Stadt verstanden, bei der die Unterscheidung zwischen Expertinnen und Experten und Laien (oder auch Lehrenden und Lernenden) aufgehoben bzw. verändert wird (Schmitz 2013, S. 26; Weisshaar 2013, S. 11). Eine Besonderheit von Stadtspaziergängen ist demnach, dass sie keinen „klassischen" Führungen entsprechen, bei denen eine Leitungsperson Wissen vermittelt und die Teilnehmenden zuhören. Stattdessen wird das Gehen mit unterschiedlichen interaktiven Methoden kombiniert, durch die die Teilnehmenden motiviert werden, sich selbst mit der städtischen Umgebung auseinanderzusetzen. Ein Spaziergang entspricht demnach eher einer Erkundung, bei der indirekt aber auch Perspektiven und Verständnisse vermittelt werden können. Zum Teil werden die Teilnehmenden angeleitet, die Lerninhalte in der Auseinandersetzung mit der Stadtumgebung selbst zu bestimmen oder sie erhalten unterstützende Materialien und Beobachtungsvorschläge.

Im Gegensatz zu universitären Exkursionen ermöglichen die Rahmenbedingungen der Freiwilligkeit und Teilnahme in der Freizeit einen größeren Spielraum, auch ungewöhnliche Ansätze auszuprobieren. Der Methodenauswahl sind keine Grenzen gesetzt. Da die Lerninhalte keine Prüfungsrelevanz haben, werden in der Regel statt spezifischen Wissens eher mögliche Betrachtungsweisen und Zugänge vermittelt oder persönliche Bezüge in den Fokus gerückt. Manchmal finden auch künstlerische, performative und spielerische Ansätze in Stadtspaziergängen Anwendung, die teilweise als Motivationssteigerung eingesetzt werden oder gezielt mit dem Prinzip der Irritation Lerneffekte erzielen.

13.2 Auswahl methodischer Ansätze von Stadtspaziergängen

Stadtspaziergänge, wie sie in diesem Beitrag verstanden werden, zielen auf das Verständnis der eigenen Perspektive bzw. auf die Beschäftigung mit vielfältigen subjektiven Zugängen zur Stadt ab. Basierend auf einem wahrnehmungsorientierten Raumverständnis (Wardenga 2002) geht es um die Vermittlung des Grundgedankens, dass jeder Mensch die Stadt individuell unterschiedlich wahrnimmt, bewertet und nutzt (Weichhardt 1993). Dies geschieht im Alltag jedoch oft ohne eine bewusste Auseinandersetzung, sondern auf Grundlage von routiniertem und implizitem Wissen und Erfahrungen (Polanyi 1985). Daher erscheint zunächst eine Schärfung der Wahrnehmung als sinnvoll. Da Städte in der Regel sehr viele Eindrücke auf einmal ermöglichen, ist eine Fokussierung auf Details, Betrachtungselemente oder einzelne Sinne hilfreich. Entsprechende methodische Ansätze der Wahrnehmungsfokussierung durch *achtsames Beobachten und Papierrahmen* (Abschn. 13.2.1) sowie der Erkundung durch eine *Fotorallye* (Abschn. 13.2.2) werden im Folgenden genauer ausgeführt. Auch die Frage, woran wir uns orientieren und welches Wissen über Orte eine Relevanz für unseren Alltag hat, ist dem konstruktivistischen Raumverständnis entsprechend individuell zu beantworten (Wardenga 2002). Diese subjektiven und oft emotionalen Bezüge zu einzelnen städtischen Elementen und Orten werden im methodischen Ansatz der *Erstellung einer eigenen Karte* (Abschn. 13.2.3) aufgegriffen und sichtbar gemacht. „Objektive" bzw. interpersonelle Wissenszugänge und -bestände können verwendet werden, um die Auseinandersetzung mit den individuellen Wahrnehmungen und Bewertungen anzuregen, diese zu kontrastieren oder zu ergänzen. Die thematische Auseinandersetzung ist keinesfalls beschränkt, sie kann von physisch-materiellen Baustrukturen, über Nutzungsmöglichkeiten bis hin zu sozialen Begegnungen reichen. Es werden *Beobachtungsvorschläge zu thematischen Dimensionen einer Stadt* (Abschn. 13.2.4) für eine intensive Erkundung gegeben. Als Dokumentations- und Reflexionsmethoden bieten sich die *Mehr-Schichten-Karte* (Abschn. 13.2.5) und die Methode des *Urbanen Reflektors* (Abschn. 13.2.6) an.

Im Folgenden werden die genannten Methoden nacheinander mit ihren methodenspezifischen Lernzielen und ihrem Vorgehen präsentiert. Es werden Tipps zur Umsetzung und zu den Materialien gegeben, die Methode in ihrem jeweiligen Anwendungskontext eingeordnet und entsprechend der Umsetzung reflektiert.

13.2.1 Wahrnehmungsfokussierung durch achtsames Beobachten und Papierrahmen

Die Methode des achtsamen Beobachtens folgt dem Grundgedanken einer möglichst wertfreien Wahrnehmung der Stadtumgebung im Sinne der Achtsamkeit (Kabat-Zinn und Kauschke 2013), um sich gezielt von bestehenden Bewertungsstrukturen zu differenzieren und sich seiner eigenen Wahrnehmungsperspektive

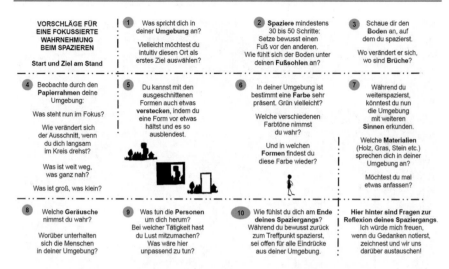

Abb. 13.2 Vorschläge für das achtsame Beobachten beim Projekt StadtSpazieren. (Bild: Eigene Darstellung)

zu nähern. Die gezielte Wahrnehmungsfokussierung ist leichter mithilfe einer Anleitung durch Fragen und Vorschläge umzusetzen, die als Begleitung und Inspiration beim Spazieren nach individuellem Interesse angewendet werden können. Die Blickrichtung zu ändern kann bei Spaziergängen z. B. in ganz einfacher Form durch die folgende Aufforderung geschehen: *Probieren Sie es doch mal aus … Spazieren Sie durch die Stadt und blicken Sie dabei mal nur nach oben oder unten. Was sehen Sie?* Neben anderen Blickrichtungen kann der Fokus auch auf einzelne Farben, Formen, Materialien, Gegenstände, Personen oder weitere Elemente einer Stadtumgebung gelenkt werden (Beispielvorschläge siehe Abb. 13.2).

Geprägt durch die eigenen Erfahrungen, das Wissen und die Bewertungen sieht jeder Mensch nur einen Ausschnitt der Stadtumgebung, eine gefilterte Perspektive. Das heißt, einiges rückt er in den Fokus und nimmt es bewusst wahr – weil er sich z. B. an einem Ort schon häufig oder noch nie aufgehalten hat. Anderes blendet er vielleicht völlig aus – weil es ist für ihn nicht wichtig ist oder er einfach noch nie darüber nachgedacht hat. Aus diesem Gedanken können Teilnehmende Papierrahmen und ausgeschnittene Papierformen mit auf ihren Spaziergang nehmen (siehe Abb. 13.1). Durch den Blick durch den Rahmen können sie bewusst eine neue Perspektive einnehmen und die Wahrnehmung neu fokussieren, während durch das Davorhalten von Papierformen Elemente versteckt werden können. Unterschiedliche Formen der Rahmen und Papierformen (Kreis, Dreieck, Ellipse, Stern, Herz etc.) wirken zusätzlich auf den Ausschnitt ein und erzeugen neue Bilder. Die Beobachtungsvorschläge und Papierrahmen haben sich als eine hilfreiche Handreichung für die Teilnehmenden herausgestellt. Außerdem ermöglichen sie als Strukturierung der individuellen Spaziergänge eine Kommunikation und einen Austausch über das Gesehene und Erlebte in der anschließenden gemeinsamen Reflexion.

Abb. 13.3 Programmheft des Stadtspaziergangs als Fanzine (Foto: Gleim)

Programmheft als Fanzine
Diese Methoden wurden für den zuvor bereits vorgestellten Stadtspaziergang im Rahmen des Projekts *StadtSpazieren* entwickelt. Zur leichteren
Anwendung wurde ein Begleitmaterial konzipiert, das aus einem doppelseitig
bedruckten DIN A4 Papier besteht und so gefaltet wurde, dass ein Programmheft entsteht (Abb. 13.3). Auseinandergefaltet sind auf der Innenseite die
Beobachtungsvorschläge zu lesen. Auf der Außenseite befinden sich neben
den Angaben zur Veranstaltung und Kontaktdaten auch Reflexionsfragen,
die alle Teilnehmenden für sich am Ende des Spaziergangs beantworten können (Abschn. 13.2.6). In der Mitte hat das Programmheft ein rechteckiges
Loch, wodurch ein Rahmen entsteht, der beim Spaziergang zur Fokussierung
benutzt werden kann. Die Verwendung einer beschrifteten und gefalteten
DIN A4 Seite, auch bekannt als Fanzine, ist günstig im Druck und erzeugt
eine motivierende Wirkung bei den Teilnehmenden. Allerdings nimmt die
Wahl der Inhalte und der Falttechnik sowie die grafische Umsetzung am PC
bei wenig Erfahrung in der Konzeption viel Zeit in Anspruch.

13.2.2 Orte spielerisch erkunden bei der Fotorallye

Die Methode der Fotorallye ermöglicht es, sich spielerisch intensiver mit einem
bekannten oder neuen Raum auseinanderzusetzen und Orientierungspunkte zu
finden. Die Teilnehmenden erhalten die Aufgabe, die auf den Fotos dargestellten

Orte in der Realität aufzusuchen. Dabei schauen sie sich zunächst die Fotos intensiv an, identifizieren Farben, Formen, Baustile, Schilder und weitere Orientierungspunkte, nach denen sie anschließend in ihrer Umgebung Ausschau halten. Durch die Suchaufgabe wird die Wahrnehmung auf die dargestellten Elemente des Fotos und somit auch auf die der Stadtumgebung gelenkt.

Diese Methode kann gut in ein Spiel integriert werden. Dabei sind an den Orten, die die Fotos zeigen, jeweils Zettel mit einem Buchstaben versteckt, die zusammengesetzt ein Lösungswort ergeben und somit den Ort verraten, an dem die Suchenden einen Schatz bzw. den Gewinn der Rallye finden. Diese Methode kann auch gut mit zwei Teams gespielt werden. Jedes Team entwickelt eine Rallye und das andere Team führt sie anschließend durch. Zunächst wird die Stadtteilrallye vorbereitet: Jede Gruppe denkt sich ein Lösungswort aus und schreibt jeweils einen Buchstaben davon auf einen kleinen Zettel. Die Anzahl der Buchstaben bestimmt später die Anzahl der Fotos und somit die Länge der Rallye. Jede Gruppe erhält dann ein Arbeitsblatt, auf dem die folgende Anweisung und Fragen notiert sind.

Lauft durch die Straßen und schaut Euch um. Findet Ihr Orte, die zu den folgenden Begriffen passen? Wo ist es ruhig, grün, gemütlich, bunt, hell, dreckig, dunkel, klein, lieblos etc.? Wenn ja, macht ein Foto von dem Ort, versteckt dort einen Zettel mit einem Buchstaben und notiert die Reihenfolge der Fotos.

Möchte die Gruppe die spätere Suche erschweren, wird beim Fotografieren nur ein kleiner Ausschnitt gewählt. Soll die Aufgabe erleichtert werden, können hingegen möglichst viele Anhaltspunkte abgebildet werden. Die Fotos werden dann der anderen Gruppe per Handy zugeschickt, die sich auf die Suche nach den abgebildeten Orten, den Zetteln und letztlich dem Schatz (z. B. etwas Süßes) begibt.

Ich? Du? Wir in Bochum! – Erprobung und Entwicklung von Stadtteilrallyes

Die Foto-Rallye wurde als Methode gemeinsam mit einer Pädagogin (Vanessa Martin) für „HaRiHo – Die Stadtteilpartner Bochum" in dem Projekt *Ich? Du? Wir in Bochum!* angewendet. Über sechs Wochen hinweg erprobten Jugendliche aus dem Stadtteil Bochum-Hamme unter Anleitung verschiedene Formen von Stadtteilrallyes und entwickelten und testeten ihre eigenen Rallyes. Die Teilnehmenden wohnten teilweise schon länger im Quartier, die meisten waren jedoch gerade erst zugezogen und verschafften sich auf spielerische und methodisch ansprechende Weise mehr Ortskenntnis.

Die spielerische Methode der Fotorallye stieß direkt auf Zustimmung, nicht zuletzt, da sie auch von Teilnehmenden mit geringen Sprachkenntnissen durchgeführt werden konnte. Die Jugendlichen fanden die Fragen als Anregungen hilfreich, um sich für Verstecke zu entscheiden. Sie waren versucht, die Verstecke möglichst schwierig und die Fotoausschnitte möglichst klein zu wählen, um dem gegnerischen Team die Suche zu erschweren. Gerade die Kombination aus digitalen Fotos und analogen Zetteln sprach die Teilnehmenden an. Zudem können die Rallyes mithilfe der Fotos auch von anderen Personen erneut durchgeführt werden. Jedoch sollte vorher kontrolliert werden, ob alle Zettel noch da sind. Die Aussicht einen Schatz zu finden, motivierte die Teilnehmenden zusätzlich. Dieses Verhalten lässt sich nicht nur bei Jugendlichen beobachten, ein Gewinn kann auch bei Erwachsenen motivierend sein.

13.2.3 Gefühle und Wissen auf einer eigenen Karte individuell verorten

Neben den stärker wahrnehmungsorientierten Methoden ermöglicht das Erstellen einer persönlichen Karte darüber hinaus einen emotionalen Zugang zur Stadt. Über die Auseinandersetzung mit den eigenen Gefühlen und Bewertungen gegenüber Orten und städtischen Elementen, kann ein persönlicher Bezug zum Lerngegenstand aufgebaut werden. Dies steigert das Interesse der Teilnehmenden und erleichtert das Lernen. Diese Methode kann individuell unterschiedliche Bewertungen und Nutzungen von städtischen Räumen aufzeigen und diese durch unterschiedliches Wissen und Erfahrungen teilweise erklären.

Die Teilnehmenden erhalten eine vereinfachte Straßenkarte eines Stadtteils und werden ermutigt, darin Orte zu markieren, mit denen sie etwas verbinden bzw. die für sie relevant erscheinen. Durch die Art der Markierung können zusätzlich Informationen zum Ort festgehalten werden (Abb. 13.4). Dies kann ein spezifisches Wissen, ein Gefühl, ein Kommentar oder ein Erlebnis sein: *Hier fühle ich mich wohl/unwohl. Über diesen Ort weiß ich, dass ... Über diesen Ort möchte ich noch mehr lernen.*

Abb. 13.4 Ein Teilnehmer markiert Orte in einer Karte, an denen er sich wohlfühlt. (Foto: Becker)

Das Herz von Bochum neu entdecken – ein erlebnisreicher Spaziergang durch die Innenstadt

Die persönliche Karte fand Anwendung bei einem gemeinsam mit einer Geografin (Rosa Patzwahl) konzipierten Stadtspaziergang zur Wissensstadt Bochum. Dabei lernten Bochumer Bürgerinnen und Bürger ihre Innenstadt (das „Herz" von Bochum) noch besser bzw. aus neuen Perspektiven kennen. Thematisch wurde der Fokus auf unterschiedliche Wissensträger, -bestände, -formen und -zugänge der Stadt gelegt. Dazu gehörte auch das individuelle (emotionale) Wissen der Teilnehmenden, das sie auf einer eigenen Karte eintrugen.

Die Idee auch Gefühle zu verorten, erschien einigen Teilnehmenden zunächst ungewöhnlich. Dem konnte durch eine behutsame Einführung mit einigen Beispielen begegnet werden. Diese eher spielerische Aufgabe führte bei vielen Teilnehmenden zum Nachdenken über Erlebnisse und weckte Erinnerungen. Die persönlichen Bezüge zum Lerngegenstand wurden anschließend in kleinen Gruppen diskutiert, wodurch ein Austausch über weitere Perspektiven angestoßen wurde.

Das Verorten des eigenen Wissens und von eigenen Gefühlen, die mit einem Ort verbunden sind, kann einerseits als Einstieg gewählt werden, um die Anschlussfähigkeit an das bereits bekannte Wissen zu sichern und zu sensibilisieren. Andererseits bietet sich diese Methode an, um während des Spaziergangs oder zum Abschluss, die ausgesuchten Orte und das neu gewonnene Wissen zu sichern und das Erlebte zu reflektieren. Die Karte kann darüber hinaus, wenn sie mehrfach eingesetzt wird, den schrittweise erfolgten Lernzuwachs aufzeigen oder als kleine Verweilpause während des Spaziergangs eingeplant werden. Die Teilnehmenden suchen sich eine Bank oder eine andere Sitzgelegenheit, kommen kurz zur Ruhe und reflektieren, was sie zu dem Thema selbst beitragen können.

Variation: eigene kognitive Karte zeichnen

Die Arbeit mit Karten ist vielen Teilnehmenden außerhalb der Hochschule nicht so vertraut wie (Geographie-)Studierenden. Daher bekamen die Teilnehmenden eine vorbereitete Straßenkarte mit für die Orientierung wichtigen Straßen, Plätzen und Gebäuden. Hier kann bei mehr Zeit und einer im Zeichnen geübteren Zielgruppe auch eine eigene kognitive Karte (*mental maps* nach Lynch 2010) gezeichnet werden. Diese ermöglicht über die Dokumentation und Reflexion des Gelernten hinaus, die Vielfalt an kognitiven Vorstellungen über die Stadt zu thematisieren. Außerdem unterstützt die selbst gezeichnete Karte den individuellen Charakter der persönlichen Darstellung. So wurden beispielsweise die teilnehmenden Jugendlichen in dem Projekt *Ich? Du? Wir in Bochum!* nach der Durchführung der Fotorallye (Abschn. 13.2.2) gebeten, eine freigezeichnete Karte von der Strecke anzufertigen, in die sie alle Orte eintrugen, an die sie sich erinnerten.

13.2.4 Vorschläge zur Beobachtung von thematischen Dimensionen einer Stadt

Ein Stadtspaziergang ermöglicht die intensive Auseinandersetzung mit allen Themen der Stadt sowie ihren jeweiligen Strukturen, Funktionen und Prozessen (Heineberg 2017). Städte sind in ihrer Komplexität so vielschichtig, dass es sinnvoll erscheint, zunächst einige Aspekte gesondert zu betrachten, bevor sie in das Gesamtgefüge eingeordnet werden. Die Fülle an Themen kann mithilfe einer Strukturierung auf ein erfassbares Maß reduzieren werden, bei der die Stadt in verschiedene thematische Dimensionen aufgesplittet wird.

Beim entsprechenden Schichten-Modell wird die Stadt als vielschichtiges Gewebe aus identifizierbaren Elementen und Ebenen angesehen, um ortsspezifische Gesetzmäßigkeiten, Anordnungs- und Gestaltungsprinzipien sowie einzelne thematische Ebenen und ihre Wechselbeziehungen aufzudecken und zu vermitteln (Basten 2011). Die Schichten ermöglichen einzeln betrachtet die Vermittlung von spezifischen Perspektiven auf die Stadt: die baulich-strukturelle, ökologische, funktionale, soziale, politische, gefühlte und zeitliche Dimension (Ende 2016, eigene Erweiterung nach Baum 2008: 73 und Jansen 2016, Abb. 13.5).

Beim Spaziergang erhalten alle Teilnehmenden einen laminierten Zettel mit jeweils einer Beobachtungsdimension und entsprechenden Fragen. Während des Gehens durch eine Straße oder ein ganzes Quartier werden sie gebeten, ihre Aufmerksamkeit auf diese thematische Dimension zu lenken und darauf zu achten, ob sie entsprechende Antworten und Beispiele finden. Nach dem Spaziergang werden die Eindrücke zusammengetragen, die Inhalte der Aussagen miteinander verknüpft und die entstandenen Eindrücke und unterschiedlichen Perspektiven gemeinsam reflektiert (Abschn. 13.2.5).

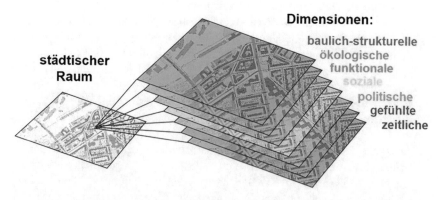

Abb. 13.5 Der städtische Raum als thematische Dimensionen. (Bild: Eigene Darstellung)

Als Aufgabenstellung bzw. Beobachtungsvorschlag erhalten die Teilnehmenden des Spaziergangs eine der folgenden Fragesets als thematische Anregungen für die Beobachtungen:

- Beobachten Sie bitte alles **Baulich-Strukturelle** im Stadtteil! Welche Gebäude, Straßen, Plätze, Bänke etc. sehen Sie? Welche Unterschiede fallen Ihnen auf?
- Beobachten Sie bitte alles **Ökologische** im Stadtteil! Welche Pflanzen, Bäume und Tiere sehen Sie? Welche ökologische Infrastruktur steht bereit und wie bewerten Sie sie für die Menschen?
- Beobachten Sie bitte alles **Funktionale** im Stadtteil! Wo sehen Sie Orte, die z. B. folgende Funktionen für Menschen erfüllen: Wohnen, Arbeiten, Einkaufen, Freizeit verbringen, Verkehr nutzen?
- Beobachten Sie bitte alles **Soziale** im Stadtteil! Welche Menschen halten sich hier auf? Wo treffen sich die Menschen? Für welche Gruppen gibt es ein Angebot und für welche nicht?
- Beobachten Sie bitte alles **Politische** im Stadtteil! Welche politischen Meinungen werden hier vertreten? Wer tut bzw. verändert hier etwas? Wird jemand ausgeschlossen?
- Beobachten Sie bitte alles **Zeitliche** im Stadtteil! Wo sehen Sie historische Elemente? Was ist neu? Wo begegnen sich neu und alt? Was ist abhängig von der jetzigen Jahres- und Uhrzeit?

Natürlich können die Dimensionen auch erweitert werden oder je nach Thema auch andere Kategorien gewählt werden. Wenn die individuelle Dimension von Stadt ebenfalls thematisiert werden soll, können die folgenden Fragen bei der Beobachtung unterstützen:
Beobachten Sie bitte, wie Sie sich im Stadtteil fühlen! Welche Orte sprechen Sie an, welche nicht? Warum? Inwieweit fühlen Sie sich mit diesem Ort verbunden?

UniverCity-Tour – Studierende erkunden ihre Hochschulstadt
Die Beobachtungsvorschläge wurden als Methode für eine universitäre Exkursion zur Vermittlung von Urbanitätsdimensionen im Rahmen einer Lehrveranstaltung entwickelt. Bei einem gemeinsam mit dem Netzwerk *UniverCity* Bochum initiierten Spaziergang namens *UniverCity-Tour* fand die Methode jedoch auch außerhalb von Lehrveranstaltungen Anwendung. Dabei wurden neue Studierende und Studieninteressierte in ihrer Freizeit von älteren Studierenden durch studentisch geprägte Quartiere in Bochum geführt. Zum einen wurde das geographische Ziel verfolgt, den Studierenden einen Zugang zur Stadt und zu möglicherweise interessanten Wohnstandorten und Freizeitnutzungen zu ebnen. Zum anderen wollte das Stadtmarketing die Studierenden bei ihrer Überlegung unterstützen, nach Bochum zu ziehen oder das Bochumer Angebot stärker zu nutzen. Die Beobachtungsvorschläge animierten die Teilnehmenden, neue Blickweisen auf die Quartiere einzunehmen und für sie interessante Fragen an die Quartiere zu stellen.

Die Methodik zur Beobachtung von thematischen Dimensionen einer Stadt ist zwar einfach in der Umsetzung, erzielt aber einen großen Erkenntnisgewinn für die Teilnehmenden. In kurzer Zeit können viele thematisch unterschiedliche Eindrücke gesammelt, zusammengetragen und diskutiert werden. Dabei sollte besonders Wert auf die Reflexion der individuellen Wahrnehmung der Eindrücke gelegt werden, da diese teilweise auch konträr ausfallen. Die Fokussierung auf eine Beobachtungsdimension pro Person ermöglicht eine gezielte Auseinandersetzung mit dem Thema ohne Ablenkungen. Dies erfolgt insbesondere, wenn jede und jeder den Aufgabenzettel verdeckt erhält, ohne zu wissen, worauf die anderen achten. So entstehen individuell viele Eindrücke zu einer Dimension. Die Erkenntnisse zu den weiteren erfährt jede und jeder Teilnehmende jedoch nur subjektiv gefiltert von den anderen. Je nach Zielsetzung können die Themen auch offen nach persönlicher Präferenz vergeben werden. Ausgehend von den persönlichen Eindrücken können diese in einem zweiten Schritt durch „Faktenwissen" zu Baustilen, Angebotsstrukturen, Einwohnerzahlen, ökologischen Werten, historischen Entwicklungen etc. ergänzt werden.

13.2.5 Erkenntnisse dokumentieren und analysieren mittels der Mehr-Schichten-Karte

Die Mehr-Schichten-Karte vereint in sich eine Dokumentations-, Analyse- und Reflexionsmethode. Sie kann einzeln oder mit anderen Methoden kombiniert angewendet werden. Beispielsweise eignet sie sich, die gewonnenen Erkenntnisse der Beobachtungsvorschläge für den weiteren Lehr-Lernkontext aufzuarbeiten. Diese Mehr-Schichten-Karte folgt dem Grundgedanken, einen städtischen Raum in thematische Schichten zu teilen und wieder zusammenzusetzen und zielt somit auf eine detaillierte Auseinandersetzung mit einzelnen Themen sowie ihrer Zusammenschau und Wechselbeziehungen ab.

Zur Erstellung einer Mehr-Schichten-Karte wird zunächst ein Raumausschnitt gewählt und eine Grundkarte der Straßen, Plätze und wichtigen Orientierungspunkte erstellt. Anschließend zeichnen die Teilnehmenden jeweils eine neue Karte pro Beobachtungskategorie und legen diese auf die Grundkarte. Dafür müssen alle Karten den gleichen Ausschnitt zeigen. Das Erstellen der Karten kann per Hand auf jeweils einem gleich zugeschnittenen Transparentpapier erfolgen oder mithilfe eines Grafikprogramms. Pro Karte werden nur die für eine Beobachtungskategorie relevanten Orte mit den jeweiligen Erkenntnissen festgehalten, die durch Punkte, Flächen, Symbole oder Farben eingezeichnet werden. So entstehen beispielsweise Karten mit Begegnungsorten, Transformationsprojekten, Grünflächen oder eine Gefühlskarte. Pro Karte sollte jeweils eine andere Darstellungsform gewählt und statt viel Text lieber eine Legende verwendet werden. Legen die Teilnehmenden anschließend die einzelnen Karten übereinander, können sie alle Schichten bzw. Themen zugleich betrachten. Dies ermöglicht die Analyse von unterschiedlichen Erkenntnissen an denselben Orten und verdeutlicht so die Vielschichtigkeit des Raumausschnitts. Mit einer Paketklemme können die Schichten an einer Ecke zusammen fixiert werden. Gleichzeitig bietet die Fixieroption die Möglichkeit, nur einzelne Karten in unterschiedlichen Kombinationen übereinanderzulegen und zu besprechen.

Variationen: eine gemeinsame, persönliche oder digitale Karte erstellen
Wenn jeder Teilnehmende eine eigene Mehr-Schichten-Karte erstellt, kann dies zeitaufwendig sein und viel Material erfordern (Kartenausdrucke, Transparentpapier, farbige Stifte und Paketklemmen). Daher kann auch in der Gruppe gemeinsam nur eine Mehr-Schichten-Karte entwickelt werden. Während eines Spaziergangs dokumentieren die Teilnehmenden ihre Beobachtungserkenntnisse mittels vereinbarter Farben oder Symbole auf einem Transparentpapier. Beim Zusammentragen der Ergebnisse im Plenum können die Karten dann übereinandergelegt diskutiert werden.

Die Mehr-Schichten-Karte kann außerdem gut mit der Methode der Erstellung persönlicher Karten (Abschn. 13.2.3) kombiniert werden. Dafür markieren die Teilnehmenden jeweils auf einem Transparentpapier die für sie relevanten Orte mit den damit verbundenen Gefühlen, Nutzungen und Bewertungen. Unterhalb des Transparentpapiers legen sie alle die gleiche Grundkarte, an der sie sich bei den Markierungen orientieren. So entstehen individuelle Karten des gleichen Raumausschnitts, die übereinander gelegt hinsichtlich der gemeinsamen und unterschiedlichen Perspektiven der Teilnehmenden reflektiert werden können (Abb. 13.6).

Alternativ zum vorgeschlagenen Material kann auch eine digitale Version der Mehr-Schichten-Karte erstellt werden. Dies kann z. B. Tablet- oder Smartphone-gestützt mit einer OpenStreetMap Karte erfolgen. Diese Variation ist jedoch aufwendiger und verdeutlicht das Schichten-Prinzip nicht so einfach, wie die Möglichkeit mehrere Schichten per Hand aufeinander zu legen.

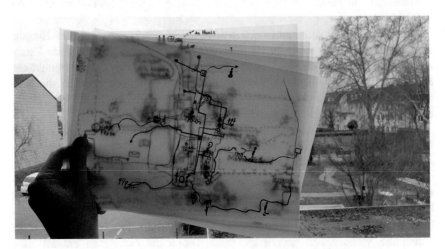

Abb. 13.6 Mehrere persönliche Karten wie Schichten übereinandergelegt (Foto: Ende)

13.2.6 Erkenntnisse dokumentieren und reflektieren mithilfe des Urbanen Reflektors

Durch die Spaziergänge werden Denk- und Lernprozesse angestoßen, die es im Anschluss gilt, aufzugreifen, zu dokumentieren und zu reflektieren. In einem Seminarraum stehen dafür manchmal Flipcharts oder ähnliche Ausrüstung bereit. Bei einem Spaziergang durch die Stadt fällt diese Ausstattung in der Regel weg. Aus diesem Grund wurde eine tragbare Installation entwickelt, die als Ansprechhilfe, Dokumentations- und Präsentationsfläche genutzt werden kann.

Die Installation ist selbstgebaut und besteht aus einem leicht zusammensteckbaren Ständer aus einem mit Spiegelfolie beschichteten Rohr, Holzbrettern als Standfüßen, Gewindeschrauben mit aufsteckbaren Verkleidungen als Halterung und aufhängbaren Reflektoren (die in der Regel in der Fotographie genutzt werden). Letztere drehen sich gerade bei Wind leicht, reflektieren das umgebene Licht und schimmern so in Silber oder Gold (Abb. 13.7). Das Ensemble kann auseinander genommen leicht in einem Skisack über der Schulter transportiert und so an jedem beliebigen Ort aufgebaut werden. Aufgrund der optisch ansprechenden Reflexionen des Lichts und der Nutzung zur inhaltlichen und methodischen Reflexion der Stadt und der Spaziergänge wurde im doppelten Sinne der Name *Urbaner Reflektor* gewählt.

Die Installation entstand als Beitrag für das Stadtentwicklungsfestival *n.a.t.u.r.* in Bochum und diente für eine kurze Befragung von Personen, die durch verschiedene Quartiere spazierten. Dabei zogen die reflektierenden Oberflächen die spazierenden Personen aufgrund ihrer Neugier an. Neben der Installation stehend, wurden sie zu ihren Assoziationen zur Umgebung gefragt: *Welche Gedanken und Gefühle erzeugt dieser Ort bei Ihnen?* Die Antworten konnten auf Klebezetteln an den Reflektorenflächen befestigt und so für weitere Passanten gesammelt werden. Am Ende der Festivallaufzeit wurden die Reflektoren außerdem zur Präsentation der gesammelten Ergebnisse aus allen Quartieren verwendet. Die Assoziationen wurden dafür in Form von Wortwolken mit doppelseitigem Klebeband am Stoff befestigt.

Der Urbane Reflektor kam auch beim Projekt *StadtSpazieren* zum Einsatz. Dort diente er zunächst wieder als „Hingucker", der spontan interessierte Personen anzog und angemeldeten Teilnehmenden zeigte, wo sich der Startpunkt des Spaziergangs befand. Nach den individuellen Spaziergängen konnten die Teilnehmenden auf der Rückseite der Reflektoren Fragen finden, die sie zum Nachdenken über ihren Spaziergang anregten:

Was hast du bei deinem Spaziergang Neues entdeckt? Welcher Bildausschnitt hat dir besonders gefallen? Was fandest du interessant auszuprobieren? Was machst du bei deinem nächsten Spaziergang anders?

Unterhalb der Fragen konnten die Teilnehmenden ihre entsprechenden Antworten notieren, lesen welche Erfahrungen die anderen Teilnehmenden gemacht haben und darüber mit ihnen ins Gespräch kommen (Abb. 13.8). Die Sammlung der unterschiedlichen Erfahrungen unterstreicht am Ende des Spaziergangs erneut die Vielfältigkeit der Perspektiven. Durch die Antworten entsteht eine

Abb. 13.7 Der
Urbane Reflektor als
Präsentationsfläche von
Ergebnissen (Foto: Ende)

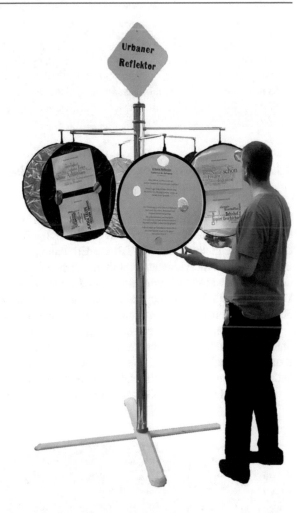

Dokumentation der individuellen Spaziergänge. Die Leitung sowie andere
Teilnehmende gewinnen einen Eindruck der gesammelten Erfahrungen. Dies kann
als Ausgangspunkt für eine tiefergehende Reflexion des Erlebten, der Methoden
und des Lerngewinns genutzt werden.

Faltbare Reflektoren als kleine mobile Variante
Natürlich sind die Konzeption und der Bau einer solchen Installation
zeit- und kostenaufwendig. Vielleicht kann dieses Beispiel jedoch hier
als Inspiration genutzt werden, auch ästhetisch ansprechende Elemente
in einen Spaziergang zu integrieren, kreative Lösungen für Dokumentati-
ons- und Präsentationsflächen zu finden und so die Aufmerksamkeit der
Teilnehmenden einzufangen. Übrigens sind die Reflektoren in den Farben

Gold, Silber, Schwarz und Weiß als Fotografiezubehör günstig zu erwerben und lassen sich zusammengefaltet in einer kleinen Tasche gut verstauen und transportieren. Durch die angenähte Schlaufe können sie an beinahe jedem Baum oder mit Klebeband an fast jeder Hausfassade befestigt werden und so mobil als Notizfläche für Zwischenreflexionen eingesetzt werden.

13.3 Anwendungskontexte und Hinweise für zukünftige Stadtspaziergänge

Die beschriebenen Methoden sind eine Auswahl, die im Rahmen verschiedener Stadtspaziergänge (weiter)entwickelt und durchgeführt wurden. Sie verdeutlichen die mögliche methodische Vielfalt zur Erkundung der eigenen Wahrnehmung und Bewertung, zur individuellen und thematischen Auseinandersetzung mit der Stadtumgebung sowie zur Dokumentation und Reflexion der Ergebnisse. Die Methoden können je nach Zielsetzung, Zielgruppe und Anwendungskontext in unterschiedlichen Variationen konzipiert, durchgeführt und reflektiert werden.

Stadtspaziergänge sind anschlussfähig an verschiedene Forschungsthemen u. a. Stadtgeographie, Umweltpsychologie, Spaziergangswissenschaft, Stadtplanung, Baukultur, Stadtsoziologie, Geschichtswissenschaft, empirische Sozialforschung, Didaktik. Ebenso sind sie einsetzbar in unterschiedlichen Praxiskontexten wie z. B. in der Verkehrsplanung, Gesundheitsförderung, Performancekunst und Kultur-

Abb. 13.8 Eine Teilnehmerin notiert ihre Erkenntnisse zum Spaziergang auf einer Reflektoren-fläche (Foto: Ende)

vermittlung, im Tourismus und Marketing, in der Sozialarbeit und bei digitalen Anwendungen (Geocaching, Augmented Reality) oder bei politisch motiviertem Gehen wie bei Demonstrationen.

13.3.1 Bürgernahe Quartiersentwicklung als ein außeruniversitärer Anwendungskontext

Ein mögliches Anwendungsfeld für Stadtspaziergänge ist die kooperative und bürgernahe Quartiersentwicklung. Das Format des Spazierens ermöglicht es in Kombination mit weiteren Methoden, die teilweise routinierten Vorstellungen und Nutzungen der Wohnumgebung aufzuzeigen sowie sichtbar und erlebbar zu machen. Das eigene Quartier kann dabei als alltagsnaher Lehr- und Lerngegenstand angesehen werden, über dessen Zugang eine Auseinandersetzung mit Themen der Quartiersentwicklung und Stadtplanung erleichtert wird. Beim Spazieren durch ihre Wohnumgebung werden den Teilnehmenden Orte bewusst, die für sie eine große Bedeutung haben, aber auch Orte, die Missstände bzw. Verbesserungsbedarf aufweisen. Dieses Wissen über vorhandene und fehlende Orientierungspunkte, Wege, Nutzungsangebote, Begegnungsmöglichkeiten, Gestaltungen etc. hat einen großen Wert für die bürgernahe Quartiersentwicklung, denn es wird für die Planung nutzbar. Außerdem fördert es die Beteiligungsfähigkeit der Bewohnerinnen und Bewohner. Sie können sich auf Grundlage dieses Wissens leichter und effektiver in Beteiligungsprozesse einbringen und so die Planung des Quartiers als Expertinnen und Experten vor Ort mitgestalten. Außerdem führt eine intensive Erkundung und Reflexion der Wohnumgebung dazu, Ideen zu entwickeln, wie die Teilnehmenden sich selbst in die Quartiersentwicklung einbringen bzw. an Veränderungen mitwirken können.

Generell kann das Format der Stadtspaziergänge zu verschiedenen Zeitpunkten eines Partizipationsprozesses und auch für unterschiedliche Beteiligungsziele eingesetzt werden. Mit einem stärkeren Fokus auf die Vermittlung von Wissen können Anwohnerinnen und Anwohner über geplante Veränderungen informiert werden. Zum Sensibilisieren für spezifische Themen eignen sich mehrere der zuvor ausgeführten Methoden der Wahrnehmungsschärfung. Durch die Beobachtungsvorschläge oder die Erstellung einer eigenen Karte können Bewertungen von Orten eingefangen und diskutiert werden. Mit spielerischen Ansätzen wie der Fotorallye können die Orte anderen Bewohnerinnen und Bewohnern gezeigt werden. Die Mehr-Schichten-Karte und der Urbane Reflektor können angewendet werden, um die unterschiedlichen Bewertungen zu bündeln und im Vergleich zueinander auszuwerten. Das Spazieren selbst eignet sich zur Aktivierung von Bewohnerinnen und Bewohnern, da es durch die Bewegung nicht nur Gedanken in Gang setzt. Bei einem Spaziergang können die Teilnehmenden auch direkt Entwicklungen des Quartiers anstoßen oder daran teilhaben. Dies geschieht beispielsweise bei regelmäßig stattfindenden Seniorenspaziergängen mit wechselnden Routen wie z. B. in Bochum-Ehrenfeld. Die Gruppe spaziert wöchentlich eine Stunde durch das Quartier, sieht somit viele Orte, an denen sie sonst im Alltag nicht vorbeikommt, tauscht sich über die gelebte Nachbarschaft und die Wege aus und lädt gelegentlich Gäste sowie Expertinnen und Experten ein, sie zu begleiten. Dabei sieht die Gruppe beim Spazieren Missstände in der (barrierearmen) Infrastruktur und meldet diese an die Stadtverwaltung oder entwickelt Ideen für die (altersgerechte) Quartiersentwicklung.

13.3.2 Hinweise für zukünftige Stadtspaziergänge

Die Teilnehmenden der vorgestellten Stadtspaziergänge interessieren sich in der Regel für den städtischen Raum, die Methodik oder spezifische Themenbereiche der Stadt. Sie können z. B. interessierte Personen sein, die in ihrer Freizeit an einem Spaziergang freiwillig teilnehmen, Kinder und Jugendliche, die in einem institutionalisierten Rahmen spazieren oder Bewohnerinnen und Bewohner eines Stadtteils. Bei den beschriebenen Stadtspaziergängen konnten grundsätzlich ein großes Interesse und eine neugierige Offenheit bei den Teilnehmenden festgestellt werden. Dies wurde vor allem unterstützt durch einen kreativ-ansprechenden Titel und einen Ankündigungstext, bei dem bereits auf interaktive Methoden hingewiesen wird. Für die Leitung des Spaziergangs ist es relevant, nicht nur das Vorwissen, sondern auch die Erwartungen der Teilnehmenden möglichst genau einschätzen zu können. Bei aufeinander aufbauenden oder regelmäßig stattfindenden Spaziergängen ist dies leichter als bei einmaligen und kurzen Durchführungen. Sollte zunächst Skepsis gegenüber kreativen Methoden aufkommen, so kann dem durch die Vorstellung des Ablaufs und der Ziele der Aufgaben begegnet werden, um die Bereitschaft zu erhöhen, sich darauf einzulassen. Auch haben sich motivierende Formulierungen bewährt, wie z. B. *Probieren Sie es doch mal aus!* Sollte eher eine „klassische" Führung erwartet werden, bietet sich ein Mix aus fachlichen Inputs und Materialien, subjektiven Erkundungen und gemeinsamen Reflexionen an. Dabei kann zunächst Fachwissen als Grundlage für eine eigene Erkundung gewählt werden oder anschließend zur Einordnung des Erlebten ausgeführt werden. Die Kombination unterschiedlicher didaktischer Elemente steigerte bei den erfolgten Projekten außerdem die Aufmerksamkeit und Motivation der Teilnehmenden.

Die Durchführung von Stadtspaziergängen hat sich darüber hinaus als Programmpunkt bei Rahmenveranstaltungen bewährt. Findet ein Stadtspaziergang als Beitrag eines Festivals oder einer Aktion statt, so werden Teilnehmende durch Ankündigungen und Werbung des Veranstalters akquiriert oder es gibt genügend Besucherinnen und Besucher, die sich spontan zur Teilnahme entschließen. Generell erscheint es ratsam den Teilnehmenden klar mitzuteilen, ob der Spaziergang als Ziel oder Mittel eingesetzt wird, welche Themen vermittelt werden sollen und welche Orte besonders im Fokus stehen werden. Diese Kommunikation, eine zielgruppenorientierte Konzeption der Methodik sowie gutes Wetter sollten dann zum Erfolg des Stadtspaziergangs beitragen.

Literatur

Basten, L. 2011. *Schichten einer Region. Kartenstücke zur räumlichen Struktur des Ruhrgebiets.* Berlin: Jovis.

Baum, M. 2008. *Urbane Orte. Ein Urbanitätskonzept und seine Anwendung zur Untersuchung transformierter Industrieareale.* Karlsruhe: Universitätsverlag Karlsruhe.

Burckhardt, L. 1996. Promenadologische Betrachtungen unserer Umwelt. In *Warum ist Landschaft schön? Die Spaziergangswissenschaft,* Hrsg. M. Ritter und M. Schmitz. Berlin: Martin Schmitz.

Ende, M. 2016. *Dimensionen von Urbanität in innerstädtischen Quartieren – eine Analyse urbaner Orte im Viktoria Quartier Bochum.* Unveröffentlichte Masterarbeit am Geographischen Institut der Ruhr-Universität Bochum.

Heineberg, H. 2017. *Stadtgeographie,* 5. Aufl. Stuttgart: UTB.

Jansen, H. 2016. Raumbezogene Urbanität. In *URBANITÄTen – Ein interdisziplinärer Diskurs zur Eigenlogik des Städtischen,* Hrsg. C. Reicher, H. Jansen, und I. Mecklenbrauck, 62–135. Oberhausen: Asso-Verlag.

Kabat-Zinn, J., und M. Kauschke. 2013. *Achtsamkeit für Anfänger.* Freiburg: Arbor.

Lynch, K. 2010. *Das Bild der Stadt.* Gütersloh: Ullstein.

Polanyi, M. 1985. *Implizites Wissen.* Frankfurt a. M.: Suhrkamp.

Schmitz, M. 2013. Warum ist Lucius Burckhardt heute aktuell? In *Spaziergangswissenschaft in Praxis. Formate der Fortbewegung,* Hrsg. B. Weisshaar, 24–31. Berlin: Jovis.

Wardenga, U. 2002. Räume der Geographie – zu Raumbegriffen im Geographieunterricht. *Geographie Heute* 23 (200): 8–11.

Weichhart, P. 1993. Mikroanalytische Ansätze der Sozialgeographie – Leitlinien und Perspektiven der Entwicklung. *Innsbrucker Geographische Studien* 20:101–115.

Weisshaar, B., Hrsg. 2013. *Spaziergangswissenschaft in Praxis. Formate der Fortbewegung.* Berlin: Jovis.

Exkursionsdidaktik mobil – Studierende entwickeln eigene App-Touren

14

Apps aus der Hochschule für die Öffentlichkeit

Anna Chatel

▶ Der „Digital Native" oder „Homo Mobilis" ist global vernetzt, stets online, höchst mobil und immer spontan (Maurer 2015, S. 52) und dies bereits von jungen Jahren an. Aufgewachsen mit den Technologien des digitalen Zeitalters gehören Apps als ständige Wegbegleiter zum heutigen Leben der meisten Studierenden. Mittlerweile findet dieses Medium auch den Weg in die Exkursionsdidaktik der Hochschullehre (s. dazu auch Kap. 10). Ein breites Spektrum von Apps eröffnet vielseitige Anwendungen im Bereich Orientierung, Tracking oder der Wissensvermittlung.

14.1 App-Inhalte entwickeln statt rezipieren

14.1.1 Apps rezipieren

Digitale Lehr-/Lernapplikationen bieten die Möglichkeit des „Location-based-Learning" (Paeschke et al. 2013) und können wahrnehmbare natürliche oder kulturelle Phänomene im Raum, die zunächst unscheinbar erscheinen, ins Bewusstsein der Studierenden rücken. Studien belegen eine erhöhte Motivation der Lernenden durch die Anwendung von Smartphones und ihren Applikationen (Aufenanger 2015, S. 77; Ernst 2008, S. 139) sowie einen gesteigerten Wissenszuwachs (Falk und Chatel 2017, S. 156; Haimerl 2017, S. 68; Knaus 2015; Zydney und Warner 2016). Es können jedoch viele weitere und interessante Lern- und Handlungsfelder erschlossen werden, wenn Studierende Applikationen nicht nur als Nutzerinnen und Nutzer rezipieren, sondern als Entwickler Apps mit Inhalten füllen.

A. Chatel (✉)
Institut für Geographie und ihre Didaktik, Pädagogische Hochschule Freiburg, Freiburg, Deutschland
E-Mail: anna.chatel@ph-freiburg.de

© Springer-Verlag GmbH Deutschland, ein Teil von Springer Nature 2020   213
A. Seckelmann und A. Hof (Hrsg.), *Exkursionen und Exkursionsdidaktik in der Hochschullehre*, https://doi.org/10.1007/978-3-662-61031-2_14

Tab. 14.1 Praktische Hinweise

Technische Voraussetzungen aufseiten der Studierenden	Smartphone und gegebenenfalls Notebook
Vorbereitungsaufwand	Bei Erstdurchführung ca. 5 h pro Woche, bei folgenden Veranstaltungen, ca. 2 h pro Woche
Durchführungsaufwand	Ca. 3 h pro Woche
Korrekturaufwand, Aufwand für inhaltliche Prüfung und Qualitätsmanagement	Korrektur der wissenschaftlichen Hausarbeit zur Thematik der App, Bewertung der Präsentationsprüfungen, also des Trails im Gelände, pro Studentin, Student ca. 3h

Die Voraussetzungen und der Aufwand für ein solches Projekt sind in Tab. 14.1 zusammengefasst.

14.1.2 App-Touren generieren

App-Inhalte selbst erstellen – für viele Studierende ist dies Neuland und eröffnet eine bisher wenig genutzte Chance mit völlig neuen Perspektiven (Chatel und Falk 2018, S. 195). Welsh et al. (2012) konstatierte bereits 2012, dass das Generieren von Apps sich motivierend auf die Lernenden auswirkt. Seit vier Jahren generieren Studierende des Institutes für Geographie und ihre Didaktik der Pädagogischen Hochschule Freiburg und der Universität Freiburg gemeinsam eigene App-Touren. Jeweils zu dritt erarbeiten die Studierenden kollaborativ und kooperativ komplexe wissenschaftliche Thematiken und erstellen aus diesen Themen eigene digitale Applikationen. Die Studierenden können die Zielgruppe, für welche sie die Inhalte aufbereiten, selbst wählen z. B. Schülerinnen und Schüler, Touristinnen und Touristen oder Flüchtlinge. Für die jeweilige Zielgruppe entwarfen die Studierenden verschiedene digitale Inhalte.

Im Folgenden wird aufgezeigt, wie Studierende App-Touren erstellen, erproben und schließlich evaluieren. Dieses innovative Lehr-Lernformat bietet nicht nur den Studierenden selbst mannigfaltige Lernoptionen, sondern leistet auch einen Beitrag aus der Hochschule für die Öffentlichkeit im Sinne des *Service Learning,* denn die Apps können der Allgemeinheit im Anschluss an die Erstellung und Erprobung über den Playstore zur Verfügung gestellt werden. Im universitären Kontext kann die Produktion der mobilen Touren gleichzeitig als Prüfungsleistung anerkannt werden und nach vorher kommunizierten Kriterien bewertet werden. Tab. 14.2 enthält einen Überblick über die Einsatzmöglichkeiten, Lernkontrolle und den Prüfungsnachweis.

14.2 Mobile Exkursionen selbst generieren

14.2.1 Eine mobile Tour entsteht

Der Ablauf zur Erstellung einer App-Tour durch Studierende gliedert sich in folgende Phasen (vgl. Abb. 14.1 Ablauf der Erstellung einer App-Tour):

Tab. 14.2 Konzept: Erstellung von Apps in der Hochschullehre

Zielgruppe	Bachelor- oder Masterstudierende insbesondere der Fachrichtungen Geographie, Biologie, Geschichte, Politik, etc.
Gruppengröße	Bis maximal 24 Studierende
Lernkontrolle	Summativ, Abgabe einer wissenschaftlichen Hausarbeit und der fertigen App-Tour, Präsentation der Tour in den letzten beiden Sitzungen im Gelände
Wissensdimensionen	Faktenwissen, konzeptionelles Wissen, prozedurales Wissen und metakognitives Wissen
Prüfungsform	Präsentationsprüfung

1. **Theorie**

   Zunächst werden die Theorie und die wichtigsten didaktischen Kriterien des Ansatz *Heritage Interpretation* (Beck et al. 2018) und der *Exkursionsdidaktik* (u. a Klein 2007; Dickel und Glasze 2009; Ohl und Neeb 2012) erarbeitet und gegenseitig anhand von Posterpräsentationen ausgetauscht und diskutiert. Die Studierenden wählen anschließend das Thema ihrer Tour interessensgeleitet in Kleingruppen zu jeweils drei Studierenden.

2. **Umfeldanalyse und Festlegung der Ziele**

   Bevor die Studierenden ein Thema erarbeiten, führen sie eine Umfeldanalyse durch, um herauszufinden, inwiefern ihre Thematik schon anderweitig in regionalen Museen, Lehrpfaden, Ausstellungen, Apps o. ä. thematisiert wird und passen ihre Inhalte derart an, dass sie eine neue Perspektive erschließen. Im nächsten Schritt legen sie ihre kognitiven, affektiven und handlungsorientierten Ziele fest.

   In dieser Phase bieten sich gemeinsame Exkursionen zu außerschulischen Lernorten, beispielsweise Naturparkzentren o. ä. und das Durchführen von bestehenden App-Exkursionen an, welche kriteriengeleitet analysiert und diskutiert werden.

3. **Zielgruppe und Medium**

   Die Studierenden einigen sich auf eine Hauptzielgruppe, für welche sie die Tour entwickeln und werden sich über deren Wissensstand, Mobilität, Motivation und Interessensschwerpunkte klar. In den meisten Seminaren stößt die Entwicklung einer App-Tour als Medium der Vermittlung auf großes Interesse, die Studierenden können dennoch alternativ Schautafeln oder eine Broschüre gestalten. Die Erfahrung zeigt, dass die Studierenden diese Wahlfreiheit schätzen, ca. 90 % entwickeln eine mobile Tour.

4. **Methodentriangulation**

   Eine Methodentriangulation liefert den Studierenden einen vertieften fachwissenschaftlichen Einblick und eine eingehende inhaltlichen Auseinandersetzung mit ihrem Thema. Hierbei haben sich insbesondere Experteninterviews als sehr wertvolle Quelle ergeben, um die Inhalte anschließend lebendig zu gestalten. Unentbehrlich sind zahlreiche Geländebegehungen mit Auswahl der Phänomene und eine fundierte Literaturrecherche.

5. **Interpretationsstrategie und Leitidee**

Die gewonnenen Inhalte müssen im Anschluss sortiert, strukturiert und analysiert werden. Diese Informationen stellen die Basis der App-Tour und der Interpretation dar. Im folgenden Schritt wird eine Interpretationsstrategie gewählt. Beispielsweise kommt an jeder Station ein Repräsentant des Ortes zu Wort und Ausschnitte aus den Experteninterviews werde als O-Ton in die Tour miteingearbeitet. Für Schülerinnen und Schüler könnte eine Leitfigur entwickelt oder Videos bzw. Audios beispielsweise als Dialog umgesetzt werden. Wichtig ist, auf Mehrperspektivität zu achten und die Thematik unter eine Hauptleitidee zu stellen. Ansonsten besteht die Gefahr einer einseitigen Darstellung bzw. dass entweder zu viele Informationen in eine Tour integriert werden oder aber viele Themen oberflächlich angesprochen werden und ein Sammelsurium entsteht, das der Nutzer der Tour später kaum mehr erinnert. Die Leitidee verbindet alle *Points of Interest* mit dem Ziel, dass sie von der Zielgruppe im Anschluss an die Tour nachhaltig behalten wird. Eine affektive Anbindung wurde hauptsächlich durch *Story-Telling* erreicht, indem Geschichten nacherzählt bzw. erzählt wurden, die beispielsweise aus den Experteninterviews oder eigenen Erfahrungen gewonnen wurden, dies führt nachweislich zu einem tieferen Verständnis der Phänomene (Beck und Cable 2011, S. 28).

6. **Points of Interest (POI) und Unterleitideen**

Jede Studentin, jeder Student entwickelte für 2 POIs, d. h. 2 Geländepunkte bzw. Phänomene Texte, Fotos, Audios etc. und bettete diese in die Hauptleitidee ein. Die jeweilige Unterleitidee eines POIs dockte jeweils an diese Hauptleitidee an und zeigte auf, was an den jeweiligen Standorten vermittelt werden soll und welche zentrale Aussage der Nutzer mitnimmt.

7. **Realisierung**

Die Erfahrung zeigte, dass Studierende den Umgang mit Aufnahmegerät oder Handy und dem Schneiden von Tonspuren sehr gut bewerkstelligen und in die mobile Tour integrieren können. Audiodateien eignen sich besonders gut zur Erläuterung der Entstehung von Landschaften oder der Beschreibung von Gebäuden oder Plätzen. Da der User sich das Phänomen anschaut und gleichzeitig auditiv Informationen aufnehmen kann, bleibt der direkte Bezug zum Objekt stets erhalten, im Unterschied zum Text oder Film, bei welchen die Aufmerksamkeit auf dem Smartphone und nicht im Realraum ruht. Ferner zeigte sich, dass die Arbeit zur Erstellung von kurzen Videos eher einen hohen Arbeitsaufwand darstellt, welche in einem Semester nur dann zu bewältigen ist, wenn auf Vorerfahrungen der Studierenden im Umgang mit Filmschnitt zurückgegriffen werden kann.

Weitere mediale Aufbereitungen bestanden aus Slidern, welche Fotos aus verschiedenen Jahren verglichen und aus *Augmented Reality* Elementen, zum Beispiel um Hochwasserereignisse zu demonstrieren oder verschwundene Gebäude kurzfristig wieder aufleben zu lassen oder Tiere und Pflanzen einzublenden, die nicht in jeder Jahreszeit anzutreffen sind. Die einzelnen Elemente wurden von den Studierenden in einem HTML-Editor editiert und mit ArcGIS oder der kostenfreie Version QGIS bearbeitet und in *Shapefiles* eingepflegt. Die Funktionen der GIS-Programme (u. a. Barnikel 2015; Falk 2003; Esteves 2015) können zielführend eingesetzt werden, hinsichtlich der Verortung und Verknüpfung der Daten. Da dieser Prozess sehr aufwendig ist, wurde ein eigenes Baukastensystem entwickelt werden, in dessen Benutzeroberfläche die Studierenden leicht die eigenen Texte, Fotos, Audios etc. einpflegen konnten. Vorteil ist, dass so die *Standalone-App* FREIBLICK (vgl. Abb. 14.2) entstanden ist und unabhängig von einem Anbieter genutzt werden kann (vgl. Abb. 14.3). Hierbei ist allerdings auf die Nachhaltigkeit zu achten, denn ein einmal aufgesetztes System muss konstant gewartet werden. Zahlreiche Plattformen unterstützen

Abb. 14.1 Ablauf zur Erstellung einer App-Tour. Quelle: Chatel 2019

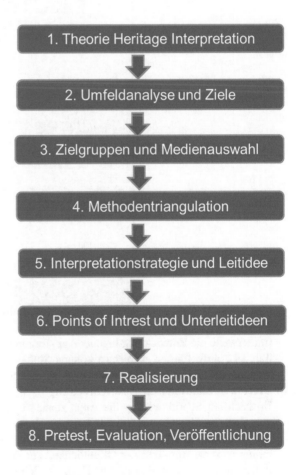

Abb. 14.2 Logo Freiblick

mittlerweile die Entwicklung eigener App-Touren (meist kostenlos). Mit den in
Tab. 14.3 aufgeführten Anbietern können Studierende App-Touren selbst entwickeln, die Anbieter wechseln und wandeln sich jedoch stetig.

8. **Pretest, Evaluation und Veröffentlichung**
   Im nächsten Schritt werden die Apps zunächst selbst getestet, den Experten
   vorgelegt, um die wissenschaftlich korrekte Darstellung zu garantieren und mit
   der jeweiligen Hauptzielgruppe in einem Pretest evaluiert. Bei positiver Evalu-
   ierung wird die App-Tour der Öffentlichkeit zur Verfügung gestellt. Die Touren
   liefern folglich einen Beitrag zur Hochschullehre und werden zusätzlich von
   interessierten Nutzerinnen und Nutzern in ihrer Freizeit durchgeführt, stellen
   somit einen Transfer aus der Hochschule in die Öffentlichkeit dar.

Tab. 14.3 Baukastensysteme für die App-Erstellung

System	Eigenschaft	Quelle
Digiwalks	Erstellen von Walks, kostenfrei bis zu 15 POIs	https://www.digiwalk.de/
Actionbound	Erstellen eines Bounds, Kurslizenz Dozent_in und 50 Studierende 240,00 €	https://de.actionbound.com/
Guidemates	Erstellen einer Audiotour, kostenfrei	https://www.guidemate.de
Future history	Generierung von historischen Touren, kostenfrei	https://www.future-history.eu/de

Eigene Darstellung

Abb. 14.3 Freiblick Tourenübersicht. Quelle: Chatel 2019

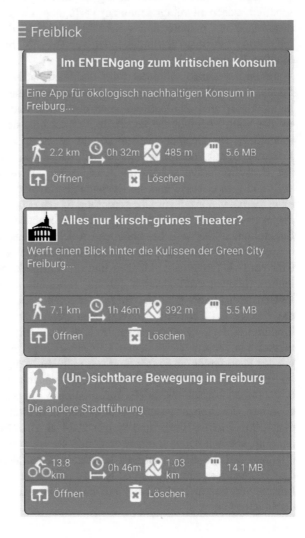

14.2.2 Diskussion und kritische Betrachtung

Studierende verbringen schon jetzt meist sehr viel Zeit vor Bildschirmgeräten, diese wird durch die digitale Projektarbeit zur Entwicklung einer mobilen Tour weiter erhöht. Kritik an digitalen Exkursionen selbst sind insbesondere technischer Art: Probleme bei der Installation, nicht genügend Speicherplatz oder ein Betriebssystem, welches nicht unterstützt wird (Hermes und Kuckuck 2016). Im vorliegenden Projekt war die Anwendung nicht auf Endgeräten mit IOS Betriebssystem verfügbar, teilweise bereitete auch ein zu langsames WLAN-Netz Probleme. Der Ansatz *Bring Your Own Devices* (BYOD) führt zwangsläufig dazu, dass Studierende mit sehr unterschiedlicher Ausstattung das Seminar gestalten müssen und Vergleiche nicht ausbleiben. Eigene Tablets der Hochschule können Abhilfe schaffen, stehen allerdings selten zur Verfügung. Zur Erstellung der Touren wurde zwar meist im Computerraum gearbeitet, teilweise jedoch auch auf eigenen Geräten. Ferner brachten die Studierenden zur Durchführung ihrer Tour ihre eigenen mobilen Endgeräte mit.

Erfahrungsgemäß sollte der Start der Präsentationen in der Hochschule stattfinden, damit alle Studierenden die Rahmen-App und alle dazugehörigen Touren herunterladen und das Datenvolumen der Studierenden geschont wird. Beachtet werden sollte ebenfalls die begrenzte Akkuleistung der Smartphones für die Präsentationen im Gelände. Selten kommt es noch vor, dass Studierende keine Erfahrungen mit Smartphones gesammelt haben und als wenig erfahrene User vor der Herausforderung stehen, die Komplexität des mobilen Endgerätes zunächst vollständig zu erfassen und die Bedienungen durchzuführen. Die Informationsflut kann hierbei vereinzelt zur Überforderung führen (Lin et al. 2013), im vorliegenden Projekt wurde dies allerdings so gut wie nie beobachtet, da der Umgang mit dem Smartphone mittlerweile bei annährend 100 % der Studierenden alltäglich ist.

Sehr gute Erfahrungen wurden mit Audiodateien gesammelt. Während Filme eher vom Originalobjekt ablenken und die Aufmerksamkeit auf das Smartphone lenken, können Audiodateien Inhalte vermitteln, während die Aufmerksamkeit des Betrachters oder der Betrachterin auf dem Originalobjekt verweilt und das Gesagte im Realraum nachvollzogen werden kann. Zielführend konnten des Weiteren Slider eingefügt werden, welche Fotos mit unterschiedlicher Datierung vergleichen (beispielsweise einer Landschaft oder eines Gebäudes). Empfohlen werden kann ferner die Einbindung von mobilen Augmented Realities, auch Dirin und Laine berichten von positiven Erfahrungen mit Augmented Realities (2018, S. 9). Dabei werden zusätzliche Informationen eingeblendet, um die Realität zu erweitern, die Grenze zwischen Realität und Virtualität verschwimmt (Billinghurst et al. 2001; Mehler-Bicher und Steiger 2014, S. 10). Die Nutzerinnen und Nutzer der App konnten dadurch einen vertieften Bezug zum Lerngegenstand aufbauen (Haimerl 2017, S. 68). Ähnliches berichtete Kamarainen et al. (2013), er zeigte, dass Exkursionen mit Augmented Reality im Vergleich zu Exkursionen ohne den Einsatz von Augmented Reality ein umfassenderes Verständnis für Lerninhalte erschließen konnten.

Am Ende des Seminares stand ein kritisch reflektierender Diskurs über das Medium App, über die eigens generierten Inhalte und deren Umsetzung. Trotz erhöhter Motivation muss sichergestellt werden, dass genügend kritische Distanz zum eigenen Produkt herrscht, indem eine kritische Metareflexion der Konzeption und der Umsetzungsphase durchgeführt wird hinsichtlich der Informationsbeschaffung, der Produktion von Inhalten sowie dem Umgang mit Quellenangaben und verschiedenen Darstellungsformen. Aus Zeitgründen fiel die Reflexion teilweise etwas kurz aus, dies sollte unbedingt vermieden werden und von Anfang an im Ablaufplan des Seminares fest mit ausreichend Zeit verankert werden.

14.3 Methodisch-didaktischer Ansatz Heritage Interpretation

14.3.1 Vermittlung der Inhalte an die Öffentlichkeit

Die Studierenden verwandelten für das vorliegende Projekt jeweils ein wissenschaftliches Thema anhand des methodisch-didaktischen Ansatzes Heritage Interpretation für eine selbst gewählte Zielgruppe in didaktisierte App-Inhalte. Heritage Interpretation bietet eine Vielzahl von Kriterien, um die wissenschaftliche Fachsprache zu übersetzen und für die jeweilige Zielgruppe passgenau aufzuarbeiten. Die Definition von Freeman Tilden: *„An educational activity which aims to reveal meanings and relationships through the use of original objects, by firsthand experience, and by illustrative media, rather than simply to communicate factual information."* (Tilden et al. 2008, S. 8) weist deutlich darauf hin, dass *Heritage Interpretation* über das reine Weitergeben von Informationen hinausgeht. Stattdessen werden anhand des Einsatzes verschiedener Medien Hintergründe enthüllt, welche das rein faktische Wissen überschreiten, indem eine Verbindung zum/zur Betrachter/in aufgebaut wird und Bedeutungen vermittelt werden.

Digitale Applikationen eröffnen dem/der Nutzer/in den von Tilden beschriebenen Beziehungsaufbau über die Möglichkeit der Einbettung von Originalbegegnung, eigenen Erfahrungen und ansprechenden Medieninhalten. Ebenso ist laut Tilden (2017) das Hauptziel der *Heritage Interpretation,* einem Thema Relevanz zu verschaffen und dem Phänomen eine Bedeutung zuzuschreiben. Erst durch die Bedeutung wird ein Phänomen zugänglich und in diesem Fall von den Usern der App erfasst, wertgeschätzt und nachhaltig erinnert.

Die Aufgabe der Studierenden war dementsprechend, wahrnehmbare Phänomene didaktisch so aufzuarbeiten, dass die anzusprechende Zielgruppe diese als bedeutsam wahrnahm. *„The chief aim of Interpretation is not instruction, but provocation"* (Tilden et al. 2008, S. 32). Der User sollte aufgerüttelt werden und zum Nachdenken angeregt werden *(reflective thinking)*.

14.3.2 Genese und Rezeption von Heritage Interpretation

Entwickelt wurde der Ansatz Heritage Interpretation Ende des 19. Jhd. innerhalb einer Gruppe von Bergführern in Chamonix am Mont Blanc, welche auf Bergtouren ihr Wissen an die Teilnehmerinnen und Teilnehmer vermittelten (Cable 2018, S. 6). Der Ansatz wurde anschließend in die USA getragen und insbesondere in den Nationalparks eingesetzt, beforscht und weiterentwickelt. Weltweit wird Heritage Interpretation mittlerweile im Kontext der Natur- und Kulturinterpretation eingesetzt (Beck et al. 2018). Im englischsprachigen Raum wird der Ansatz bereits an den Universitäten in eigenen Studiengängen gelehrt und findet in Europa mittlerweile Eingang in die universitäre Lehre insbesondere der Exkursionsdidaktik sowie der Lehre an Schulen. Das EU geförderte Projekt HIMIS „Heritage Interpretation for Migrant Inclusion at Schools" zeigte beispielhaft die Anwendung in der Schule, indem historische Ereignisse am Wohnort durch Migrantinnen und Migranten aus verschiedenen Perspektiven bekannter und weniger bekannter Personen auf- und als Film ausgearbeitet wurden. Ziel war die Förderung der interkulturellen Kompetenzen und die Wertschätzung einer pluralen Gesellschaft (Lehnes und Seccombe 2018).

Der Ansatz zeigte nachhaltige Verhaltensänderungen (Tubb 2003, S. 476) und schult dementsprechend Handlungskompetenzen. Heritage Interpretation wird als das weltweit erfolgreichste Bildungskonzept in der Kurzzeit-Bildung bezeichnet (Ludwig 2012, S. 12), es ist folglich für die mobile Exkursionsdidaktik prädestiniert und kann in dieses Medium zielführend integriert werden.

14.4 Das eigene Produkt testen

14.4.1 Die selbst erstellte Tour evaluieren

Die Erstellung der Tour brachte eine vertiefte thematische Aufarbeitung und eine didaktische Umsetzung der Inhalte mit sich. Kamen die eigenen erarbeiteten Inhalte bei der Zielgruppe an und enthielt die Tour die richtige Informationstiefe und Ansprache? Dies testeten die Studierenden empirisch in einem mehrstufigen Verfahren. Anhand eines Pretests mit qualitativen und quantitativen Methoden der empirischen Sozialforschung evaluierten sie ihre Tour, um diese im Anschluss zu optimieren und zu komplementieren. Im Folgenden werden einige Ergebnisse aus den von Studierenden durchgeführten Evaluationen ihrer eigenen Touren präsentiert, um Einblicke in die Einschätzungen und Bewertungen der Nutzerinnen und Nutzer darzustellen.

14.4.2 Case Study: (Un)Sichtbare Bewegungen in Freiburg

Ein wichtiges Ziel des Seminares ist das wissenschaftliche Arbeiten der Studierenden zu fördern. Zum einen hinsichtlich der Recherchekompetenzen, der Geländearbeit, der Auseinandersetzung mit Quellen und der Durchführung von

Experteninterviews und zum anderen anhand der Anwendung qualitativer und quantitativer Verfahren bei der Evaluation ihrer eigenen Touren. Da das Seminar meist in einem Semester durchgeführt wurde, kann die Evaluation allerdings nur dem Kennenlernen der Methoden dienen und sollte in weiteren Seminaren oder als Abschlussarbeit vertieft werden. Im Folgenden werden die Ergebnisse einer Abschlussarbeit zur App: „(Un)Sichtbare Bewegungen in Freiburg" vorgestellt.

Tour: (Un)Sichtbare Bewegungen in Freiburg
Eine Gruppe Studierender generierte für Erstsemester eine Tour zu Orten des Protests in Freiburg (Abb. 14.4). Die Studierenden hatten als Ziel ihrer Tour angegeben, dass die Nutzerinnen und Nutzer durch die vermittelten Inhalte eine stärkere Verbindung mit der Stadt Freiburg und dem Protestgedanken entwickeln. Die Evaluation bestätigte, dass die Tour den Usern neue Seiten Freiburgs eröffnete und neue Einblicke ermöglichte *(M = 1,52, Skala 1–5)*. Ferner konnte die

Abb. 14.4 (Un)Sichtbare
Bewegungen

Abb. 14.5 Ex-Ante &
Ex-Post Befragung

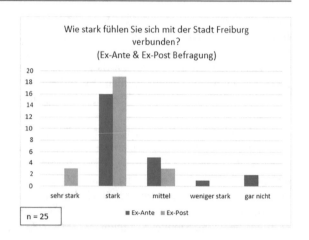

Verbundenheit mit der Stadt Freiburg deutlich gesteigert werden (M_
Ex-Ante = 2,56; SD = 0,917; M_Ex-Post = 2,00; SD = 0,500, n = 25, Abb. 14.5).
Als Grund für eine stärkere Verbundenheit mit der Stadt wurde insbesondere das
„Besuchen besonderer Orte" (84 %, mit Mehrfachnennung) angeführt. Insgesamt
konnte bei 68 % der Teilnehmenden ein Beitrag zur stärkeren Verbundenheit mit
der Stadt geleistet werden (Schürrle 2017, S. 68). Zwei Drittel der Teilnehmerinnen
und Teilnehmer (69,6 %) gaben an, dass ihr Interesse an der Thematik geweckt
wurde. Ein Ex-Ante Vergleich verifizierte, ob die didaktische Aufarbeitung der
Inhalte zielgrupppengerecht erfolgte und konnte aufzeigen, dass die Erwartungen
der Teilnehmer und Teilnehmerinnen (Ex-Ante: M = 2,08; SD = 1,038) weitgehend
erfüllt wurden (Ex-Post: M = 1,83; SD = 0,937, n = 25 Schürrle 2017).

Das Ergebnis, dass die jungen Teilnehmenden fast alle die App-Tour einer per-
sonalen Führung vorziehen, entspricht den Befunden, die Lehnes und Glawion
(2000) in einer Studie zu Vorlieben jüngerer Teilnehmerinnen und Teilnehmer dargestellt haben (18 P.; n = 19; 4 fehlend).

Ob die Studierenden die vorgegebene Tour durchgeführt haben, an welchen
Stellen sie abwichen und an welchen Punkten sie länger verweilten, wurde mit
einer Tracking App untersucht, welche zusätzlich auf den Smartphones der Nutzer
installiert wurde. Jeder einzelne Track konnte im Folgenden analysiert werden und
die aufsummierten Tracks aller Teilnehmerinnen und Teilnehmer aggregiert aus
den Waypoints als Heatmap ausgegeben werden (siehe Abb. 14.6). Die Wege der
Studierenden können hiermit sehr gut nachvollzogen werden sowie auch Hinweise
darauf geben, ob Punkte beispielsweise nicht gefunden oder der Standort nicht
genau getroffen wurde. Gekoppelt wurde das Tracking mit einem standardisierten
Interview, um das Ergebnis besser einzuordnen und die Aussagen zu validieren.

Anhand der Evaluationen können die Studierenden ihr eigenes Produkt
untersuchen, Schwachstellen identifizieren und optimieren; sie erforschen die
didaktische Wirksamkeit ihres produzierten Werkes, beobachten den Lernvor-
gang und arbeiten die Ergebnisse graphisch auf. Die Touren unterliegen im Nachgang des Seminares einer Bewertung durch den/die Lehrende/n anhand von

Abb. 14.6 Heatmap
mit POIs (grün) und
Markierungen

definierten Kriterien wie z. B. einer fundierten Recherche, inhaltliche Auswahl
der Themen, Einbindung von Experteninterviews, Auswahl der Phänomene,
didaktische Umsetzung, roter Faden, Anbindung an die Zielgruppe und deren Alltagserfahrungen, die Ansprache und das Beachten des Vorwissens der jeweiligen
Zielgruppe.

Fazit

Zusammenfassend bietet die Erstellung einer App-Tour Lernmöglichkeiten auf
verschiedenen Ebenen: dem Faktenwissen, dem konzeptionellen und prozeduralen Wissen sowie dem metakognitiven Wissen. Eine besondere Rolle kommt
hierbei der metakognitiven Auseinandersetzung hinsichtlich des Prozesses
der Generierung der Tour und der kritischen Auseinandersetzung bei der Auswahl und Darstellung der Inhalte zu. Auffallend war, dass die Studierenden in
den Seminaren stets weit über ihren Workload arbeiteten und sich meist hoch-
motiviert zeigten. Die Endprodukte der Studierenden fielen zwar unterschiedlich aus, erreichten jedoch häufig eine gute Interpretationstiefe. Insbesondere
die Touren, welche Audio-Elemente integrierten, wurden von den Zielgruppen
besonderes positiv bewertet; diese Beobachtung sollte jedoch weiter und ein-
gehender untersucht werden. Ein fertiges Produkt in der Hand zu halten und
die eigene Tour gemeinsam mit der Zielgruppe zu testen, war eine interessante

Erfahrung für die Studierenden und zeigte Schwachstellen sehr schnell auf. Der Betreuungsaufwand des Seminares ist hoch und ein Semester ist sehr knapp für die Umsetzung. Zwei Semester haben sich als besser erwiesen, dies ist aber in den meisten Fällen nicht realisierbar gewesen. Insbesondere Experten standen den Studierenden nicht immer schnell genug zur Verfügung.

Evaluationen des Seminares zeigen einen hohen Lernzuwachs; auf die Frage, ob die Studierenden der Meinung sind, dass sie das gelernte Wissen später im Berufsleben bzw. ihrer universitären Weiterentwicklung anwenden können, erreichten die Antworten einen Wert von $M = 1{,}76$ (Skala 1–5, $SD = 0{,}73$, $n = 17$).

Die Kreativität der Studierenden und ihre Motivation rechtfertigen den hohen Arbeitsaufwand und die Touren können zu einem weiteren interessanten Feld in der Exkursionsdidaktik beitragen.

Literatur

Aufenanger, Stefan. 2015. Tablets an Schulen – ein empirischer Einblick aus der Perspektive von Schülerinnen und Schüler. In *Smart und mobil: Digitale Kommunikation als Herausforderung für Bildung, Pädagogik und Politik,* 1. Aufl., Hrsg. Katja Friedrich, Friederike Siller und Albert Treber, 63–77. München: kopaed.

Barnikel, Friedrich. 2015. The acquisition of spatial competence – Fast and easy multidisciplinary learning with an online GIS. *European Journal of Geography* 6 (2): 6–14.

Beck, Larry, und Ted T. Cable. 2011. *The gifts of interpretation. Fifteen guiding principles for interpreting nature and culture,* 3. Aufl. Urbana: Sagamore Publishing LLC.

Beck, Lawrence, Ted T. Cable, und Douglas M. Knudson. 2018. *Interpreting cultural and natural heritage. For a better world.* CHAMPAIGN: SAGAMORE Publishing; Sagamore Venture.

Billinghurst, Mark, Hirokazu Kato, und Ivan Poupyrev. 2001. The MagicBook: A transitional AR interface. *Computers & Graphics* 25 (5): 745–753. https://doi.org/10.1016/s0097-8493(01)00117-0.

Cable, Ted T. 2018. The nature guides of Chamonix. *Legaca* 18 (4): 6–9.

Chatel, Anna, und Gregor Falk. 2018. Smart Geography – Globales Lernen anhand der Konzeption und Umsetzung von Apps Globales Lernen. In *Globales Lernen im digitalen Zeitalter,* 1. Aufl., Bd. 11. Hrsg. Nina Brendel, Gabriele Schrüfer, und Ingrid Schwarz, 191–212, Erziehungswissenschaft und Weltgesellschaft. Münster: Waxmann.

Dickel, Mirka, und Georg Glasze, Hrsg. 2009. *Vielperspektivität und Teilnehmerzentrierung. Richtungsweiser der Exkursionsdidaktik. Praxis neue Kulturgeographie,* Bd. 6. Zürich: LIT.

Dirin, Amir, und Teemu Laine. 2018. User experience in mobile augmented reality: Emotions, challenges. *Opportunities and Best Practices. Computers* 7 (2): 1–18. https://doi.org/10.3390/computers7020033.

Ernst, Heike. 2008. *Mobiles Lernen in der Praxis. Handys als Lernmedium im Unterricht.* E-Learning. Boizenburg: vwh Verlag Werner Hülsbusch Fachverlag für Medientechnik und -wirtschaft.

Esteves, Maria H. 2015. Geographical information systems in Portugese geography education. European Journal of Geography. *European Journal of Geography* 6 (3): 6–15.

Falk, Gregor. 2003. *GIS in der Unterrichtspraxis: Schüler erkunden Londons Bankside,* 49–52. Heidelberg: GeoBIT/GIS.

Falk, Gregor. 2015. Exkursionen. In *Geographie unterrichten lernen: Die Didaktik der Geographie,* Hrsg. Sibylle Reinfried und Hartwig Haubrich, 150–153, 1. Aufl. Mensch und Raum. Berlin: Cornelsen.

Falk, Gregor, und Anna Chatel. 2017. Smartgeo – Mobile learning in geography education. *European Journal of Geography* 8:153–165.

Haimerl, Steffanie. 2017. *Evaluation einer App-gestützten Nahraumerkundung.* Abschlussarbeit. Pädagogische Hochschule Freiburg. Unveröffentlicht.

Hermes, André, und Miriam Kuckuck. 2016. Digitale Lehrpfade selbstständig entwickeln – Die App Actionbound als Medium für den Geographieunterricht zur Erkundung außerschulische Lernorte. *GW-Unterricht* 1:174–182. https://doi.org/10.1553/gw-unterricht142/143s174.

Kamarainen, Amy M., Shari Metcalf, Tina Grotzer, Allison Browne, M. Diana Mazzuca, Shane Tutwiler, und Chris Dede. 2013. EcoMOBILE: Integrating augmented reality and probeware with environmental education field trips. *Computers & Education* 68:545–556. https://doi.org/10.1016/j.compedu.2013.02.018.

Klein, Michael. 2007. *Exkursionsdidaktik. Eine Arbeitshilfe für Lehrer, Studenten und Dozenten.* Baltmannsweiler: Schneider Verlag Hohengehren.

Knaus, Thomas. 2015. Me, my Tablet – And Us. Vom Mythos eines Motivationsgenerators zum vernetzten Lernwerkzeug für autonomopoietisches Lernen. In *Smart und mobil: Digitale Kommunikation als Herausforderung für Bildung, Pädagogik und Politik*, 1. Aufl. Hrsg. Katja Friedrich, Friederike Siller, und Albert Treber, 17–42. München: kopaed.

Lehnes, L. und Glawion, R. 2000. Landschaftsinterpretation – ein Ansatz zur Aufbereitung regionalgeographischer Erkenntnisse für den Tourismus. In *Aktuelle Beiträge zur angewandten Physischen Geographie der Tropen, Subtropen und der Regio TriRhena*, Hrsg. G. Zollinger, Freiburger Geographische Hefte, 60:313–326.

Lehnes, Patrick und Peter Seccombe. 2018. How to use heritage interpretation to foster inclusiveness in schools. The HIMIS guidelines for teachers: Creative Commons. http://www.interpret-europe.net/fileadmin/Documents/publications/himis_how_to_use_hi_to_foster_inclusiveness_in_schools.pdf.

Lin, Tzung-Jin, Henry Been-Lirn Duh, Nai Li, Hung-Yuan Wang, und Chin-Chung Tsai. 2013. An investigation of learners' collaborative knowledge construction performances and behavior patterns in an augmented reality simulation system. *Computers & Education* 68:314–321. https://doi.org/10.1016/j.compedu.2013.05.011.

Ludwig, Thorsten. 2012. *Basiskurs Natur- und Kulturinterpretation. Trainerhandbuch*, 1. Aufl. Werleshausen: Bildungswerk Interpretation.

Maurer, Christian. 2015. eTourismus. Daten und Fakten. In *eTourismus: Prozesse und Systeme: Informationsmanagement im Tourismus*, 2. Aufl. Hrsg. Axel Schulz, Uwe Weithöner, Roman Egger und Robert Goecke, 52–64, Studium. Berlin: De Gruyter Oldenbourg.

Mehler-Bicher, Anett, und Lothar Steiger. 2014. *Augmented Reality. Theorie und Praxis*, 2. Aufl. München: De Gruyter Oldenbourg.

Ohl, Ulrike, und Kerstin Neeb. 2012. Exkursionsdidaktik: Mehtodenvielfalt im Spektrum von Kognitivismus und Konstruktivismus. In *Geographiedidaktik: Theorie – Themen – Forschung*, Hrsg. Johann-Bernhard Haversath, 259–281. Das geographische Seminar. Braunschweig: Westermann.

Paeschke, Markus, Pardey Christoph, und Seitz Daiel. 2013. Location-based Learning. In *Lernen in der digitalen Gesellschaft – offen, vernetzt, integrativ: Abschlussbericht April 2013*, 1. Aufl., Hrsg. Luise Ludwig, Kristin Narr, Sabine Frank, und Daniel Staemmler, 89–96. Berlin: Internet & Gesellschaft Collaboratory.

Schürrle, Maria. 2017. *Heritage Interpretation als besucherorientierten App „Freiblick" – Eine Evaluation.* Unveröffentlicht: Abschlussarbeit Universität Freiburg.

Tilden, Freeman. 2017. *Natur- und Kulturerbe vermitteln – Das Konzept der Interpretation.* München: oekom.

Tilden, Freeman, R. Bruce Craig, und Russell E. Dickenson, Hrsg. 2008. *Interpreting our heritage*, 4. Aufl. Chapel Hill: University of North Carolina Press.

Tubb, Katherine N. 2003. An evaluation of the effectiveness of interpretation within Dartmoor national park in reaching the goals of sustainable tourism development. *Journal of Sustainable Tourism* 11 (6): 476–498. https://doi.org/10.1080/09669580308667217.

Welsh, Katharine E., W. Derek France, Brian Whalley, und Julian R. Park. 2012. Geotagging photographs in student fieldwork. *Journal of Geography in Higher Education* 36 (3): 469–480. https://doi.org/10.1080/03098265.2011.647307.

Zydney, Janet Mannheimer, und Zachary Warner. 2016. Mobile apps for science learning: Review of research. *Computers & Education* 94:1–17. https://doi.org/10.1016/j.compedu.2015.11.001.

Exkursionen in der Erwachsenenbildung – Die Anwendung des länderkundlichen Schemas am Beispiel landwirtschaftlicher Produktion

André Baumeister

▶ Die Potenziale und Anwendungsmöglichkeiten von Exkursionen beschränken sich keineswegs nur auf den schulischen oder universitären Alltag. Der zunehmende Wunsch nach bildenden Reiseangeboten für Erwachsene spiegelt sich im wachsenden Tourenangebot bekannter Bildungsreiseveranstalter wider. Ein Blick auf die Reiserouten zeigt jedoch in vielen Fällen, dass nicht etwa ein didaktisches Konzept, oder ein thematisch roter Faden zur Zusammenstellung der Reisestandorte geführt haben, sondern vielmehr die Standorte selbst im Vordergrund stehen. Die bekanntesten und visuell attraktivsten Orte eines Landes oder einer Region werden zu Reiserouten verkettet, deren Bekanntheit oft schon zu eigenen Namen, wie beispielsweise dem „German Circle" im Westen der USA, geführt haben. Eine Studie der Bildungsreisekataloge zeigt, dass diese sich bezüglich der Reiserouten oft kaum von denen anderer Reiseanbieter unterscheiden.

Die in den folgenden Kapiteln dargestellten Beispiele zeigen wie bereits die Reiseroute selbst als Gerüst für das didaktische Konzept einer Exkursion dienen kann.

15.1 Die Wiederentdeckung des länderkundlichen Schemas

Einen hilfreichen Ansatz für ein exkursionsdidaktisches Konzept bietet das Fach Geographie, das mit der traditionellen Disziplin der Länderkunde einen systematischen Zugang zur Betrachtung von Räumen bietet. Um die komplexen

A. Baumeister (✉)
FRAM Science & Travel, Bochum, Deutschland
E-Mail: kontakt@framsciencetravel.de

© Springer-Verlag GmbH Deutschland, ein Teil von Springer Nature 2020
A. Seckelmann und A. Hof (Hrsg.), *Exkursionen und Exkursionsdidaktik in der Hochschullehre*, https://doi.org/10.1007/978-3-662-61031-2_15

Zusammenhänge eines ausgewählten Raumes strukturierter erfassen zu können wurde bereits zum Ende des 19. Jahrhunderts eine Trennung der geographischen Teildisziplinen angestrebt (s. Kirchhoff 1884). Eine bekannte Weiterentwicklung dieses Ansatzes ist das länderkundliche Schema von Hettner (1932), welches zusammen mit der dynamischen Länderkunde von Spethmann (1928) bis 1969 die regionale Geographie als wissenschaftliche Disziplin im deutschsprachigen Raum maßgeblich bestimmte (Abb. 15.1). Eine zunehmende Auftrennung der Geographie in ihre Teilwissenschaften (Bodenkunde, Hydrologie, Wirtschafts- oder Kulturgeographie) führte allerdings dazu, dass die traditionelle Länderkunde an Bedeutung verlor. Auch heute definieren sich viele Studierende der Geographie über ihre favorisierte Teildisziplin und weniger über die Geographie als solche.

In der Exkursionsdidaktik jedoch ist das länderkundliche Schema weiterhin ein hilfreiches Mittel zur Vermittlung komplexer Zusammenhänge in der regionalen Geographie. Insbesondere für fachfremde Exkursionsteilnehmerinnen und -teilnehmer, die erst einmal in die Grundlagen geologischer oder klimatologischer Prozesse eingeführt werden müssen, hilft die fachliche Trennung zum Aufbau einer strukturierten Wissensgrundlage. Zudem trägt der nahezu chronologische Aufbau des Schemas zum Verständnis der Prozesse auch auf zeitlicher Ebene bei. Die Chronologie hilft dabei, die Entstehung einer Landschaft und die sich darin abspielenden wirtschaftlichen und gesellschaftlichen Prozesse als eine Aneinanderreihung von Ereignissen zu begreifen. Auch wenn dieser Ansatz nicht immer exakt in die Realität übertragen werden kann, da Prozesse meist miteinander und nicht immer nacheinander wirken, hilft das länderkundliche Schema dabei, eine kognitive Struktur aufzubauen, in die später erlerntes Wissen eingebettet werden kann. Abhängigkeiten und Verbindungen werden so am besten verstanden und gespeichert. So ist das Verständnis dafür, dass die Grundlage menschlicher Siedlungsgeschichte in der Regel in einem Zusammenspiel aus Geologie und Klima zu finden ist, eine zentrale Aussage der Länderkunde, und gehört gleichermaßen zu den wichtigen Erkenntnissen während einer Exkursion

Schematische Länderkunde

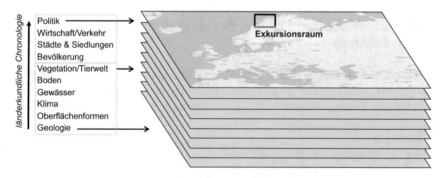

Abb. 15.1 Darstellung des länderkundlichen Schemas (A. Baumeister)

in der Erwachsenenbildung. Einer Geographin oder einem Geographen mag dieser Zusammenhang vollkommen klar sein. Die Erfahrungen des Autors zeigen, dass die Kenntnisse der engen Verbindungen zwischen Naturraum und der menschlichen Geschichte jedoch oft nicht vorausgesetzt werden können. Dies sind keinesfalls nur historische Zusammenhänge, durch die initiale menschliche Siedlungsprozesse erklärt werden können. Zwar hat die Entwicklung komplexerer Wirtschaftssektoren die historischen Verbindungen vielerorts verwischt, insbesondere in den primären Sektoren (Landwirtschaft und Rohstoffproduktion) spiegelt sich die direkte Abhängigkeit zum Naturraum aber immer noch wider. Die Geologie bestimmt das Relief und das Ausgangssubstrat für die Böden, während die klimatischen Gegebenheiten unmittelbar die Vegetationsbedingungen beeinflussen. Die Kombination aus beidem steuert die Biosphäre und zudem die landwirtschaftliche Nutzbarkeit der Region. Besonders günstige klimatische Bedingungen können weniger gute Bodensubstrate ausgleichen. Das Vorkommen von geologischen Rohstoffen hingegen hat eine menschliche Nutzung unabhängig von den klimatischen Bedingungen entstehen lassen. Siedlungen wie Kolmanskop oder Lüderitz in Namibia bieten aufgrund des Wüstenklimas keine Voraussetzungen für eine landwirtschaftliche Produktion. Die Ursache für die Gründung der Siedlungen war ausschließlich das Vorkommen von Diamanten.

Mit Sicherheit gibt es zahlreiche Kritikpunkte an dieser klar schematisierten Darstellung von Zusammenhängen. Die Zielgruppe darf jedoch bei der Wahl der didaktischen Methode nicht vernachlässigt werden. Während Arbeitsexkursionen für Schüler, Schülerinnen oder Studierende der Geographie mit Sicherheit effektivere Werkzeuge zur Wissensvermittlung zulassen, sind in der Erwachsenenbildung Überblicksexkursionen immer noch die bevorzugte Exkursionsform. Derartige Exkursionsangebote werden meist freiwillig gewählt und finden in der Freizeit statt. Mehrtägige Exkursionen sind zudem noch in der Regel mit einem Urlaub verknüpft. Die mit einer Überblicksexkursion verknüpfte Passivität der Zuhörerinnen und Zuhörer ist in diesem Fall meist klar gewünscht.

15.2 Anwendung in der Praxis

Die oben in der Theorie beschriebenen Methoden schaffen nicht nur ein Verständnis für die Zusammenhänge zwischen den jeweiligen länderkundlichen Betrachtungsebenen. Zugleich werden die Teilnehmerinnen und Teilnehmer für die Abhängigkeiten des Menschen vom Naturraum sensibilisiert. Dieses wichtige Potenzial von Exkursionen kann Grundlage für die Bildung eines tieferen Verständnisses unterschiedlicher Umweltprobleme und -konflikte sein. Die folgenden Kapitel zeigen diese Zusammenhänge beispielhaft für unterschiedliche Exkursionsräume und geben einen Eindruck davon, wie Exkursionen diesbezüglich aufgebaut werden können.

15.2.1 Die Zusammenhänge zwischen Natur- und Kulturraum

Die Fjorde Nordnorwegens sind durch den Norwegenstrom, einen warmen Ausläufer des Golfstroms, klimatisch so sehr begünstigt, dass diese, trotz des hohen geographischen Breitengrades, ganzjährig eisfrei sind. Die geologische Geschichte hat zur Bildung der Fjorde geführt, die in den Wintermonaten, zusätzlich zu den günstigen klimatischen Bedingungen, Schutz und Nahrung bieten. Heringe und der Skrei (Winterkabeljau) ziehen aufgrund dieser Kombination aus geologischen und klimatischen Faktoren jeden Winter zum Laichen in die Fjorde Nordnorwegens. Im länderkundlichen Schema (Abb. 15.1) findet man diese Faktoren im unteren Bereich (Geologie/Oberflächenformen). Hierauf folgen im Schema die Böden und das Klima, die in ihrer Kombination die landwirtschaftliche Produktivität stark einschränken. Der Mensch hat sich deshalb auf den Fischfang konzentriert, der in dieser Region die historische Hauptnahrungsquelle und heutige Wirtschaftsgrundlage für den Menschen darstellt. Seit mehr als 1000 Jahren wird diese Region durch den Fischfang in den Wintermonaten beeinflusst. Die oben genannten Siedlungen der Lofoten würden ohne die Fischerei nicht existieren.

Mit Blick auf das länderkundliche Schema (Abb. 15.1) sehen wir historisch eine deutliche Beeinflussung des oberen Bereichs (Bevölkerung, Siedlungen und Wirtschaft) durch die naturräumlichen Grundlagen im unteren Bereich. Zwar hat die Region mittlerweile einen deutlichen Strukturwandel erlebt, die enge Verbindung zum Naturraum blieb jedoch erhalten. Während die traditionelle Fischerei durch die Fischereiindustrie abgelöst wurde, entwickelte sich zunehmend das Fish Farming als lukrativer Industriezweig. Auch weiterhin nutzt man die günstigen topographischen und klimatischen Bedingungen für einen zunehmenden Ausbau der Fischzucht. Darüber hinaus hat sich der Tourismus als wirtschaftlich tragendes Element dieser Region entwickelt. Dieser profitiert zum einen von der landschaftlichen Schönheit, vor allem aber auch von der Attraktivität der darin eingebetteten Siedlungen. Die wunderschönen Fischerhütten, die einst den Fischern ein einfaches Dach über dem Kopf boten, werden heute als authentische Rorbuer (Ruderhäuser) für viel Geld an Touristen vermietet. Neben der landschaftlichen und kulturellen Attraktivität bleiben auch die biologischen Besonderheiten für den Tourismussektor interessant. Hobbyangler aus der ganzen Welt besuchen die Region jeden Winter, um den Winterkabeljau zu fangen oder sogar an der Skrei-Angel-Weltmeisterschaft teilzunehmen. Im länderkundlichen Schema können diese Veränderungen den Bereichen Wirtschaft/Verkehr (Fremdenverkehr) und Politik zugeordnet werden.

Der Reichtum an Hering lockt zudem Orcas und Buckelwale in die Fjorde. Dies hat dazu geführt, dass sich in den vergangenen Jahren die Region zu einer der beliebtesten Destinationen für Whale Watching entwickelt hat. Die Belegung der Betten zeigt, dass der Wintertourismus im Norden Norwegens deutlich stärker zunimmt als im Rest des Landes. Whale Watching und Nordlicht-Tourismus sind hierfür eine zentrale Ursache (Statistics Norway 2019). Selbst Andenes, eine kleine Stadt auf der Insel Andoya im äußersten Norden der Vesteralen, ist zu einem Zentrum für Walbeobachtungen herangewachsen. Der Vorteil ist auch hier, neben der allgemeinen klimatischen Begünstigung der norwegischen Küste, eine geologische Besonderheit vor der Küste Andoyas. Ein Tiefseecanyon verkürzt die Strecke zum Hang des Kontinentalschelfs. Pottwale, die von der Jagd jenseits des Kontinentalhangs abhängig sind, jagen hier ganzjährig in erreichbarer Nähe vor der Küste und können deshalb mit einer hohen Wahrscheinlichkeit auf Erfolg und geringem Aufwand beobachtet werden.

15.2.2 Das länderkundliche Schema in der Anwendung – Aufbau einer Reiseroute

Wie bereits geschildert, orientieren sich Reiserouten meist an den Sehenswürdigkeiten und den zur Verfügung stehenden logistischen Möglichkeiten. Die Lehrinhalte werden in der Regel an die Reisestandorte angepasst, was häufig dazu führt, dass vermitteltes Wissen vollkommen unsortiert auf den Zuhörer einprasselt. Reist man nach Kapstadt, wird beispielsweise erst über die Stadtgeschichte berichtet, am nächsten Tag folgt ein Besuch im botanischen Garten mit einem Exkurs zur einzigartigen Flora. An Tag 3 besucht man das District 6 Museum um mehr über die Apartheid zu lernen, während man sich am Folgetag während einer Wanderung auf dem Tafelberg mit der Geologie beschäftigt. Die Folge: Zusammenhänge werden aus ihrem zeitlichen und logischen Kontext gerissen. Die Zusammensetzung der einzelnen Wissensfragmente in ein kognitives Gerüst ist so nicht möglich, wodurch das Gehörte kaum gefestigt werden kann.

Es macht somit Sinn bereits bei der Wahl der Reiseroute und der Standorte ein didaktisches Konzept im Sinne des länderkundlichen Schemas im Hinterkopf zu haben. Die Praxis zeigt allerdings immer wieder, dass dies nicht ohne Probleme möglich ist. Bleiben wir beim Beispiel der Kap-Halbinsel. Kapstadt selbst stellt in diesem klar abgegrenzten Exkursionsgebiet den klaren Mittelpunkt dar. Es wäre unter diesen Umständen absolut unsinnig, sich zunächst mehrere Tage dem Naturraum zuzuwenden und die Geschichte der menschlichen Entwicklung dabei vollkommen auszublenden. Auch auf Spitzbergen startet man eine Exkursion in die Arktis zunächst in der größten Siedlung Longyearbyen. Hier begannen nicht nur die initialen Prozesse für die moderne Siedlungsgeschichte, es gibt zudem ein einzigartiges Museum, in dem auch die frühe menschliche Nutzung der Region anschaulich aufbereitet ist. Dieses Angebot nicht zu nutzen wäre auch aus exkursionsdidaktischer Sicht kaum zu verantworten.

Die verkehrstechnische Logistik führt in den meisten Fällen dazu, dass eine Reise an einem Flughafen oder einer Bahnstation beginnt. Diese sind nun einmal meist in menschlichen Siedlungen gelegen. Der Autor empfiehlt in solchen Situationen das länderkundliche Schema in anthropogene und naturräumliche Prozesse aufzuteilen und sich zunächst den menschlichen Prozessen (Siedlungsgeschichte, Bevölkerung, Wirtschaft und Verkehr etc.) zuzuwenden. Hier sollte aber unbedingt die Chronologie der Ereignisse berücksichtigt werden. In anderen Fällen können Exkursionen auch direkt im Naturraum beginnen. Beispielsweise bieten Nationalparkzentren oft einen guten Einstieg in die naturräumlichen Bedingungen. Eine Alpenüberquerung eignet sich hervorragend dazu mit der geologischen Entwicklung der Alpen zu beginnen, sich dann der glazialen Landschaftsentwicklung und später den Vegetationsstufen zuzuwenden. Die menschliche Siedlungs- und Nutzungsgeschichte ist hier in den Alpen so eng mit dem Naturraum verknüpft, dass deren Verständnis die Kenntnis der naturräumlichen Entstehung und der darin stattfindenden Prozesse voraussetzt.

Diese Beispiele sollen zeigen, dass man keinesfalls ein immer gleiches Konzept abarbeiten kann. Eine Anpassung des länderkundlichen Schemas an das Exkursionsziel und die Bedingungen vor Ort ist zwingend notwendig. In diesem Kapitel wird lediglich die Anwendung der Länderkunde auf mehrtägige Exkursionsreisen besprochen. Eine andere Möglichkeit der Anwendung stellen Tagesexkursionen oder thematische Tagesschwerpunkte innerhalb einer Exkursionsreise dar.

15.2.3 Von der Länderkunde zur Raumkunde – Vertiefung thematischer Schwerpunkte mithilfe des Hettner'schen Schemas am Beispiel landwirtschaftlicher Wertschöpfungsketten

Verändert man den Betrachtungszeitraum und blickt auf die Planung einzelner Exkursionstage, zeigen sich zahlreiche andere Möglichkeiten zur Anwendung des Schemas, das schrittweise abgearbeitet werden kann. So werden einzelne Tage eher mit nur einem thematischen Schwerpunkt geplant. Dabei darf der Begriff „Länderkunde" nicht zu wörtlich genommen werden. Er vermittelt den Eindruck, dass immer mit einem festen, administrativ vorgegebenen räumlichen Bezug gearbeitet werden muss (in diesem Fall ein Land). Der räumliche Bezugsmaßstab kann aber problemlos variabel gestaltet werden, sodass das Schema von Hettner auch direkt auf einzelne Standorte mit thematischen Schwerpunkten angepasst werden kann.

Ein gutes Beispiel für diese Herangehensweise bietet die Auseinandersetzung mit landwirtschaftlichen Produkten und den daraus entstehenden Wertschöpfungsketten. Die wirtschaftliche und gesellschaftliche Bedeutung des Apfelanbaus im Vinschgau auf einer Tagesexkursion zu erklären setzt die Auseinandersetzung mit dem Naturraum als Einstieg unbedingt voraus. Schließlich beantwortet man so zunächst die Frage, warum gerade in diesem Alpental die Äpfel so gut wachsen. Hierfür ist eine einzigartige Kombination aus Bodenbeschaffenheit, günstigen geomorphologischen Prozessen (Bildung der sonnenexponierten Murkegel) und letztendlich den hydrologischen und klimatischen Bedingungen verantwortlich. Die Topographie des Vinschgaus und des nahegelegenen Fernpasses führte zudem dazu, dass die Römer schon sehr früh Kulturpflanzen in diese Region brachten. Außerdem bauten sie die Grundsteine der heutigen Waale, eines komplexen Netzes aus Bewässerungskanälen, durch das in den Sommermonaten Schmelzwasser aus den Gebirgsregionen gezielt zur Bewässerung der Felder geleitet werden kann. Ohne eine solche Bewässerung – die natürlich heute durch technische Systeme gewährleistet wird – wäre in den trockenen Sommermonaten auf den Murkegeln keine Landwirtschaft möglich gewesen. Erst unter diesen besonderen

landschaftlichen und historischen Voraussetzungen konnten sich die heutigen landwirtschaftlichen und wirtschaftlichen Strukturen überhaupt entwickeln.

Auch während einer mehrtägigen Exkursionsreise kann ein länderkund-
liches Schema auf einzelne Tage angewendet werden. Insbesondere wenn bereits
Wissensgrundlagen im Bereich der physischen Geographie und der gesellschaftlichen Entwicklung vermittelt wurden, kann man diese an einzelnen Beispielen in
ihren Zusammenhängen noch einmal erläutern.

Beispiel

Betrachten wir das Beispiel des Weinanbaus in Südafrika. An nur einem Tag
auf einem Weingut in Kapstadt oder Stellenbosch kann man sich zunächst
intensiv mit den naturräumlichen Grundlagen der Region auseinandersetzen.
Warum wächst hier überhaupt Wein? Welche besonderen Böden sind dafür notwendig? Aus welchem Ausgangsgestein sind diese entstanden? Man wird feststellen, dass die Bodenkunde, welche oft als langweilig wahrgenommen wird,
am Beispiel des Weins in Bezug auf die Nutzung spannend und informativ
dargestellt werden kann. Nährstoffversorgung und Wasserhaushalt bestimmen
maßgeblich die Rebsorte, während die klimatischen Bedingungen die Qualität
des Weins beeinflussen (Abb. 15.2).

Abb. 15.2 Ein besonderer Exkursionsstandort. Eines von vielen Kapstädter Weingütern
(A. Baumeister)

Schematische Raumkunde

Abb. 15.3 Schematische Darstellung der Anwendung des länderkundlichen Schemas auf einen ausgewählten Standort mit einem thematischen Schwerpunkt (A. Baumeister)

In Kapstadt bilden diese für die Landwirtschaft günstigen Bedingungen die Grundlage für die dauerhafte Besiedlung durch die Europäer ab dem 17. Jahrhundert. Als Versorgungsstandort für die VOC (Vereenigde Oostindische Compagnie) bot der Tafelberg zugleich eine ausreichende Wasserversorgung wie auch gute Böden für eine geeignete Landwirtschaft. Jan van Riebeeck gründete deshalb im Auftrag der VOC im Jahre 1652 die erste dauerhafte Siedlung am Kap. Die historischen und kulturellen Ereignisse der Region haben die Weingüter ebenfalls stark geprägt. Viele Güter haben eine lange individuelle Geschichte, die immer in direkter Abhängigkeit zu den Ereignissen in der Region erzählt werden kann. Oft sind auch die alten Gebäude erhalten, deren oft kapholländischer Baustil eine direkte Verbindung zur Herkunft der Siedler darstellt. Heute nehmen der Weinanbau und dessen Wertschöpfungskette in der südafrikanischen Region Western Cape eine zentrale Rolle ein. So kann die Weinindustrie auch als Beispiel für wirtschaftsgeographische Prozesse verwendet werden. Das länderkundliche Schema wäre somit komplett (Abb. 15.3).

Das Beispiel zeigt wie das Schema von Hettner innerhalb einer Exkursion auch auf einzelne Tage bzw. Standorte mit thematischen Schwerpunkten übertragen werden kann. Dies bedeutet keinesfalls, dass die in Abschn. 15.2.2 formulierten Leitlinien für den Aufbau einer Reiseroute nicht mehr gelten. Vielmehr stellt die in diesem Kapitel formulierte Raumkunde eine Sonderform der schematischen Länderkunde dar, durch die thematisch besonders komplexe Standorte auf eine gleiche Weise untersucht werden können. Da für einen solchen Ansatz bereits Grundkenntnisse zu den jeweiligen Bereichen der geographischen Länderkunde bestehen sollten, bietet es sich an, solche thematischen Sonderstandorte zu einem späteren Zeitpunkt der Exkursion in die Reiseroute einzufügen (siehe Abb. 15.4). Da sich insbesondere in landwirtschaftlichen Produkten das Zusammenwirken aus naturräumlichen Bedingungen, Siedlungsgeschichte, wirtschaftlichen Strukturen und möglichen Umweltkonflikten zeigt, eignen sich diese besonders gut zur Darstellung der Komplexität räumlicher Zusammenhänge.

Abb. 15.4 Anwendung des länder- und raumkundlichen Schemas in der Exkursionsplanung (A. Baumeister)

15.3 Die gesellschaftliche Relevanz von Exkursionen

Eine schematische Länderkunde oder Raumkunde ermöglicht ein tieferes Verständnis für die Entwicklung und – in einem weiteren Schritt – für die Probleme eines Landes oder einer Region. Durch die Wahl eines thematischen Schwerpunktes (siehe vorheriges Kapitel) gelingt zudem die Sensibilisierung für einzelne Bereiche der Gesellschaft, was bei entsprechender Relevanz durchaus intensiviert werden kann. Beispielsweise beschäftigt sich der Autor während einer Exkursion ins nördliche Norwegen schwerpunktmäßig mit der Fischereiindustrie und den daraus resultierenden Folgen für Umwelt und Mensch. Die Erfahrung zeigt, dass die Teilnehmer von Exkursionen zunehmend an global relevanten Themen interessiert sind, die sie oft auch selber betreffen. Fischfang in Norwegen, Landwirtschaft oder Tourismus in den Alpen oder die Auswirkungen des Klimawandels in der Arktis sind Themen, die sich deshalb einer steigenden Beliebtheit erfreuen. Auf der globalen touristischen Landkarte findet man zahlreiche „Hotspots" die durch touristische Transekten miteinander verbunden sind. Große Bereiche unseres Planeten werden von diesen Punkten und Linien nicht tangiert, während sich hier oftmals Dinge abspielen, die uns selbst in unserem Alltag häufig unmittelbar betreffen. In Asien wird 50 % der Landfläche landwirtschaftlich genutzt, in Afrika sind es nahezu 35 %. Hier wird ein Großteil der bei Europäern beliebtesten Kaffeebohnen angebaut. Sojabohnen aus Asien und Südamerika werden hauptsächlich für die Fleischproduktion der europäischen Bevölkerung verwendet (FAO 2018). Diese Informationen sind für den Leser und auch den durchschnittlichen Konsumenten nicht neu. Besucht haben wir diese Räume auf unseren zahlreichen Reisen in der Regel aber nicht.

Es mangelt jedoch keineswegs an Interesse. Der Autor stellt auf seinen Exkursionen zunehmend fest, dass insbesondere die Auseinandersetzung mit landwirtschaftlichen Produkten eine große Aufmerksamkeit erzeugt. Besuche auf konventionellen und biodynamischen Landwirtschaftsbetrieben, Fischfarmen und -fabriken, Weingütern oder Obstplantagen stellen zentrale Bestandteile dieser Exkursionen dar. In den regelmäßigen Evaluationen werden insbesondere diese Besuche als fachlicher Höhepunkt der Reisen hervorgehoben.

Genau hier liegt auch die Verantwortung nachhaltiger und zukunftsorientierter Exkursionen in der Erwachsenenbildung. Könnten Reisen nicht konzeptionell wie ein guter Dokumentarfilm aufgebaut sein? Was zeichnet eine gute Dokumentation aus? Eine fesselnde und kreative Form der Erzählung, Authentizität, ein Spannungsbogen, nützliche und gut recherchierte Informationen und letztendlich ein Bezug zum aktuellen Zeitgeschehen.

Literatur

Food and Agriculture Organisation of the United Nations, Hrsg. 2018. *World food and agriculture. Statistical pocketbook 2018*. Rome: Food and Agriculture Organization of the United Nations.

Hettner, Alfred. 1932. Das länderkundliche Schema. *Geographischer Anzeiger* 33:1–6.

Kirchhoff, Alfred. 1884. Bemerkungen zur Methode landeskundlicher Forschungen. *Verhandlungen des* 4:149–155.

Statistics Norway. 2019. More guest nights in January. https://www.ssb.no/en/transport-og-reiseliv/artikler-og-publikasjoner/more-guest-nights-in-january.

Spethmann, Hans. 1928. *Dynamische Länderkunde*. Breslau: Hirt.

Printed in the United States
By Bookmasters